高等学校机电工程类"十二五"规划教

互换性与技术测量

主　编　杨好学
副主编　户　艳　张孝林
主　审　赵卓贤

西安电子科技大学出版社

内 容 简 介

本书采用最新的国家标准,介绍了新国标的规定及应用,其内容包括绪论、极限与配合、测量技术基础、几何公差、表面粗糙度、普通结合件的互换性、圆柱齿轮传动的互换性、典型零件的公差与测量以及两个附录(考试题及其参考答案)。每章章首均有本章重点提示,章末还附有相关的公差表格及思考题与习题。

本书可作为应用型本科院校、成人高校、电视大学等机械类各专业的教学用书,也可供其他相关专业以及有关工程技术人员参考。

☆ 本书配有电子教案,需要者可登录出版社网站,免费下载。

图书在版编目(CIP)数据

互换性与技术测量/杨好学主编.
—西安:西安电子科技大学出版社,2013.6
ISBN 978 - 7 - 5606 - 3058 - 8

Ⅰ. ① 互…　Ⅱ. ① 杨…　Ⅲ. ① 零部件-互换性　② 零部件-测量技术　Ⅳ. ① TG801

中国版本图书馆 CIP 数据核字(2013)第 084586 号

策　　划	毛红兵
责任编辑	王　瑛　毛红兵
出版发行	西安电子科技大学出版社(西安市太白南路2号)
电　　话	(029)88242885　88201467　　邮　编　710071
网　　址	www.xduph.com　　　　电子邮箱　xdupfxb001@163.com
经　　销	新华书店
印刷单位	陕西华沐印刷科技有限责任公司
版　　次	2013年6月第1版　2013年6月第1次印刷
开　　本	787毫米×1092毫米　1/16　印张 15.5
字　　数	362千字
印　　数	1~3000册
定　　价	27.00元

ISBN 978 - 7 - 5606 - 3058 - 8/TG

XDUP 3350001—1

前　　言

"互换性与技术测量"是应用型本科院校机械类、仪器仪表类和机电类各专业必修的主干技术基础课之一。它包含几何量公差与误差两大方面的内容，把标准化和计量学两个学科有机地结合在一起，与机械设计、机械制造、质量控制等多方面密切相关，是机械工程人员和管理人员必备的基本知识和技能。

本书是在广泛征求应用型本科院校专业人士意见的基础上，根据全国高等学校本科机械工程类专业教学指导委员会审批的教材编写大纲编写的。本书吸取了编者多年的教学和工程实践经验，充分了解了机械类各专业和生产一线对本课程的要求，把重点放在专业课和生产一线的应用上，注重各标准的标注与通用量具的应用。

本书具有以下特点：

（1）采用最新国标。在内容上严格遵循最新的国家标准（2010 年以前颁布的），尤其是最重要的基础性国家标准——产品几何技术规范（GPS）（极限与配合，几何公差，表面粗糙度）。

（2）重组整合。将尺寸链并入极限与配合，并将实体尺寸归类于尺寸术语中；将光滑极限量规并入测量技术基础，并将作用尺寸编入泰勒原则中；将滚动轴承、圆锥、键与花键、螺纹等结合件的公差组合为普通结合件的互换性。

（3）难点分散。在传统的教科书中最难以理解的部分是公差原则的基本术语和定义，因为它将实体尺寸、作用尺寸、实效尺寸集中放在基本概念中，人们很难同时接受多个难点，容易顾此失彼。本书将其分散在第 2 章、第 3 章和第 4 章中，便于读者对重点内容的理解。

（4）自成整体。利用减速器输出轴贯穿本书的每一章：第 1 章图纸显现；第 2 章、第 4 章、第 5 章标注应用；第 6～8 章配合应用；第 3 章、第 8 章测量应用；附录为考试题及其参考答案。第 8 章为综合应用章节，其目的是使读者对互换性的要求有一个整体的理解。

（5）紧贴实践。以生产一线常用的两类零件——轴类（第 1 章的减速器输出轴）、箱体类（第 8 章的减速器箱体（来自陕西齿轮厂 2008 年生产的零件））工件为例，对其进行标注，并且这两个图的所有标注都是与生产蓝图逐一对应的，以达到与生产实践接轨的目的。

（6）自测效果：附录中的两套考试题用来自测读者学完本书后，对各章节的重点内容的掌握情况。考试题是编者精心设计的，尤其是综合题紧贴生产实践，主要测试读者对生产图纸的理解能力。

本书共 8 章，主要内容包括绪论、极限与配合、测量技术基础、几何公差、表面粗糙度、普通结合件的互换性、圆柱齿轮传动的互换性、典型零件的公差与测量和两个附录（考试题及其参考答案）。参与本书编写的有西安航空学院杨好学（第 1、3、7、8 章和附录）、西安航空学院户艳（第 2、6 章）、西安航空学院张孝林（第 4、5 章）。本书由杨好学担任主编，户艳、张孝林担任副主编。

西安交通大学赵卓贤教授在百忙之中对本书进行了细致的审阅，并提出了许多宝贵的意见和建议。本书在编写过程中，得到了其他院校任课教师以及陕西齿轮厂黄万长老师的大力支持；西安航空学院李晓玲老师参与了本书部分插图的制作。此外，在本书的编写中还引用了最新国家标准的部分内容和其他技术文献资料。在此，对上述单位、人员和专家一并表示衷心的感谢。

　　由于编者水平有限，书中难免存在不足之处，敬请广大读者批评指正。

编　者

2013 年 5 月

目　　录

第 1 章 绪 论

本章重点提示

本章主要讲述互换性原理,围绕标准、标准化和技术测量来学习误差与公差之间的关系。完全互换性是现代化大工业生产的基础,国家标准是现代化大工业生产的依据,技术测量则是现代化大工业生产的保证。本章的重点是互换性的意义和几何参数的误差与公差。学习本章时,要求掌握完全互换性的定义、分类、优点,几何量的加工误差的分类以及各种误差对互换性的影响,以及本课程的基本要求,同时要求对减速器输出轴有深入的理解(因为该轴作为一根主线贯穿本书的所有章节)。

1.1 互 换 性

1.1.1 互换性的意义

互换性有广义和狭义之分,就机械零件而言,可理解为:同一规格工件,不需要作任何挑选和附加加工,就可以装配到所需的部位,并能满足使用要求。

例如,规格相同的任何一个灯头和灯泡,无论它们出自哪个企业,只要产品合格,都可以相互装配,电路开关合上,灯泡一定会发光。同理,自行车、电视机、汽车等家用大件消费品的零件损坏后,也可以快速换一个同样规格的新零件,并且在更换后,自行车可以继续骑行、电视有画面并有伴音、汽车开动后就可上路。日常生活中之所以这样方便,是因为日常用品、家用电器、交通工具的零部件都具有互换性。

现代机械产品的生产应该是互换性生产,只有互换性生产才符合现代化大工业发展的要求。以电视机和汽车的生产为例,它们各自都有成千上万个零件,由若干个省、几十家企业生产制造,而总装厂仅生产部分零部件。在自动生产线上将各企业的合格零件装配成部件,再由部件迅速总装成符合国家标准的电视机或汽车,从而使年产量几十万台甚至几百万台成为可能。这种现代化大工业的生产使得产品质量更高,产品的价格更为低廉,使消费者在现代化进程中得到了实惠。互换性的生产和维修给社会各个层面带来了极大的方便,推动了社会的发展。

由于电视机或汽车要在生产线上装配,因此要求各个企业在制造零部件时必须符合国家的统一技术标准。这种跨地区、跨行业的大型国有企业和民营企业有着不同的设备条件,工人的技术水平也不尽相同,但加工出来的零件可以不经选择、修配或调整,就能装配成合格的产品,这说明零件的加工是按规定的精度要求制造的。

如何使工件具有互换性? 设加工一批零件的实际参数(尺寸、形状、位置等几何参数及硬度、塑性、强度等其他物理参数)的数值都为理论值,即这批零件完全相同。装配时,任取其中一件,配合的效果都是相同的。但是,要获得这种绝对准确和完全相同的产品在实际生产中是根本不可能的,而且也没有必要。

现代加工业可以制造出精确度很高的工件,但仍然会有误差(尽管加工误差相当小)。而另一方面从机器设备的使用和互换性生产要求来看,只要制成的零件实际参数值变动在控制的范围内,保证零件几何参数充分近似即可。所以要使产品具有互换性,就必须按照技术标准的规定来制造,而控制几何参数的技术规定就称为"公差"(公差即为实际参数值所允许的最大变动量)。

1.1.2 互换性的特点

1. 产品设计

由于标准零部件是采用互换性原则设计和生产的,因而可以简化绘图、计算等工作,缩短设计周期,加速产品的更新换代,且便于计算机辅助设计(CAD)。

2. 生产制造

按照互换性原则组织加工,实现专业化协调生产,便于计算机辅助制造(CAM),以提高产品质量和生产效率,同时降低生产成本。

3. 装配过程

因为零部件具有互换性,可以提高装配质量,缩短装配时间,所以便于实现现代化的大工业自动化,提高装配效率。

4. 使用过程

由于工件具有互换性,因而在它磨损到极限或损坏后,可以很方便地用备件来替换,缩短维修时间和节约费用,提高修理质量,延长产品的使用寿命,从而提高了机器的使用价值。

综上所述,在机械制造中,遵循互换性原则,不仅能保证又多又快地生产,而且能保证产品质量和降低生产成本。所以,互换性是机械制造中贯彻"多快好省"方针的技术措施。

1.1.3 互换性的分类

按照零部件互换程度的不同,互换可分为完全互换和不完全互换。

(1) 完全互换:零件在装配或更换时,不需要辅助加工与修配,也不需要选择。一般标准件都可以完全互换,包括螺钉、螺母、滚动轴承、齿轮等。

(2) 不完全互换:在零件完工后,通过测量将零件按实际尺寸的大小分为若干组,组内零件具有互换性,而组与组之间不能互换,属于不完全互换。装配时需要进行挑选或调整的零部件也属于不完全互换。

1.2 互换性与技术测量

1.2.1 几何参数的误差与公差

零件在机械加工时，由于"机床－工具－辅具"工艺系统的误差、刀具的磨损、机床的振动等因素的影响，工件在加工后总会产生一些误差。加工误差就几何量来讲，可分为尺寸误差、几何误差和表面粗糙度。

1. 尺寸误差

零件在加工后实际尺寸与理想尺寸之间的差值，即为尺寸误差。零件的尺寸要求如图1-1(a)所示，但经过加工，它的实际尺寸 d_{a1}、d_{a2}、d_{a3}、d_{a4}、d_{a5} 与理想尺寸各有不同，有的在极限尺寸范围内，个别的则超出了极限尺寸，即为尺寸误差。

2. 几何误差

几何误差又分为几何形状误差和相互位置误差。

（1）几何形状误差：由于机床、刀具的几何形状误差及其相对运动的不协调，使光滑圆柱的表面在加工中产生了误差。如图1-1(b)所示，产生了素线的不直（d_{a1}、d_{a2}、d_{a3} 三个直径尺寸大小不一），即为直线度误差；因为光滑圆柱的横截面理论上都是理想的几何圆，而加工后实际形状变成一个误差圆，如图1-1(c)所示（d_{a4}、d_{a5} 的横剖面尺寸不同），出现了圆度误差。以上即为几何形状误差。

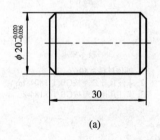 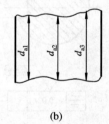 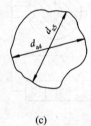

(a)   (b)   (c)

图1-1 几何形状误差

(a) 零件的尺寸要求；(b) 零件的轴剖面；(c) 零件的横剖面

（2）相互位置误差：如图1-2所示，在车削台阶轴时，由于其结构的特点，需要先加工大尺寸一端，然后再调头车削小直径一端。如果操作者调整轴线不仔细，加工后该零件会产生台阶轴的轴线错位，从而会出现同轴度误差，造成零件的实际位置与理想位置的偏离。

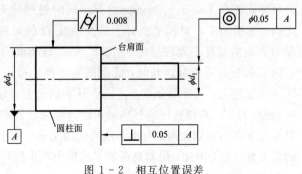

图1-2 相互位置误差

3. 表面粗糙度

表面粗糙度（微观的几何形状误差）是指加工后刀具在工件表面留下刀具痕迹，即使经过精细加工，目视很光亮的表面，经过放大观察，也可很清楚地看到工件表面的凸峰和凹谷，使工件表面产生粗糙不平。

加工误差在机械制造中是不可避免的，只要将工件的这些误差都控制在公差范围内就为合格品，如图 1-3 所示。

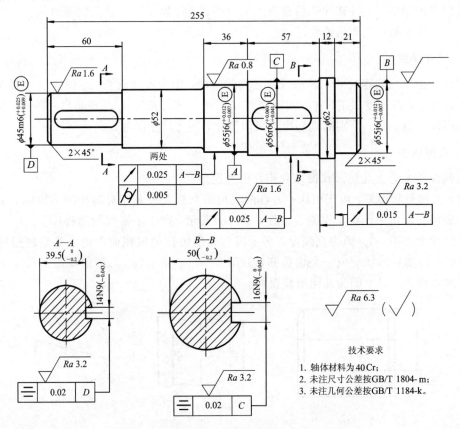

图 1-3　减速器输出轴

图 1-3 中表示了减速器输出轴的尺寸、几何、表面粗糙度的公差要求，即在加工过程中各要素不能超出所规定的极限值，否则该零件为不合格产品。例如，A—A 剖面，键槽宽度的尺寸允许在 13.957～14 mm 之间，同时键槽底部的另一个尺寸只能在 39.3～39.5 mm 之间；键槽的中心对称平面对于基准轴线 D 的对称度要控制在 0.02 mm 之内；键槽两侧面的表面粗糙度不允许超过 0.0032 mm，键槽底面的表面粗糙度不能超过 0.0063 mm。只有这三项公差要求都达到时，此剖面的零件才被认为是合格的。

一般情况，工件都会有上述三个基本的公差要求（有的零件图纸也许没有标注尺寸和几何公差，此时，应该按国家标准的未注公差来理解和执行），这也正是本教材中最重要的、需要重点掌握的基础性国家标准。在机械加工中，由于各种误差的存在，一般认为公差是误差的最大允许值，因此，误差是在加工过程中产生的，而公差则是由设计人员确定的。

1.2.2　技术测量

技术测量是实现互换性的技术保证，如果仅有与国际接轨的公差标准，而缺乏相应的技术测量措施，实现互换性生产是不可能的。

测量中首先要统一计量单位。解放前我国长度单位采用市尺，1955年成立了国家计量局，1959年统一了全国计量制度，正式确定采用公制（米制）作为我国基本计量制度。1977年颁布了计量管理条例。1984年颁布了国家法定计量单位。1985年颁布了国家计量法。

伴随着长度基准的发展，计量器具也在不断改进。1850年美国制成了游标卡尺，1927年德国制成了小型工具显微镜，从此几何量的测量随着工业化的进程而飞速发展。

目前，我国制造业正在日新月异地发展，计量测试仪器的制造工业也发展得越来越快。长度计量仪器的测量精度已由毫米级提高到微米级，甚至达到纳米级。测量空间已由二维空间发展到三维空间。测量的尺寸小至微米级，大到米级。测量的自动化程度也越来越高，已由人工读数测量结果发展到自动定位、测量，计算机数据处理，自动显示并打印测量结果。

1.3　互换性与标准化

1.3.1　标准

公差标准在工业革命中起过非常重要的作用，随着机械制造业的不断发展，要求企业内部有统一的技术标准，以扩大互换性生产规模和控制机器备件的供应。早在20世纪初，英国一家生产剪羊毛机器的公司——纽瓦尔（Newall）于1902年颁布了全世界第一个公差与配合标准（极限表），从而使生产成本大幅度下降，同时，产品质量不断提高，在市场上挤跨了其他同类公司，在这一领域鹤立鸡群。这个过程中，极限表起了举足轻重的作用。

1924年英国在全世界最早颁布了国家标准 B.S 164-1924，美国、德国、法国等也紧随其后颁布了各自国家的国家标准，指导着各国的制造业的发展。1929年苏联也颁布了《公差与配合》标准。在此阶段，西方国家的工业化不断进步，生产也快速发展，同时国际间的交流也日益广泛。1926年国际标准化协会（ISA）成立，1940年正式颁布了国际《公差与配合》标准，第二次世界大战后的1947年将 ISA 更名为 ISO（国际标准化组织）。

1959年我国正式颁布了第一个国家标准《公差与配合》（GB 159～174—59），此标准完全依赖1929年苏联的国家标准，并指导了我国20年的工业生产。

随着我国经济建设的快速发展，旧国标已不能适应现代大工业互换性生产的要求，因此，自1979年以来在国家标准局的统一领导下，有计划、有步骤地对旧的基础标准进行了三次重大的修订，其目的是与国际标准接轨。第一次是20世纪70年代末、80年代初期，修订的标准有《公差与配合》（GB 1800～1804—79），《形状与位置公差》（GB 1182～1184—80），《表面粗糙度》（GB 1031—83）等；第二次是20世纪90年代中末期，修订的标准有《极限与配合》（GB/T 1800.1～1800.3—1997，GB/T 1800.4—1999 等），《形状与位置公差》（GB/T 1182—1996，GB/T 16671—1996），《表面粗糙度》（GB/T 1031—1995 等）；最新修订的标准是《极限与配合》(GB/T 1800.1—2009，GB/T 1800.2—2009 等)，《几何公差》(GB/T 1182—2008，GB/T 16671—2009)，《表面粗糙度》(GB/T 1031—2009，GB/T 3505—2009)等多项国家标准。这些新国家标准的颁布，正在对我国的机械制造业起着越来越大的作用。

1.3.2 标准化

现代化生产的特点是品种多、规模大、分工细、协作多，为使社会生产有序地进行，必须通过标准化使产品规格品种简化，使分散的、局部的生产环节相互协调和统一。

几何量的公差与检测也应纳入标准化的轨道。

根据产品的使用性能要求和制造的可能性，既要加工方便又要经济合理，就必须规定几何量误差的变动范围，也就是规定合适的公差作为加工产品的依据，公差值的大小就是根据上述基本原则进行制定和选取的。为了实现互换性，必须对公差值进行标准化，不能各行其是。标准化是实现互换性生产的重要技术措施。例如，一种机械产品的制造，往往涉及许多部门和企业，如果没有制定和执行统一的公差标准，是不可能实现互换性生产的。对零件的加工误差及其控制范围所制定的技术标准称为"极限与配合、几何公差"等标准，它是实现互换性的基础。

为什么要用新国标代替旧国标？因为新国标采用最新的国际标准制，国际标准制的概念更加明确，结构更加严密，规律性也更强。另外，最新的国际标准制有利于国际间的技术交流。随着机电产品的出口越来越多，现代工业化建设不断完善，技术引进和援外日益增多，采用国际标准制就显得十分重要。

1.3.3 优先数与优先数系

产品无论在设计、制造，还是在使用中，其规格，如零件尺寸、原材料尺寸、公差、承载能力及所使用设备、刀具、测量器具的尺寸等性能与几何参数都要用数值表示。而产品的数值具有扩散传播性。例如，复印机的规格与复印纸的尺寸有关，复印纸的尺寸则取决于书刊、杂志的尺寸，复印机的尺寸又影响造纸机械、包装机械等的尺寸。又如，某一尺寸的螺栓会扩散传播到螺母尺寸，制造螺栓的刀具(丝锥、扳牙等)尺寸，检验螺栓的量具(螺纹千分尺、三针直径)的尺寸，安装刀具的工具、工件螺母的尺寸等。由此可见，产品技术参数的数值不能任意选取，不然会造成产品规格繁杂，直接影响互换性生产、产品的质量以及产品的成本。

生产实践证明，对于产品技术参数合理分档、分级，对产品技术参数进行简化和协调统一，必须按照科学、统一的数值标准，即优先数与优先数系。它是一种科学的数值制度，也是国际上统一的数值分级制度。它不仅适用于标准的制定，也适用于标准制定前的规划、设计，从而把产品品种的发展一开始就引入科学的标准化轨道。因此，优先数系是国际上统一的一个重要的基础标准。

优先数系由一些十进制等比数列构成，其代号为 R(R 是优先数系创始人 Renard 的缩写)，相应的公比代号为 Rr。r 代表 5、10、20、40 等数值，其对应关系如下：

$$R5 = \sqrt[5]{10} \approx 1.6 \quad (R5 \text{ 系列})$$

$$R10 = \sqrt[10]{10} \approx 1.25 \quad (R10\ \text{系列})$$

$$R20 = \sqrt[20]{10} \approx 1.12 \quad (R20\ \text{系列})$$

$$R40 = \sqrt[40]{10} \approx 1.06 \quad (R40\ \text{系列})$$

一般优先选择 R5 系列,其次为 R10 系列、R20 系列等,其具体数值见附表 1-1。

1.3.4 本课程的研究对象与任务

本课程是机械类专业及相关专业的一门重要的技术基础课,在教学中起着联系基础课和专业课的桥梁作用,同时也是联系机械类基础课与机械制造工艺类课程的纽带。

各种公差的标准化属于标准化范畴,而技术测量属于计量学范畴,它们是两个独立的系统。本课程正是将公差标准与计量技术有机地结合在一起的学科。

本课程是从加工的角度研究误差,从设计的科学性去探讨公差。众所周知,科学技术越发达,对机械产品的精度要求越高,对互换性的要求也越高,机械加工就越困难,这就必须处理好产品的使用要求与制造工艺之间的矛盾,处理好公差选择的合理性与加工出现误差的必然性之间的矛盾。因此,随着机械工业的高速发展,我国制造大国的地位越来越明显,本课程的重要性也越来越突出。

学习本课程的基本要求如下:

(1)掌握互换性原理的基础知识;

(2)了解本课程所介绍的各种公差标准和基本内容并掌握其特点;

(3)学会根据产品的功能要求,选择合理的公差并能正确地标注到图样上;

(4)掌握一般几何参数测量的基础知识;

(5)了解各种典型零件的测量方法,学会使用常用的计量器具。

附表 1-1 优先数系的基本系列(摘自 GB/T 321—1980)   mm

R5	R10	R20	R40	R5	R10	R20	R40	R5	R10	R20	R40
1.00	1.00	1.00	1.00			2.24	2.24		5.00	5.00	5.00
			1.06				2.36				5.30
		1.12	1.12	2.50	2.50	2.50	2.50			5.60	5.60
			1.18				2.65				6.00
	1.25	1.25	1.25			2.80	2.80	6.30	6.30	6.30	6.30
			1.32				3.00				6.70
		1.40	1.40		3.15	3.15	3.15			7.10	7.10
			1.50				3.35				7.50
1.60	1.60	1.60	1.60			3.55	3.55		8.00	8.00	8.00
			1.70				3.75				8.50
		1.80	1.80	4.00	4.00	4.00	4.00			9.00	9.00
			1.90				4.25	10.00	10.00	10.00	10.00
	2.00	2.00	2.00			4.50	4.50				
			2.12				4.75				

思考题与习题

1-1 完全互换性的含义是什么？

1-2 互换性有何优点？

1-3 最早的公差标准是在哪个国家颁布的？

1-4 我国 1959 年颁布的国标依据的是哪个国家的国标？

1-5 几何量误差有几类？

1-6 试述标准化与技术测量之间的关系。

1-7 为什么要选择优先数系作为标准的基础？

第 2 章 极 限 与 配 合

```
本章重点提示
```

　　本章介绍的《极限与配合》是互换性的基础，是本书的重中之重，是后续章节必备的基础知识，也是全世界和我国最早采用的标准，对于我国制造业的高速发展起着举足轻重的作用。

　　本章是产品几何技术规范(Geometrical Product Specifications，GPS)的第一个国家标准，主要讲述《极限与配合》的术语及定义，并对单个工件与配合的各种术语、尺寸计算作了详尽的描述，重点介绍了尺寸公差带的两个要素及基本偏差系列图。学习本章时，应注意理解基孔制配合图、基轴制配合图与基本偏差系列图的相同之处，重点掌握极限尺寸与实体尺寸之区别，以及极限偏差的正确标注、三类配合的公式，并能正确使用基本公式计算极限间隙、极限过盈以及进行尺寸链的计算，同时要求掌握公差等级、基准制、配合种类的选择原则，并对减速器输出轴的各种标注能做出正确的解释(含未注公差)，注意尺寸标注的合理性。

2.1 概 述

　　《极限与配合》标准是产品几何技术规范(GPS)应用最为广泛、最重要的基础性标准，在机械工程中具有相当重要的作用。在我国，根据 ISO/DIS 286 - 1：2007，IDT 和 ISO 286 - 2：1988，IDT 制定了有关《极限与配合》最新的国家标准，以尽可能地使国家标准与国际标准等同或等效。这些标准主要有：

　　GB/T 1800.1—2009《产品几何技术规范(GPS)极限与配合　第 1 部分：公差、偏差和配合的基础》；

　　GB/T 1800.2—2009《产品几何技术规范(GPS)极限与配合　第 2 部分：标准公差等级和孔、轴极限偏差表》等。

2.2 极限与配合的基本内容

2.2.1 尺寸、公差和偏差的基本术语

1. 尺寸(size)

　　尺寸是以特定单位表示线性尺寸的数值，通常用 mm 表示(一般在书中不必注出)，如半径、直径、长度、高度、深度、中心距等。

2. 公称尺寸（nominal size）

公称尺寸是设计给定的尺寸，用 D 和 d 表示（大写字母表示孔，小写字母表示轴）。它是根据产品的使用要求、零件的刚度要求等，计算或通过实验的方法而确定的。它应该在优先数系中选择，以减少切削刀具、测量工具和型材等规格。如图 1-3 中减速器的长度 255、轴径 $\phi52$ 和 $A—A$ 轴剖面的尺寸 39.5 等。

3. 实际尺寸（actual size）

实际尺寸是指通过测量得到的尺寸（D_a、d_a）。由于加工误差的存在，按同一图样要求所加工的各个零件，其实际尺寸往往各不相同。即使是同一工件的不同位置、不同方向的实际尺寸也往往不同，如图 1-1 所示。故实际尺寸是实际零件上某一位置的测量值，又称局部实际尺寸，加之测量时还存在测量误差，所以实际尺寸并非尺寸的真值。

4. 极限尺寸（limits of size）

极限尺寸是指允许尺寸变化的两个界限值。实际尺寸应位于其中，也可达到极限尺寸。其中较大的称为上极限尺寸（D_{max}、d_{max}），较小的称为下极限尺寸（D_{min}、d_{min}），如图 2-1 所示。合格零件的实际尺寸应该是：$D_{max} \geqslant D_a \geqslant D_{min}$，$d_{max} \geqslant d_a \geqslant d_{min}$。如图 1-3 中 $A—A$、$B—B$ 下面尺寸的合格范围是 $39.5 \geqslant d_a \geqslant 39.3$，$50 \geqslant d_a \geqslant 49.8$。

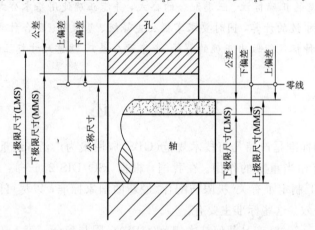

图 2-1 极限与配合示意图

5. 实体尺寸（material size）

1）最大实体状态（MMC）与最大实体尺寸（MMS）

最大实体状态（MMC）：即假定实际尺寸处处位于极限尺寸且使其具有实体最大的状态，亦即实际要素在给定长度上处处位于极限尺寸之内，且具有材料量最多时的状态。

最大实体尺寸（MMS）：即实际要素在最大实体状态下的极限尺寸。孔和轴的最大实体尺寸分别用 D_M、d_M 表示。对于孔，$D_M = D_{min}$；对于轴，$d_M = d_{max}$，如图 2-1 所示。如图 1-3 中的 $B—B$ 剖面：键槽 $D_M = D_{min} = 15.957$；尺寸 $d_M = d_{max} = 50$。

2）最小实体状态（LMC）与最小实体尺寸（LMS）

最小实体状态（LMC）：即假定实际尺寸处处位于极限尺寸且使其具有实体最小的状态，亦即实际要素在给定长度上处处位于极限尺寸之内，并具有材料量最少时的状态。

最小实体尺寸(LMS)：即实际要素在最小实体状态下的极限尺寸。孔和轴的最小实体尺寸分别用 D_L、d_L 表示。对于孔，$D_L = D_{max}$；对于轴，$d_L = d_{min}$，如图 2-1 所示。如图 1-3 中的 B—B 剖面：键槽 $D_L = D_{max} = 16$；尺寸 $d_L = d_{min} = 49.8$。

6. 极限偏差(limit deviation)

偏差是指某尺寸与公称尺寸的代数差，其中上极限尺寸与公称尺寸之差称为上极限偏差(简称上偏差)，下极限尺寸与公称尺寸之差称为下极限偏差(简称下偏差)，实际尺寸与公称尺寸之差称为实际偏差，见图 2-1。其值可正、可负或为零。用公式表示如下：

$$\left.\begin{array}{l} \text{孔：} ES = D_{max} - D, \ EI = D_{min} - D, \ E_a = D_a - D \\ \text{轴：} es = d_{max} - d, \ ei = d_{min} - d, \ e_a = d_a - d \end{array}\right\} \quad (2-1)$$

其中：ES(Ecart Superieur)和 EI(Ecart Interieur)分别为法文上、下偏差的缩写，其大写字母表示孔，小写字母表示轴；E_a、e_a 分别为孔和轴的实际偏差。

注意：标注和计算偏差时极限偏差前面必须加注"+"或"-"号(零除外)。

7. 尺寸公差(size tolerance)

尺寸公差是指允许尺寸的变动量，见图 2-1。公差、极限尺寸、极限偏差之间的关系如下：

$$\left.\begin{array}{l} \text{孔：} T_h = D_{max} - D_{min} = ES - EI \\ \text{轴：} T_s = d_{max} - d_{min} = es - ei \end{array}\right\} \quad (2-2)$$

注意：公差与偏差是两个不同的概念。公差表示制造精度的要求，反映加工的难易程度；而偏差表示与公称尺寸的远离程度，它表示公差带的位置，影响配合的松紧程度。图 2-1 所示的公差是将半径方向叠加到直径上(为了分析和图解方便)。

8. 公差带图解

由图 2-1 可知，由于公差数值比公称尺寸的数值小得多，故不便用同一比例表示。因为尺寸是毫米级，而公差则是微米级，显然图中的公差部分被放大了。为了表示尺寸、极限偏差和公差之间的关系，将尺寸的实际标注值统一放大 500 倍。此时可以不必画出孔和轴的全形，而采用简单的公差带图表示，用尺寸公差带的高度和相互位置表示公差大小和配合性质。如图 2-2 所示，它由零线和公差带组成。

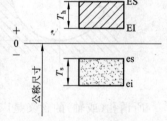

图 2-2 尺寸公差带图

(1)零线：确定偏差的基准线。它所指的尺寸为公称尺寸，是极限偏差的起始线。零线上方表示正偏差，零线下方表示负偏差，画图时一定要标注相应的符号("0"、"+"和"-")。零线下方的单箭头必须与零线靠紧(紧贴)，并注出公称尺寸的数值，如 $\phi 30$、$\phi 60$ 等。

(2)公差带：在公差带图解中，由代表上偏差和下偏差或上极限尺寸与下极限尺寸的两条直线所限定的区域。沿零线垂直方向的宽度表示公差值，代表公差带的大小。公差带沿零线长度方向可适当选取。

例 2-1 已知孔 $\phi 40^{+0.025}_{0}$，轴 $\phi 40^{-0.010}_{-0.026}$，求孔、轴的实体尺寸、极限尺寸与公差。

解 (1)公差带图解法：如图 2-3 所示，孔的实体尺寸、极限尺寸分别为

$$D_L = D_{max} = 40.025, \quad D_M = D_{min} = 40$$

轴的实体尺寸、极限尺寸分别为

$$d_M = d_{max} = 39.990, \quad d_L = d_{min} = 39.974$$

其孔、轴公差分别为

$$T_h = 0.025, \quad T_s = 0.016$$

(2) 公式法：利用公式来解，即

$$D_L = D_{max} = D + ES = 40 + 0.025 = 40.025$$

$$D_M = D_{min} = D + EI = 40 + 0 = 40$$

$$d_M = d_{max} = d + es = 40 - 0.010 = 39.990$$

$$d_L = d_{min} = d + ei = 40 - 0.026 = 39.974$$

$$T_h = D_{max} - D_{min} = 40.025 - 40 = 0.025$$

$$T_s = es - ei = -0.010 - (-0.026) = 0.016$$

图 2 - 3　公差带图解法

2.2.2　配合的基本术语

1. 孔与轴（hole and shaft）

孔通常指工件的圆柱形内表面，也包括非圆柱形的内表面（由两个平行平面或切面而形成的包容面），如图 2 - 4 中的 B、ϕD、L、B_1、L_1。轴是指工件的圆柱形外表面，也包括非圆柱形的外表面（由两个平行平面或切面而形成的被包容面），如图 2 - 4 中的 ϕd、l、l_1。

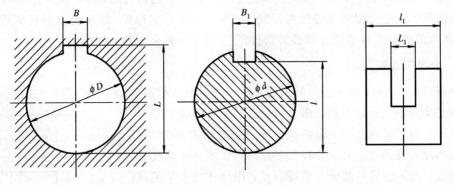

图 2 - 4　孔与轴

所谓孔（或轴）的含义是广义的。其特性是：孔为包容面（尺寸之间无材料），在加工过程中，尺寸越加工越大；而轴是被包容面（尺寸之间有材料），尺寸越加工越小。

采用广义孔和轴的目的，是为了确定工件的尺寸极限和相互的配合关系，同时也就拓展了《极限与配合》的应用范围。它不仅应用于圆柱内、外表面的结合，也可以用于非圆柱的内、外表面的配合。例如，单键与键槽的配合；花键结合中的大径、小径及键与键槽的配合等。

2. 配合（fit）

配合是指公称尺寸相同的、相互结合的孔与轴公差带之间的关系。在孔与轴的配合中，孔的尺寸减去轴的尺寸所得的代数差，其值为正值时称为间隙（用 X 表示），其值为负值时称为过盈（用 Y 表示）。根据孔、轴公差带之间的关系，配合分为三大类，即间隙配合、过盈配合和过渡配合。

1）间隙配合（clearance fit）

间隙配合是指具有间隙（含最小间隙为零）的配合。此时孔的公差带位于轴的公差带之上，通常指孔大、轴小的配合，也可以是零间隙配合，如图 2-5 所示。

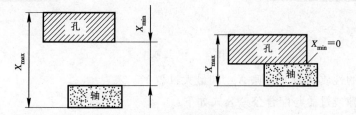

图 2-5　间隙配合

间隙配合的性质用最大间隙 X_{max} 和最小间隙 X_{min} 来表示。

其极限间隙与配合公差公式如下：

$$\left.\begin{aligned}
X_{max} &= D_{max} - d_{min} = ES - ei \\
X_{min} &= D_{min} - d_{max} = EI - es \\
T_f &= \mid X_{max} - X_{min} \mid \\
&= (D_{max} - d_{min}) - (D_{min} - d_{max}) \\
&= (D_{max} - D_{min}) + (d_{max} - d_{min}) = T_h + T_s
\end{aligned}\right\} \quad (2-3)$$

2）过盈配合（interference fit）

过盈配合是指具有过盈（含最小过盈为零）的配合。此时孔的公差带位于轴的公差带之下，通常是指孔小、轴大的配合，如图 2-6 所示。

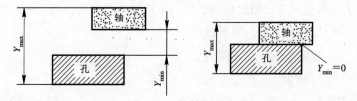

图 2-6　过盈配合

过盈配合的性质用最小过盈 Y_{min} 和最大过盈 Y_{max} 来表示。

其极限过盈与配合公差公式如下：

$$\left.\begin{aligned}
Y_{min} &= D_{max} - d_{min} = ES - ei \\
Y_{max} &= D_{min} - d_{max} = EI - es \\
T_f &= \mid Y_{min} - Y_{max} \mid = (ES - ei) - (EI - es) \\
&= (ES - EI) + (es - ei) \\
&= T_h + T_s
\end{aligned}\right\} \quad (2-4)$$

3）过渡配合（transition fit）

过渡配合是指可能产生间隙或过盈的配合。此时孔、轴的公差带相互交叠，是介于间隙配合与过盈配合之间的配合，如图 2-7 所示。但其间隙或过盈的数值都较小，一般来讲，过渡配合的工件精度都较高。

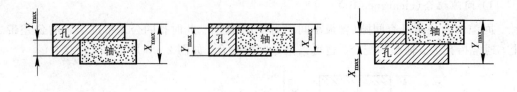

图 2 - 7 过渡配合

过渡配合的性质用最大间隙 X_{max} 和最大过盈 Y_{max} 来表示。

其极限间隙或过盈与配合公差公式如下：

$$\left.\begin{array}{l} X_{max} = D_{max} - d_{min} = ES - ei \\ Y_{max} = D_{min} - d_{max} = EI - es \\ T_f = |X_{max} - Y_{max}| = T_h + T_s \end{array}\right\} \qquad (2-5)$$

3. 配合公差(fit tolerance)

配合公差是指组成的孔、轴公差之和。它是允许间隙和过盈的变动量。它表示配合精度，是评定配合质量的一个重要综合指标。其计算式如下：

对于间隙配合　　$T_f = |X_{max} - X_{min}| = T_h + T_s$

对于过盈配合　　$T_f = |Y_{min} - Y_{max}| = T_h + T_s$

对于过渡配合　　$T_f = |X_{max} - Y_{max}| = T_h + T_s$

上式表明配合精度(配合公差)取决于相互配合的孔与轴的尺寸精度(尺寸公差)，设计时，可根据配合公差来确定孔与轴的公差。

例 2 - 2　求下列三种孔、轴配合的极限间隙或过盈、配合公差，并绘制公差带图。

(1) 孔 $\phi25^{+0.021}_{0}$ 与轴 $\phi25^{-0.020}_{-0.033}$ 相配合；

(2) 孔 $\phi25^{+0.021}_{0}$ 与轴 $\phi25^{+0.041}_{+0.028}$ 相配合；

(3) 孔 $\phi25^{+0.021}_{0}$ 与轴 $\phi25^{+0.015}_{+0.002}$ 相配合。

解　(1) 最大间隙　　$X_{max} = ES - ei = +0.021 - (-0.033) = +0.054$

最小间隙　　$X_{min} = EI - es = 0 - (-0.020) = +0.020$

配合公差　　$T_f = X_{max} - X_{min} = 0.054 - 0.020 = 0.034$

或　　　　　　$T_f = T_h + T_s = 0.021 + 0.013 = 0.034$

(2) 最小过盈　　$Y_{min} = ES - ei = +0.021 - 0.028 = -0.007$

最大过盈　　$Y_{max} = EI - es = 0 - 0.041 = -0.041$

配合公差　　$T_f = Y_{min} - Y_{max} = -0.007 + 0.041 = 0.034$

或　　　　　　$T_f = T_h + T_s = 0.021 + 0.013 = 0.034$

(3) 最大间隙　　$X_{max} = ES - ei = +0.021 - 0.002 = +0.019$

最大过盈　　$Y_{max} = EI - es = 0 - 0.015 = -0.015$

配合公差　　$T_f = X_{max} - Y_{max} = 0.019 + 0.015 = 0.034$

或　　　　　　$T_f = T_h + T_s = 0.021 + 0.013 = 0.034$

图 2-8 所示为同一孔与三个不同尺寸轴的配合，左边为间隙配合，中间为过盈配合，右边则为过渡配合。计算后得知轴的公差均相同，由于位置不同，因此可以构成不同的配合关系。配合的种类是由孔、轴公差带的相互位置所决定的，而公差带的大小和位置又分别由标准公差和基本偏差所决定。

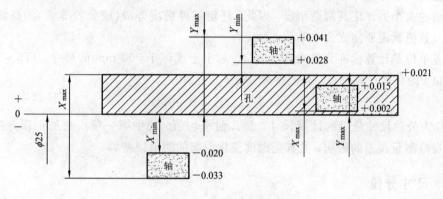

图 2-8　配合公差带图

2.3　标准公差系列

为实现互换性生产和满足一般的使用要求，在机械制造业中常用的尺寸大多都小于 500 mm（最常用的是光滑圆柱体的直径），该尺寸段在一般工业中应用得最为广泛。本节仅对小于或等于 500 mm 的尺寸段进行介绍。

标准公差系列是国家标准制定出的一系列标准公差数值，用于确定公差带的大小。标准公差值由标准公差等级及公差单位决定。

2.3.1　公差等级

确定尺寸精确程度的等级称为标准公差等级。规定和划分公差等级的目的是为了简化和统一公差的要求，使规定的等级既能满足不同的使用要求，又能大致代表各种加工方法的精度，为零件的设计和制造带来了极大的方便。

公差等级分为 20 级，用 IT01，IT0，IT1，IT2，IT3，…，IT18 来表示（IT：International Tolerance，国际标准公差）。公差等级的高低、加工的难易及公差值的大小示意图如图 2-9 所示。

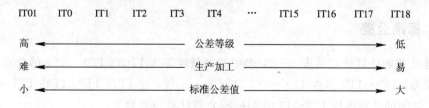

图 2-9　公差等级的高低、加工的难易及公差值的大小示意图

2.3.2 公差单位

公差单位是制定标准公差数值的基础。生产实践证明，对于公称尺寸相同的零件，可按公差值的大小评定其尺寸制造精度的高低。相反，对于公称尺寸不同的工件，就不能仅看公差值的大小去评定其制造精度。因此，评定零件精度等级（或公差等级）的高低，合理规定公差数值就需要建立公差单位。

公差单位是计算标准公差的基本单位。对小于或等于 500 mm 的尺寸，IT5～IT18 用公差单位 i 的倍数计算公差。公差单位 i 按下式计算：

$$i = 0.45 \sqrt[3]{D} + 0.001D \tag{2-6}$$

式中：D 为公称尺寸分段的计算尺寸，是几何平均值。式中第一项反映加工误差的影响，第二项反映测量误差的影响，尤其是温度变化引起的测量误差。

2.3.3 尺寸分段

根据标准公差的计算公式，每一个公称尺寸都对应有一个公差值。但在实际生产中公称尺寸很多，会形成一个庞大的公差数值表，给企业的生产带来不少麻烦，同时不利于公差值的标准化、系列化。为了减少标准公差的数目，统一公差值，简化公差表格，以利于生产实际的应用。国家标准对公称尺寸进行了分段，详见表 2-1。

表 2-1 公称尺寸的分段(GB/T 1800.1—2009)　　　　mm

主段落		中间段落		主段落		中间段落		主段落		中间段落	
大于	至	大于	至	大于	至	大于	至	大于	至	大于	至
—	3	—	—	30	50	30 40	40 50	180	250	180 200 225	200 225 250
3	6	—	—								
6	10	—	—	50	80	50 65	65 80	250	315	250 280	280 315
10	18	10 14	14 18	80	120	80 100	100 120	315	400	315 355	355 400
18	30	18 24	24 30	120	180	120 140 160	140 160 180	400	500	400 450	450 500

在表中，一般使用的是主段落，对于间隙或过盈比较敏感的配合，可以使用分段比较密的中间段落。在常用尺寸段中主段有 13 段，其中有些主段中还有中间段落。

2.3.4 标准公差

标准公差的计算公式见表 2-2，表中的高精度等级 IT01、IT0、IT1 的公式，主要考虑测量误差；IT2～IT4 是在 IT1～IT5 之间插入三级，使 IT1、IT2、IT3、IT4、IT5 成等比数列。常用的公差等级 IT5～IT18 的标准公差计算公式如下：

$$IT = ai, \quad i = f(D) \tag{2-7}$$

式中：a 是公差等级系数；i 为公差单位（公差因子）。除了 IT5 的公差等级系数 $a=7$ 以外，从 IT6 开始，公差等级系数采用 R5 系列，每 5 级，公差等级系数就增加 10 倍（见表 2 - 2 IT6 后）。

表 2 - 2　标准公差的计算公式（GB/T 1800.1—2009）

公差等级	公式	公差等级	公式	公差等级	公式
IT01	$0.3+0.008D$	IT6	$10i$	IT13	$250i$
IT0	$0.5+0.012D$	IT7	$16i$	IT14	$400i$
IT1	$0.8+0.020D$	IT8	$25i$	IT15	$640i$
IT2	$(IT1)(IT5/IT1)^{1/4}$	IT9	$40i$	IT16	$1000i$
IT3	$(IT1)(IT5/IT1)^{2/4}$	IT10	$64i$	IT17	$1600i$
IT4	$(IT1)(IT5/IT1)^{3/4}$	IT11	$100i$	IT18	$2500i$
IT5	$7i$	IT12	$160i$		

例 2 - 3　求公称尺寸为 $\phi25$，IT6、IT7 的公差值。

解　由表 2 - 1 可知 25 处于 18～30 尺寸段，所以有

$$D = \sqrt{18 \times 30} = 23.24$$

$$i = 0.45 \sqrt[3]{D} + 0.001D = 0.45 \sqrt[3]{23.24} + 0.001 \times 23.24 = 1.31 \ \mu m$$

查表 2 - 2 得：

$$IT6 = 10i, \ IT7 = 16i$$

故

$$IT6 = 10i = 10 \times 1.31 = 13.1 \approx 13 \ \mu m$$

$$IT7 = 16i = 16 \times 1.31 = 20.96 \approx 21 \ \mu m$$

由上例可知，计算得出公差数值的尾数要经过科学地圆整，从而编制出标准公差数值表，见附表 2 - 1。

2.4　基本偏差系列

2.4.1　基本偏差代号

1. 基本偏差

基本偏差是指确定零件公差带相对零线位置的那个极限偏差，它可以是上偏差或下偏差，一般为靠近零线的那个偏差。当公差带位置在零线以上时，其基本偏差为下偏差；当公差带位置在零线以下时，其基本偏差为上偏差。以孔为例，如图 2 - 10 所示。

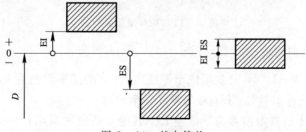

图 2 - 10　基本偏差

2. 基本偏差代号

图 2-11 所示为基本偏差系列图。基本偏差的代号用拉丁字母（按英文字母读音）表示，大写字母表示孔，小写字母表示轴。在 26 个英文字母中去掉易与其他学科的参数相混淆的五个字母 I、L、O、Q、W(i、l、o、q、w)外，国家标准规定采用 21 个，再加上 7 个双写字母 CD、EF、FG、JS、ZA、ZB、ZC(cd、ef、fg、js、za、zb、zc)，共有 28 个基本偏差代号，构成孔（或轴）的基本偏差系列。它反映了 28 种公差带相对于零线的位置。

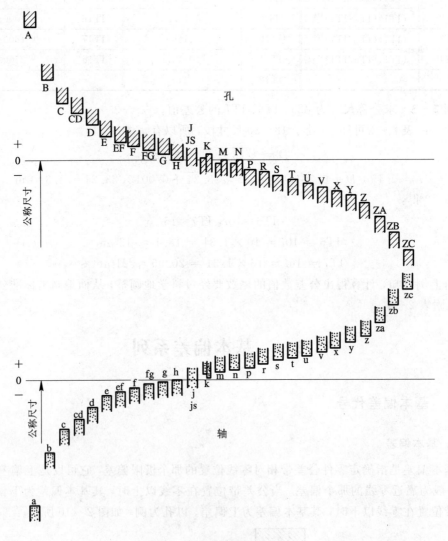

图 2-11　基本偏差系列图

3. 基本偏差系列的特点

H 的基本偏差为 EI＝0，公差带位于零线之上；h 的基本偏差为 es＝0，公差带位于零线之下；J(j)与零线近似对称；JS(js)与零线完全对称。

对于孔：A～H 的基本偏差为下偏差 EI，其绝对值依次减小；J～ZC 的基本偏差为上偏差 ES(J、JS 除外)，其绝对值依次增大。

对于轴：a～h的基本偏差为上偏差 es，其绝对值依次减小；j～zc的基本偏差为下偏差 ei(j、js 除外)，其绝对值依次增大。

由图 2-11 可知，公差带一端是封闭的，而另一端是开口的，其封闭、开口公差带的长度取决于公差等级的高低(或公差值的大小)，这正体现了公差带包含标准公差和基本偏差这两个因素。

2.4.2 轴的基本偏差的确定

轴的基本偏差是在基孔制配合的基础上制定的。根据设计要求、生产经验、科学试验，并经数理统计分析，整理出一系列经验公式，见表 2-3。利用轴的基本偏差计算公式，以尺寸分段的几何平均值代入这些公式后，经过计算以及科学圆整尾数，编制出轴的基本偏差数值表，见附表 2-2。

表 2-3　轴的基本偏差计算公式(GB/T 1800.1—2009)　　　mm

代号	适用范围	基本偏差为上偏差 (es)	代号	适用范围	基本偏差为下偏差 (ei)
a	$D \leqslant 120$ mm	$-(265+1.3D)$	j	IT5～IT8	经验数据
a	$D > 120$ mm	$-3.5D$	k	$\leqslant$IT3 及 $\geqslant$IT8	0
b	$D \leqslant 160$ mm	$-(140+0.85D)$	k	IT4～IT7	$+0.6\sqrt[3]{D}$
b	$D > 160$ mm	$-1.8D$	m		$+(IT7 \sim IT6)$
c	$D \leqslant 40$ mm	$-52D^{0.2}$	n		$+5D^{0.34}$
c	$D > 40$ mm	$-(95+0.8D)$	p		$+IT7+(0 \sim 5)$
cd		$-\sqrt{cd}$	r		$+\sqrt{ps}$
d		$-16D^{0.44}$	s	$D \leqslant 50$ mm	$+IT8+(1 \sim 4)$
e		$-11D^{0.41}$	s	$D > 50$ mm	$+IT7+0.4D$
ef		$-\sqrt{ef}$	t		$+IT7+0.63D$
f		$-5.5D^{0.41}$	u		$+IT7+D$
fg		$-\sqrt{fg}$	v		$+IT7+1.25D$
g		$-2.5D^{0.34}$	x		$+IT7+1.6D$
h		0	y		$+IT7+2D$
			z		$+IT7+2.5D$
			za		$+IT8+3.15D$
			zb		$+IT9+4D$
			zc		$+IT10+5D$
			js$=\pm\dfrac{\text{IT}}{2}$		

注：表中 D 的单位为 mm。

轴的基本偏差数值确定后，在已知公差等级的情况下，可求出轴的另一极限偏差的数值(对公差带的另一端进行封口)：

$$\left. \begin{array}{l} ei = es - IT \quad (a \sim h) \\ es = ei + IT \quad (k \sim zc) \end{array} \right\} \tag{2-8}$$

2.4.3 孔的基本偏差的计算

公称尺寸小于或等于 500 mm 时，孔的基本偏差是从轴的基本偏差换算得出的。换算原则为：在孔、轴为同一公差等级或孔比轴低一级配合的条件下，当基孔制配合中轴的基本偏差代号与基轴制配合中孔的基本偏差代号相同时（例如，将 $\phi60\dfrac{H7}{f6}$、$\phi60\dfrac{H9}{m9}$、$\phi60\dfrac{H7}{p6}$ 分别换成 $\phi60\dfrac{F7}{h6}$、$\phi60\dfrac{M9}{h9}$、$\phi60\dfrac{P7}{h6}$），配合性质要完全相同。

根据上述换算原则，孔的基本偏差的计算方法如下：

1. 间隙配合（A～H）

采用同一字母表示孔、轴的基本偏差要绝对值相等、符号相反。孔的基本偏差（A～H）是轴基本偏差（a～h）相对于零线的倒影，所以又称倒影规则。其公式为：$EI=-es$。

例 2-4 试将 $\phi60\dfrac{H7}{f6}$ 换成 $\phi60\dfrac{F7}{h6}$。

解 （1）查标准公差：$IT6=0.019$，$IT7=0.030$。

（2）计算极限偏差：

基孔制：$\phi60H7(^{+0.03}_{0})$，$\phi60f6$ 的基本偏差 $es=-0.03$，另一偏差 $ei=es-IT6=-0.03-0.019=-0.049$，故写作 $\phi60f6(^{-0.03}_{-0.049})$。

基轴制：$\phi60h6(^{0}_{-0.019})$，$\phi60F7$ 的基本偏差 $EI=-es=-(-0.03)=+0.03$，另一偏差 $ES=EI+IT7=+0.03+0.03=+0.06$，故写作 $\phi60F7(^{+0.06}_{+0.03})$。

（3）计算极限间隙：

基孔制：
$$X_{max}=ES-ei=+0.03-(-0.049)=+0.079$$
$$X_{min}=EI-es=0-(-0.03)=+0.03$$

基轴制：
$$X_{max}=ES-ei=+0.06-(-0.019)=+0.079$$
$$X_{min}=EI-es=+0.03-0=+0.03$$

由以上计算结果可知，极限间隙完全相同，同名字母（f、F）换算成功，验证了 $EI=-es$。

2. 过渡配合（J～N）

在孔的较高精度配合时（≤IT8），国家标准推荐采用孔比轴低一级的配合。由于 J～N 都是靠近零线，而且与 j～n 形成倒影，从而就形成了孔的基本偏差在 $-ei$ 的基础上加一个 Δ。若孔与轴的配合为同级配合，则 Δ 为零，正如倒影图里的体现——大小相等，符号相反。其公式为

$$ES=-ei+\Delta,\ \Delta=IT_n-IT_{n-1}=T_h-T_s$$

例 2-5 将 $\phi60\dfrac{H9}{m9}$ 换成 $\phi60\dfrac{M9}{h9}$。

解 （1）查标准公差：因为孔、轴同级，$IT9=0.074$。

（2）计算极限偏差：

基孔制：$\phi60H9(^{+0.074}_{0})$，$\phi60m9$ 的基本偏差 $ei=+0.011$，另一偏差 $es=ei+IT9=$

$+0.011+0.074=+0.085$，故写作 $\phi60m9(^{+0.085}_{+0.011})$。

基轴制：$\phi60h9(^{0}_{-0.074})$，$\phi60M9$ 的 M 的基本偏差 $ES=-ei+\Delta=-0.011+0=$ -0.011，另一偏差 $EI=ES-IT9=-0.011-0.074=-0.085$，故写作 $\phi60M9(^{-0.011}_{-0.085})$。

（3）计算极限间隙（或过盈）：

基孔制：$\qquad X_{max}=ES-ei=0.074-0.011=+0.063$

$\qquad\qquad\qquad Y_{max}=EI-es=0-0.085=-0.085$

基轴制：$\qquad X_{max}=ES-ei=-0.011-(-0.074)=+0.063$

$\qquad\qquad\qquad Y_{max}=EI-es=-0.085-0=-0.085$

由以上计算结果可知，X_{max}、Y_{max} 在两种基准制下都完全相同。此时基孔制的 m9 就换成基轴制 M9 了，验证了 $ES=-ei+\Delta$，$\Delta=0$。

3. 过盈配合(P～ZC)

同样 P～ZC 与 p～zc 形成倒影，但不能简单理解成大小相等，符号相反。必须注意的是：采用的公式与过渡配合一样。

例 2 - 6 试将 $\phi60\dfrac{H7}{p6}$ 换成 $\phi60\dfrac{P7}{h6}$。

解 （1）查标准公差：$IT6=0.019$，$IT7=0.030$。

（2）计算极限偏差：

基孔制：$\phi60H7(^{+0.030}_{0})$，$\phi60p6$ 的基本偏差 $ei=+0.032$，另一个极限偏差 $es=ei+$ $IT6=+0.051$，故写作 $\phi60p6(^{+0.051}_{+0.032})$。

基轴制：$\phi60h6(^{0}_{-0.019})$，$\phi60P7$ 的基本偏差 $ES=-ei+\Delta=-0.032+0.011=-0.021$ $(\Delta=IT7-IT6=0.030-0.019=0.011)$，另一个极限偏差 $EI=ES-IT7=-0.021-0.030=$ -0.051，故写作 $\phi60P7(^{-0.021}_{-0.051})$。

（3）计算极限过盈：

基孔制：$\qquad Y_{min}=ES-ei=+0.03-0.032=-0.002$

$\qquad\qquad\qquad Y_{max}=EI-es=0-0.051=-0.051$

基轴制：$\qquad Y_{min}=ES-ei=-0.021-(-0.019)=-0.002$

$\qquad\qquad\qquad Y_{max}=EI-es=-0.051-0=-0.051$

以上得出在过渡、过盈配合的较高公差等级结合时，一般采用国标推荐的孔比轴低一级的配合，就会出现 Δ，证明了 $ES=-ei+\Delta$，$\Delta=IT_n-IT_{n-1}$。所以在查孔的基本偏差表时（K、M、N 高于或等于 8 级，P～ZC 高于或等于 7 级）要特别注意。

三个实例说明了孔的基本偏差表（附表 2 - 3）是国家标准采用 ISO 同样的方法来制定的。计算出孔的基本偏差按一定规则化整，实际使用时，可直接查此表，不必计算。

一般说来，高于或等于 7 级的配合，推荐采用工艺等价（即孔比轴低一级的配合），而低于 8 级的配合选用同级配合。

孔的基本偏差数值确定后，在已知公差等级的情况下，可求出孔的另一极限偏差的数值（对公差带的另一端进行封口）：

$$\left.\begin{array}{l} ES=EI+IT\quad(A\sim H)\\ EI=ES-IT\quad(K\sim ZC) \end{array}\right\} \qquad\qquad(2-9)$$

2.4.4 极限与配合的标注

1. 零件图的标注

标注时必须注出公差带的两要素，即基本偏差代号（位置要素）与公差等级数字（大小要素），标注时要用同一字号的字体（即两个符号等高）。如图 1 - 3 所示的尺寸标注：

孔：$\phi 45H7$ 或 $\phi 45^{+0.025}_{0}$ 或 $\phi 45H7(^{+0.025}_{0})$

轴：$\phi 56r6$ 或 $\phi 56^{+0.060}_{+0.041}$ 或 $\phi 56r6(^{+0.060}_{+0.041})$

图 1 - 3 中输出轴的径向配合尺寸有 $\phi 45m6$、$\phi 55j6$、$\phi 56r6$、39.5、50 以及键槽 14N9、16N9。由于两处 $\phi 55j6$ 与滚动轴承内圈配合，因此采用较紧的过渡配合。而 $\phi 45m6$、$\phi 56r6$ 分别与齿轮和带轮配合，应选择较松的过渡配合。同时从图 1 - 3 的剖面得知，这两个配合面还加工有 14 和 16 的键槽，公差等级为 9 级，同样采用过渡配合（详见键的公差）。而 39.5、50 公差相对较大（0.2），要注意尺寸公差较小的 $\phi 45$（公差为 0.016）、$\phi 56$（公差为 0.021）。其余轴向尺寸（如 255、60、36、57、12 和 21）都由未注尺寸公差控制（详见 2.5.2 节）。

2. 装配图的标注

在公称尺寸后标注配合代号。配合代号用分式表示，分子表示孔的公差带代号，分母表示轴的公差带代号。如图 1 - 3 采用基孔制配合，其配合标注的表示方法可用下列示例之一：

$$\phi 45\ \frac{H7}{m6} \quad 或 \quad \phi 45\ H7/m6$$

$$\phi 56\ \frac{H7}{r6} \quad 或 \quad \phi 56\ H7/r6$$

2.4.5 基准制配合

基准制是指同一极限制的孔和轴组成配合的一种制度。以两个相配合孔和轴中的某一个为基准件，并选定标准公差带，而改变另一个非基准件的公差带的位置，从而形成了各种配合。在互换性生产中，需要各种不同性质的配合，即使配合公差确定后，也可通过改变孔和轴的公差带位置，使配合获得多种组合形式。为了简化孔、轴公差的组合形式，统一孔（或轴）公差带的评判基准，进而达到减少定值刀、量具的规格数量，获得最大的经济效益。国家标准 GB/T 1800.1—2009 中规定了两种基准制配合，即基孔制和基轴制。

1. 基孔制

基孔制是指基准孔 H 与非基准件（a~zc）轴形成各种配合的一种制度。这种制度之所以选用 H 作基准件，是因为孔在制造时容易把尺寸加工大，而 H 的基本偏差为零，公差带的上偏差 ES 就等于孔的公差，公差带在零线以上。

确定基准孔公差等级，将图 2 - 11 的 H 以相应的公差等级在公差带上方给予封口，并将公差带向左右拉开即形成图 2 - 12。基准孔 H 与轴 a~h 形成间隙配合；与轴 j~n 一般形成过渡配合；与轴 p~zc 通常形成过盈配合。

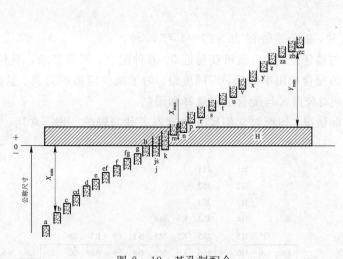

图 2 - 12　基孔制配合

2. 基轴制

基轴制是指基准轴 h 与非基准件(A～ZC)孔形成各种配合的一种制度。该制度选用 h 作为基准件,是因为轴在制造时容易把尺寸加工小,而 h 的基本偏差为零,公差带下偏差的绝对值为轴的公差,公差带在零线以下。

确定基准轴公差等级,将图 2 - 11 的 h 以相应的公差等级在公差带下方给予封口,并将公差带向左右拉开即形成图 2 - 13。基准轴 h 与孔 A～H 形成间隙配合;与孔 J～N 一般形成过渡配合;与孔 P～ZC 通常形成过盈配合。

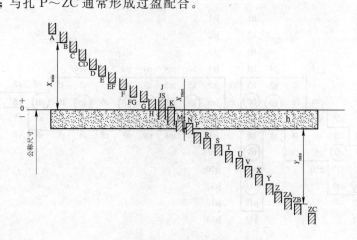

图 2 - 13　基轴制配合

2.5　尺寸公差带与未注公差

2.5.1　公差带与配合

根据国家标准提供的 20 个公差等级与 28 种基本偏差,可以组合成:孔为 20×28＝560 种,轴为 20×28＝560 种,但由于 28 个基本偏差中,J(j)比较特殊,孔仅与 3 个公差等级组合成为 J6、J7、J8,而轴也仅与 4 个公差等级组合成为 j5、j6、j7、j8。故孔公差带有

$20 \times 27 + 3 = 543$ 种，轴公差带有 $20 \times 27 + 4 = 544$ 种。

若将上述孔与轴任意组合，就可获得近 30 万种配合，不但繁杂，不利于互换性生产，而且许多公差带的配合使用率极低，形同虚设。为了减少定值的刀具、量具和工艺装备的品种及规格，必须对公差带与配合加以选择和限制。

根据生产实际情况，国标对常用尺寸段推荐了孔与轴的一般、常用、优先公差带，如图 2-14 和图 2-15 所示。

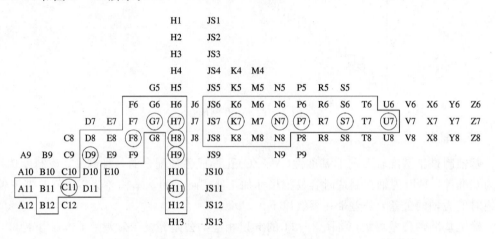

图 2-14　一般、常用、优先孔的公差带

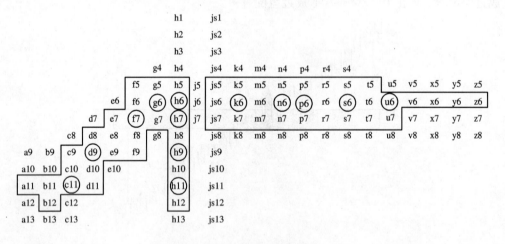

图 2-15　一般、常用、优先轴的公差带

如图 2-14 所示，孔有 105 种一般公差带，其中方框中为 44 种常用公差带，带圈的有 13 种优先公差带。如图 2-15 所示，轴有 119 种一般公差带，其中方框中为 59 种常用公差带，带圈的有 13 种优先公差带。选用公差带时，应按优先、常用、一般、任意公差带的顺序选用，特别是优先和常用公差带，它反映了长期生产实践中积累较丰富的使用经验，应尽量选用。

表 2-4 和表 2-5 中，基轴制有 47 种常用配合、13 种优先配合，基孔制中有 59 种常用配合、13 种优先配合。同理，选择时应优先选用优先配合公差带，其次再选择常用配合公差带。

表 2-4 基轴制优先、常用配合

基准轴	A	B	C	D	E	F	G	H	JS	K	M	N	P	R	S	T	U	V	X	Y	Z
			间隙配合							过渡配合					过盈配合						
h5						$\frac{F6}{h5}$	$\frac{G6}{h5}$	$\frac{H6}{h5}$	$\frac{JS6}{h5}$	$\frac{K6}{h5}$	$\frac{M6}{h5}$	$\frac{N6}{h5}$	$\frac{P6}{h5}$	$\frac{R6}{h5}$	$\frac{S6}{h5}$	$\frac{T6}{h5}$					
h6						$\frac{F7}{h6}$	$\frac{G7}{h6}$	$\frac{H7}{h6}$	$\frac{JS7}{h6}$	$\frac{K7}{h6}$	$\frac{M7}{h6}$	$\frac{N7}{h6}$	$\frac{P7}{h6}$	$\frac{R7}{h6}$	$\frac{S7}{h6}$	$\frac{T7}{h6}$	$\frac{U7}{h6}$				
h7					$\frac{E8}{h7}$	$\frac{F8}{h7}$		$\frac{H8}{h7}$	$\frac{JS8}{h7}$	$\frac{K8}{h7}$	$\frac{M8}{h7}$	$\frac{N8}{h7}$									
h8				$\frac{D8}{h8}$	$\frac{E8}{h8}$	$\frac{F8}{h8}$		$\frac{H8}{h8}$													
h9				$\frac{D9}{h9}$	$\frac{E9}{h9}$	$\frac{F9}{h9}$		$\frac{H9}{h9}$													
h10				$\frac{D10}{h10}$				$\frac{H10}{h10}$													
h11	$\frac{A11}{h11}$	$\frac{B11}{h11}$	$\frac{C11}{h11}$	$\frac{D11}{h11}$				$\frac{H11}{h11}$													
h12		$\frac{B12}{h12}$						$\frac{H12}{h12}$													

注：① 标注▼的配合为优先配合；② 摘自 GB/T 1800.2—2009。

表 2-5 基孔制优先、常用配合

基准孔	a	b	c	d	e	f	g	h	js	k	m	n	p	r	s	t	u	v	x	y	z
			间隙配合							过渡配合					过盈配合						
H6						$\frac{H6}{f5}$	$\frac{H6}{g5}$	$\frac{H6}{h5}$	$\frac{H6}{js5}$	$\frac{H6}{k5}$	$\frac{H6}{m5}$	$\frac{H6}{n5}$	$\frac{H6}{p5}$	$\frac{H6}{r5}$	$\frac{H6}{s5}$	$\frac{H6}{t5}$					
H7						$\frac{H7}{f6}$	$\frac{H7}{g6}$	$\frac{H7}{h6}$	$\frac{H7}{js6}$	$\frac{H7}{k6}$	$\frac{H7}{m6}$	$\frac{H7}{n6}$	$\frac{H7}{p6}$	$\frac{H7}{r6}$	$\frac{H7}{s6}$	$\frac{H7}{t6}$	$\frac{H7}{u6}$	$\frac{H7}{v6}$	$\frac{H7}{x6}$	$\frac{H7}{y6}$	$\frac{H7}{z6}$
H8					$\frac{H8}{e7}$	$\frac{H8}{f7}$	$\frac{H8}{g7}$	$\frac{H8}{h7}$	$\frac{H8}{js7}$	$\frac{H8}{k7}$	$\frac{H8}{m7}$	$\frac{H8}{n7}$	$\frac{H8}{p7}$	$\frac{H8}{r7}$	$\frac{H8}{s7}$	$\frac{H8}{t7}$	$\frac{H8}{u7}$				
				$\frac{H8}{d8}$	$\frac{H8}{e8}$	$\frac{H8}{f8}$		$\frac{H8}{h8}$													
H9			$\frac{H9}{c9}$	$\frac{H9}{d9}$	$\frac{H9}{e9}$	$\frac{H9}{f9}$		$\frac{H9}{h9}$													
H10			$\frac{H10}{c10}$	$\frac{H10}{d10}$				$\frac{H10}{h10}$													
H11	$\frac{H11}{a11}$	$\frac{H11}{b11}$	$\frac{H11}{c11}$	$\frac{H11}{d11}$				$\frac{H11}{h11}$													
H12		$\frac{H12}{b12}$						$\frac{H12}{h12}$													

注：① $\frac{H6}{n5}$，$\frac{H7}{p6}$在公称尺寸小于或等于 3 mm 和$\frac{H8}{r7}$在公称尺寸小于或等于 100 mm 时，为过渡配合；

② 标注▼的配合为优先配合；③ 摘自 GB/T 1800.2—2009。

2.5.2　线性尺寸未注公差

"未注公差尺寸"是指图样上只标注公称尺寸，而不标其公差带或极限偏差。如图 1 – 3 中的 36、57、12、21 等，尽管只标注了公称尺寸，没有标注极限偏差，但不能理解为没有公差要求，其极限偏差应按"未注公差"标准规定选取。

对于那些没有配合要求，对机器使用影响不大的尺寸，仅从装配方便、减轻重量、节约材料、外形统一美观等方面考虑，而提出一些限制性的要求。这种要求一般较低，公差较大，所以不必标明公差。这样可以简化视图，使图面清晰，更加突出了重要的或有配合要求的尺寸。

GB/T 1804—2000 规定了线性尺寸的一般公差等级和极限偏差。一般公差等级分为四级：f、m、c、v，极限偏差全部采用对称偏差值，相应的极限偏差见表 2 – 6。

表 2 – 6　线性尺寸未注极限偏差的数值(摘自 GB/T 1804—2000)　　mm

公差等级	尺 寸 分 段							
	0.5～3	>3～6	>6～30	>30～120	>120～400	>400～1000	>1000～2000	>2000～4000
f(精密级)	±0.05	±0.05	±0.1	±0.15	±0.2	±0.3	±0.5	—
m(中等级)	±0.1	±0.1	±0.2	±0.3	±0.5	±0.8	±1.2	±2
c(粗糙级)	±0.2	±0.3	±0.5	±0.8	±1.2	±2	±3	±4
v(最粗级)	—	±0.5	±1	±1.5	±2.5	±4	±6	±8

线性尺寸的一般公差主要用于较低精度的非配合尺寸。当功能上允许的公差等于或大于一般公差时，均应采用一般公差。选择时，应考虑车间的一般加工精度来选取公差等级。在图样上、技术文件或标注中，用标准号和公差等级符号表示。

例如：选用中等级时，表示为 GB/T 1804 – m；选用粗糙级时，表示为 GB/T 1804 – c。

2.6　极限与配合的选用

极限与配合的选择是机械制造中至关重要的一环。选用得是否恰当，对于机械的使用性能和制造成本都有很大影响，有时甚至起决定性的作用。因此，极限与配合的选择原则实质上是尺寸的精度设计。其内容包括选择基准制、公差等级和配合种类三个方面。选择的方法有计算法、试验法和类比法。

2.6.1　基准制的选择

选用基准制时，主要应从零件的结构、工艺、经济等方面来综合考虑。

1. 基孔制配合——优先选用

由于选择基孔制配合的零部件生产成本低，经济效益好，因而该配合被广泛使用。具体理由如下：

（1）加工工艺方面：加工中等尺寸的孔，通常需要采用价格较贵的扩孔钻、铰刀、拉刀等定值刀具。而且，一种刀具只能加工一种尺寸的孔，而加工轴则不同，一把车刀或砂轮可加工不同尺寸的轴。

（2）技术测量方面：一般中等精度孔的测量，必须使用内径百分表，由于调整和读数不易掌握，测量时需要一定水平的测试技术。而测量轴则不同，可以采用通用量具（卡尺或千分尺），测量非常方便且读数也容易掌握。

2. 基轴制配合——特殊场合选用

在有些情况下，采用基轴制配合更为合理。

（1）直接采用冷拉棒料做轴。其表面不需要再进行切削加工，同样可以获得明显的经济效益（由于这种原材料具有一定的尺寸、几何、表面粗糙度精度），在农业、建筑、纺织机械中常用。

（2）有些零件由于结构上的需要，采用基轴制更合理。如图 2 - 16(a)所示为活塞连杆机构，根据使用要求，活塞销轴与活塞孔采用过渡配合，而连杆衬套与活塞销轴则采用间隙配合。若采用基孔制配合，如图 2 - 16(b)所示，活塞销轴将加工成台阶形状；若采用基轴制配合，如图 2 - 16(c)所示，活塞销轴可制成光轴。这种选择不仅有利于轴的加工，并且能够保证合理的装配质量。

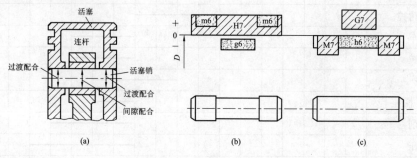

图 2 - 16 基轴制配合选择示例

3. 与标准件配合

当设计的零件需要与标准件配合时，应根据标准件来确定基准制配合。例如，与滚动轴承内圈配合的轴应该选用基孔制，而与滚动轴承外圈配合的孔则宜选用基轴制。

4. 混合制配合——需要时选用

为了满足某些配合的特殊需要，国家标准允许采用任一孔、轴公差带组成的配合，如非基准件的相互配合。

2.6.2 公差等级的选用

公差等级的选用就是确定尺寸的制造精度与加工的难易程度。加工成本与工件的工作质量有关，所以在选择公差等级时，要正确处理使用要求、加工工艺及生产成本之间的关系。其选择原则是：在满足使用要求的前提下，尽可能选择较低的公差等级。

公差等级的选用通常采用的方法为类比法，即参考从生产实践中总结出来的经验汇编成资料，进行比较选择。选用时应考虑以下几点：

（1）在常用尺寸段内，对于较高公差等级的配合（间隙和过渡配合中孔的公差等级高于或等于 8 级，过盈配合中孔的公差等级高于或等于 7 级），要考虑工艺等价。由于孔比轴难加工，确定孔比轴低一级，从而使孔、轴的加工难易程度相同。国标推荐低精度的孔与轴配合选择相同的公差等级。

（2）常用加工方法所能达到的公差等级见表 2-7，选择时可供参考。

表 2-7　常用加工方法所能达到的公差等级

加工方法 ＼ 公差等级	01	0	1	2	3	4	5	6	7	8	9	10	11	12	13	14	15	16	17	18
研磨	━	━	━	━	━	━	━													
珩磨						━	━	━												
圆磨							━	━	━	━										
平磨							━	━	━	━										
金刚石车							━	━	━											
金刚石镗							━	━	━											
拉削							━	━	━											
铰孔								━	━	━	━									
精车精镗									━	━	━									
粗车												━	━							
粗镗												━	━							
铣										━	━	━	━							
刨、插												━	━							
钻削												━	━	━						
冲压												━	━							
滚压、挤压												━	━							
锻造																	━	━		
砂型铸造																━	━	━		
金属型铸造																━	━	━		
气割																	━	━	━	

（3）公差等级的应用范围如表 2-8 所示。

表 2-8　公差等级的应用范围

应用 ＼ 公差等级	01	0	1	2	3	4	5	6	7	8	9	10	11	12	13	14	15	16	17	18
块规	━	━	━																	
量规			━	━	━	━	━													
配合尺寸							━	━	━	━	━	━	━	━						
特别精密零件							━	━	━	━	━	━	━	━						
非配合尺寸														━	━	━	━	━	━	━
原材料公差									━	━	━	━	━	━	━	━				

（4）选择时，既要保证设计要求，又要充分考虑加工工艺的可能性和经济性，图 2-17 为公差等级与生产成本之间的关系。

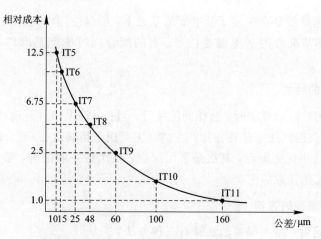

图 2-17 公差等级与生产成本的关系

（5）在非基准制配合中，有的零件精度要求不高，可与相配合零件的公差等级差 2～3 级。

（6）常用公差等级的应用如表 2-9 所示。

表 2-9 常用公差等级的应用

公差等级	应 用
5 级	主要用在配合公差、几何公差要求甚小的地方，它的配合性质稳定，一般在机床、发动机、仪表等重要部位应用。如：与 D 级滚动轴承配合的箱体孔；与 E 级滚动轴承配合的机床主轴，机床尾架与套筒，精密机械及高速机械中轴径，精密丝杆轴径等
6 级	配合性质能达到较高的均匀性。如：与 E 级滚动轴承相配合的孔、轴径；与齿轮、蜗轮、联轴器、带轮、凸轮等连接的轴径，机床丝杠轴径；摇臂钻立柱；机床夹具中导向件外径尺寸；6 级精度齿轮的基准孔，7、8 级精度齿轮的基准轴径
7 级	7 级精度比 6 级稍低，应用条件与 6 级基本相似，在一般机械制造中应用较为普遍。如：联轴器、带轮、凸轮等的孔径；机床夹盘座孔；夹具中固定钻套，可换钻套；7、8 级齿轮的基准孔，9、10 级齿轮的基准轴
8 级	在机器制造中属于中等精度。如：轴承座衬套沿宽度方向尺寸，9～12 级齿轮的基准孔；11、12 级齿轮的基准轴
9 级、10 级	主要用于机械制造中轴套外径与孔，操纵件与轴，空轴带轮与轴，单键与花键
11 级、12 级	配合精度很低，装配后可能产生很大间隙，适用于基本上没有什么配合要求的场合。如：机床上法兰盘与止口；滑块与滑移齿轮；加工中工序间尺寸，冲压加工的配合件；机床制造中的扳手孔与扳手座的连接

2.6.3 配合种类的选择

配合种类的选择就是在确定了基准制的基础上，根据使用中允许间隙或过盈的大小及变化范围，选定非基准件的基本偏差代号。有的配合同时确定基准件与非基准件的公差等级。

1. 确定配合的种类

当孔、轴有相对运动要求时，选择间隙配合；当孔、轴无相对运动时，应根据具体工作条件的不同，确定过盈（用于传递扭矩）、过渡（主要用于精确定心）配合。确定配合类别后，首先应尽可能地选用优先配合，其次是常用配合，再次是一般配合，最后若仍不能满足要求，则可以选择其他任意的配合。

2. 选择基本偏差的方法

配合类别确定后，基本偏差的选择有三种方法。

（1）计算法：是根据配合的性能要求，由理论公式计算出所需的极限间隙或极限过盈。如滑动轴承需要根据机械零件中的液体润滑摩擦公式，计算出保证液体润滑摩擦的最大、最小间隙。过盈配合需按材料力学中的弹性变形、许用应力公式，计算出最大、最小过盈，使其既能传递所需力距，又不至于破坏材料。由于影响间隙和过盈的因素很多，理论计算也只是近似的，因此在实际应用中还需经过试验来确定，一般情况下，较少使用计算法。

（2）试验法：用试验的方法来确定满足产品工作性能的间隙和过盈的范围，该方法主要用于特别重要的配合。试验法根据数据显示，使用比较可靠，但周期长、成本高，应用范围较小。

（3）类比法：参照同类型机器或结构中经过长期生产实践验证的配合，再结合所设计产品的使用要求和应用条件来确定配合，该方法应用最为广泛。

3. 类比法选择配合种类

用类比法选择配合，要着重掌握各种配合的特征和应用场合，尤其是对国家标准所规定的常用与优先配合的特点要熟悉。表2-10所示为尺寸至500，基孔制、基轴制优先配合的特征及应用场合。

表 2 - 10 优先配合选用说明

配合类别	配合特征	配合代号	应　　　用
间隙配合	特大间隙	$\dfrac{H11}{a11}$ $\dfrac{H11}{b11}$ $\dfrac{H12}{b12}$	用于高温或工作时要求大间隙的配合
	很大间隙	$\left(\dfrac{H11}{c11}\right)$ $\dfrac{H11}{d11}$	用于工作条件较差、受力变形或为了便于装配而需要大间隙的配合和高温工作的配合
	较大间隙	$\dfrac{H9}{c9}$ $\dfrac{H10}{c10}$ $\dfrac{H8}{d8}$ $\left(\dfrac{H9}{d9}\right)$ $\dfrac{H10}{d10}$ $\dfrac{H8}{e7}$ $\dfrac{H8}{e8}$ $\dfrac{H9}{e9}$	用于高速重载的滑动轴承或大直径的滑动轴承，也可用于大跨距或多支点支承的配合

配合类别	配合特征	配合代号	应　用
间隙配合	一般间隙	$\dfrac{H6}{f5}$ $\dfrac{H7}{f6}$ $\left(\dfrac{H8}{f7}\right)$ $\dfrac{H8}{f8}$ $\dfrac{H9}{f9}$	用于一般转速的动配合,当温度影响不大时,广泛应用于普通润滑油润滑的支承处
	较小间隙	$\left(\dfrac{H7}{g6}\right)$ $\dfrac{H8}{g7}$	用于精密滑动零件或缓慢间歇回转的零件的配合部位
	很小间隙和零间隙	$\dfrac{H6}{g5}$ $\dfrac{H6}{h5}$ $\left(\dfrac{H7}{h6}\right)$ $\left(\dfrac{H8}{h7}\right)$ $\dfrac{H8}{h8}$ $\left(\dfrac{H9}{h9}\right)$ $\dfrac{H10}{h10}$ $\left(\dfrac{H11}{h11}\right)$ $\dfrac{H12}{h12}$	用于不同精度要求的一般定位件的配合和缓慢移动与摆动零件的配合
过渡配合	绝大部分有微小间隙	$\dfrac{H6}{js5}$ $\dfrac{H7}{js6}$ $\dfrac{H8}{js7}$	用于易于装拆的定位配合或加紧固件后可传递一定静载荷的配合
	大部分有微小间隙	$\dfrac{H6}{k5}$ $\left(\dfrac{H7}{k6}\right)$ $\dfrac{H8}{k7}$	用于稍有振动的定位配合,加紧固件可传递一定载荷,装拆方便,可用木锤敲入
	大部分有微小过盈	$\dfrac{H6}{m5}$ $\dfrac{H7}{m6}$ $\dfrac{H8}{m7}$	用于定位精度较高且能抗振的定位配合,加键可传递较大载荷,可用铜锤敲入或小压力压入
	绝大部分有微小过盈	$\left(\dfrac{H7}{n6}\right)$ $\dfrac{H8}{n7}$	用于精确定位或紧密组合件的配合,加键能传递大力矩或冲击性载荷,只在大修时拆卸
	绝大部分有较小过盈	$\dfrac{H8}{p7}$	加键后能传递很大力矩,且承受振动和冲击的配合,装配后不再拆卸
过盈配合	轻型	$\dfrac{H6}{n5}$ $\dfrac{H6}{p5}$ $\left(\dfrac{H7}{p6}\right)$ $\dfrac{H6}{r5}$ $\dfrac{H7}{r6}$ $\dfrac{H8}{r7}$	用于精确的定位配合,一般不能靠过盈传递力矩,要传递力矩尚需加紧固件
	中型	$\dfrac{H6}{s5}$ $\left(\dfrac{H7}{s6}\right)$ $\dfrac{H8}{s7}$ $\dfrac{H6}{t5}$ $\dfrac{H7}{t6}$ $\dfrac{H8}{t7}$	不需加紧固件就可传递较小力矩和轴向力,加紧固件后可承受较大载荷或动载荷的配合
	重型	$\left(\dfrac{H7}{u6}\right)$ $\dfrac{H8}{u7}$ $\dfrac{H7}{v6}$	不需加紧固件就可传递和承受大的力矩和动载荷的配合,要求零件材料有高强度
	特重型	$\dfrac{H7}{x6}$ $\dfrac{H7}{y6}$ $\dfrac{H7}{z6}$	能传递与承受很大力矩和动载荷的配合,须经试验后方可应用

注:① 括号内的配合为优先配合;
　　② 国家标准规定的 44 种基轴制配合的应用与本表中的同名配合相同。

表 2-11 为轴的基本偏差选用说明，可供选择时参考。

表 2-11 轴的基本偏差选用说明

配合	基本偏差	特 性 及 应 用
间隙配合	a、b	可得到特别大的间隙，应用很少
	c	可得到很大的间隙，一般适用于缓慢、松弛的动配合，用于工作条件较差(如农业机械)、受力变形或为了便于装配，而必须有较大间隙，也用于热动间隙配合
	d	适用于松的转动配合，如密封盖、滑轮、空转皮带轮与轴的配合，也适用于大直径滑动轴承配合以及其他重型机械中的一些滑动支承配合。多用 IT7～IT11 级
	e	适用于要求有明显间隙，易于转动的支承配合，如大跨距支承、多支点支承等配合。高等级的 e 轴适用于大的、高速、重载支承。多用 IT7～IT9 级
	f	适用于一般转动配合，广泛用于普通润滑油(或润滑脂)润滑的支承，如齿轮箱、小电动机、泵等的转轴与滑动支承的配合。多用 IT6～IT8 级
	g	配合间隙很小，制造成本高，除很轻负荷的精密装置外，不推荐用于转动配合。最适合不回转的精密滑动配合，也用于插销等定位配合。多用 IT5～IT7 级
	h	广泛用于无相对转动的零件，作为一般的定位配合；若没有温度、变形影响，也可用于精密滑动配合。多用 IT4～IT11 级
过渡配合	js	平均间隙较小，多用于要求间隙比 h 轴小，并允许略有过盈的定位配合，如联轴节、齿圈与钢制轮毂等，一般可用手或木锤装配。多用 IT4～IT7 级
	k	平均间隙接近于零，推荐用于要求稍有过盈的定位配合，例如为了消除振动用的定位配合。一般用木锤装配。多用 IT4～IT7 级
	m	平均过盈较小，适用于不允许活动的精密定位配合。一般可用木锤装配。多用 IT4～IT7 级
	n	平均过盈比 m 稍大，很少得到间隙，适用于定位要求较高且不常拆的配合。用锤或压力机装配。多用 IT4～IT7 级
过盈配合	p	用于小过盈配合。与 H6 或 H7 配合时是过盈配合，而与 H8 配合时为过渡配合。对非铁类零件，为轻的压入配合；对钢、铸铁或铜—钢组件装配，为标准压入配合。多用 IT5～IT7 级
	r	用于传递大扭矩或受冲击载荷需要加键的配合。对铁类零件，为中等打入配合；对非铁类零件，为轻的打入配合。多用 IT5～IT7 级
	s	用于钢制和铁制零件的永久性和半永久性结合，可产生相当大的结合力。用压力机或热胀冷缩法装配。多用 IT5～IT7 级
	t～z	过盈量依次增大，除 u 外，一般不推荐

选择配合时还应考虑以下几个方面：

(1)载荷的大小：载荷过大时，需要过盈配合的过盈量增大。对于间隙配合，要求减小间隙；对于过渡配合，要选用过盈概率大的过渡配合。

(2)配合的装拆：经常需要装拆的配合比不常拆装的配合要松，有时零件虽然不常装拆，但受结构限制、装配困难的配合，也要选择较松配合。

（3）配合件的长度：当部位结合面较长时，由于受几何误差的影响，实际形成的配合比结合面短的配合要紧，因此在选择配合时应适当减小过盈或增大间隙。

（4）配合件的材料：当配合件中有一件是铜或铝等塑性材料时，考虑到它们容易变形，选择配合时可适当增大过盈或减小间隙。

（5）温度的影响：当装配温度与工作温度相差较大时，要考虑热变形对配合的影响。

（6）工作条件：不同的工作情况对过盈或间隙的影响如表 2 – 12 所示。

表 2 – 12 工作情况对过盈或间隙的影响

具 体 情 况	过盈增或减	间隙增或减
材料强度低	减	—
经常拆卸	减	—
有冲击载荷	增	减
工作时孔温高于轴温	增	减
工作时轴温高于孔温	减	增
配合长度增大	减	增
配合面形状和位置误差增大	减	增
装配时可能歪斜	减	增
旋转速度增高	增	增
有轴向运动	—	增
润滑油粘度增大	—	增
表面趋向粗糙	增	减
单件生产相对于成批生产	减	增

4. 计算法选择配合

若两工件结合面间的过盈或间隙量确定后，可以通过计算并查表选定其配合。根据极限间隙（或极限过盈）确定配合的步骤如下：

（1）确定基准制；

（2）根据极限间隙（或极限过盈），计算配合公差；

（3）根据配合公差，查表选取孔、轴的公差等级；

（4）按公式计算基本偏差值；

（5）反查表确定基本偏差代号；

（6）校核计算结果。

例 2 – 7 设有公称尺寸为 $\phi40$ 的孔、轴配合，要求配合间隙为 $+0.025 \sim +0.066$，试确定其配合。

解 （1）一般情况下优选基孔制，确定代号 H。

（2）配合公差的计算：

$$T_{\mathrm{f}} = \mid X_{\max} - X_{\min} \mid = 0.066 - 0.025 = 0.041$$

（3）查附表 2 – 1 确定孔、轴的公差等级，根据工艺等价原则和配合公差的计算公式，查出：$T_f = T_h + T_s$，IT7$=0.025$，IT6$=0.016$，$T_f = 0.025 + 0.016 = 0.041$，结果等于 0.041 的给定配合公差，故选择合适。若选择孔、轴的公差等级都为 IT6，则 $T_f = 2 \times 0.016 = 0.032$ 与给定的配合公差相比较太小，加工难度加大，成本一定会提高。若都选择 IT7，则 $T_f = 2 \times 0.025 = 0.05$，结果大于 0.041，满足不了设计要求。故最佳选择是孔为 IT7，轴为 IT6。

（4）计算基本偏差值：因为 $X_{min} = \text{EI} - \text{es}$，又由于选择基孔制 EI$=0$，es$= -X_{min} = -25~\mu\text{m}$，故轴的基本偏差为 es$=-0.025$。

（5）确定基本偏差代号：反查表（见附表 2 − 2），轴的基本偏差为 f，即上偏差 es$=-0.025$。

（6）校核：由以上结果可知 $\phi 40 \dfrac{\text{H7}}{\text{f6}}$，$\phi 40 \text{H7}(^{+0.025}_{0})$，$\phi 40 \text{f6}(^{-0.025}_{-0.041})$，此时所得的 $X_{max} = +0.066$，$X_{min} = +0.025$，经校核基本满足设计要求。

2.7 尺 寸 链

2.7.1 尺寸链的基本概念

在制造行业的产品设计、工艺规程设计、零部件加工和装配、技术测量等工作中，经常遇到的不是一些孤立的尺寸，而是一些相互联系的尺寸。为了保证机器或仪器能顺利地进行装配，并达到预定的工作要求，要在设计与生产过程中，正确分析和确定各零部件的尺寸关系，合理确定构成各有关零部件的几何精度（尺寸公差、几何公差），它们之间的关系需用尺寸链来计算和处理。

1. 尺寸链的基本术语与定义

1）尺寸链与尺寸链线图

在零件加工或机器装配过程中，由相互连接的尺寸形成封闭的尺寸组，称为尺寸链。

如图 2 − 18(a)所示的工件，若以右端面为基准先加工 A_2 尺寸，再按尺寸 A_1 加工左端面，则尺寸 A_0 也就随之确定了。A_0、A_1 和 A_2 形成尺寸链，尺寸链线图如图 2 − 18(b)所示。A_0 是根据实际加工顺序来确定的，在零件图上不标注。

如图 2 − 19(a)所示的孔、轴装配图，间隙 S_0 的大小由孔径 S_1 和轴径 S_2 所确定。S_0、S_1 和 S_2 连接成封闭的尺寸组，形成尺寸链，尺寸链线图如图 2 − 19(b)所示。

2）环

尺寸链中的每一个尺寸称为环。

3）封闭环

尺寸链在加工过程或装配过程中最后自然形成的一环，称为封闭环。封闭环代号用下角标"0"表示。在任何尺寸链中，只有一个封闭环，如图 2 − 18 中所示的 A_0 和图 2 − 19 中所示的 S_0。

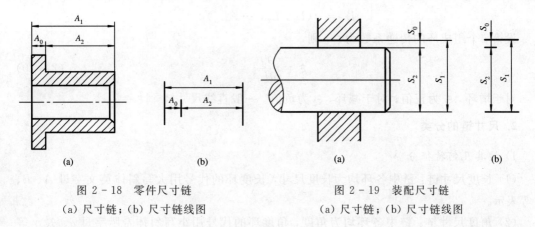

图 2-18　零件尺寸链
(a) 尺寸链；(b) 尺寸链线图

图 2-19　装配尺寸链
(a) 尺寸链；(b) 尺寸链线图

4）组成环

在尺寸链中对封闭环有影响的全部环，即尺寸链除封闭环以外的所有环称为组成环。根据它们的变动对封闭环的影响不同，分为增环和减环。组成环代号用下角标注阿拉伯数字表示，如图 2-18 中所示的 A_1 和 A_2 及图 2-19 中所示的 S_1 和 S_2。

（1）增环。若在其他尺寸不变的条件下，某一组成环的尺寸变化引起封闭环的尺寸同向变化，则该类环称为增环。同向变化是指该组成环尺寸增大时封闭环的尺寸也随之增大，该组成环尺寸减小时封闭环的尺寸也随之减小，如图 2-18 中所示的 A_1 和图 2-19 中所示的 S_1。

（2）减环。若在其他尺寸不变的条件下，某一组成环的尺寸变化引起封闭环的尺寸反向变化，则该类环称为减环。反向变化是指该组成环尺寸增大时封闭环的尺寸反而随之减小，该组成环尺寸减小时封闭环的尺寸反而随之增大，如图 2-18 中所示的 A_2 和图 2-19 中所示的 S_2。

当尺寸链环数较多、结构复杂时，增环和减环的判别也比较复杂。为了准确、简便地判别增环和减环，可以用箭头法来判别。

箭头法判别增、减环的方法是：按照尺寸首尾相接的原则，顺着一个方向（顺时针或逆时针）在尺寸链中各环字母上画上箭头。凡组成环的箭头与封闭环的箭头方向相同，此组成环为减环；若组成环的箭头与封闭环的箭头方向相反，此组成环为增环。图 2-20 所示的尺寸链由 4 个尺寸组成，按照尺寸首尾相接的原则，顺时针方向画箭头，其中 A_1、A_3 的箭头方向与 T_0（封闭环）的方向相反，则 A_1、A_3 为增环；A_2 的箭头方向与 T_0 的方向相同，则 A_2 为减环。

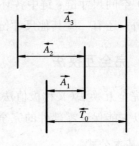

图 2-20　箭头法判断增、减环示例

5）传递系数

表示各组成环对封闭环影响大小的系数称为传递系数，用 ξ 表示。传递系数值等于组成环在封闭环上引起的变动量对该组成环本身变动量之比。

设 L_1，L_2，$\cdots$，L_m 为各组成环（m 为组成环的环数），L_0 为封闭环，则有

$$L_0 = f(L_1, L_2, \cdots, L_m)$$

设第 i 个组成环的传递系数为 ξ_i，则

$$\xi_i = \frac{\partial f}{\partial L_i} \tag{2-10}$$

对于增环，ξ_i 为正值；对于减环，ξ_i 为负值。一般直线尺寸链，$|\xi|=1$。

2. 尺寸链的分类

1）按其几何特征分

（1）长度尺寸链：链中各环均为长度尺寸，长度环的代号用大写斜体英文字母 A、B、C 等表示。

（2）角度尺寸链：链中各环均为角度，角度环的代号用小写斜体希腊字母 α、β、γ 等表示。

2）按应用范围分

（1）装配尺寸链：链中各环属于相互联系的不同零件和部件。这种链用于确定组成机器零部件有关尺寸的精度关系。

（2）零件尺寸链：链中各环均为同一零件设计尺寸。这种链用于确定同一零件上各尺寸的联系。

（3）工艺尺寸链：链中各环为同一零件工艺尺寸所形成的尺寸链。

装配尺寸链和零件尺寸链统称为设计尺寸链。设计尺寸指零件图上标注的尺寸；工艺尺寸包括工序尺寸、定位尺寸和基准尺寸，是工件加工过程中所遵循的依据。

3）按各环在空间中的位置分

（1）直线尺寸链：链中各环均位于同一平面内且平行于封闭环的尺寸链。

（2）平面尺寸链：链中各环位于同一平面或平行的几个平面内，且某些组成环不平行于封闭环的尺寸链。

（3）空间尺寸链：链中各环位于几个不平行的平面内。

此外，还有一些其他尺寸链，这里重点讨论直线尺寸链。

2.7.2 完全互换法

用完全互换法（又称极值法）解尺寸链是从各环的上极限尺寸和下极限尺寸出发来计算的，所以它能保证零部件的完全互换。

1. 基本公式

设尺寸链的组成环为 n 个，其中 m 个增环，$n-m$ 个减环，A_0 为封闭环的公称尺寸，A_i 为第 i 个组成环的公称尺寸。

1）封闭环的公称尺寸 A_0

尺寸链中封闭环的公称尺寸为所有增环的公称尺寸之和减去所有减环的公称尺寸之和，即

$$A_0 = \sum_{i=1}^{m} A_i - \sum_{i=m+1}^{n} A_i \tag{2-11}$$

2）封闭环的极限尺寸

封闭环的上极限尺寸等于所有增环的上极限尺寸之和减去所有减环的下极限尺寸之和；封闭环的下极限尺寸等于所有增环的下极限尺寸之和减去所有减环的上极限尺寸之和，即

$$A_{0\,max} = \sum_{i=1}^{m} A_{i\,max} - \sum_{i=m+1}^{n} A_{i\,min} \tag{2-12}$$

$$A_{0\,min} = \sum_{i=1}^{m} A_{i\,min} - \sum_{i=m+1}^{n} A_{i\,max} \tag{2-13}$$

3）封闭环的极限偏差

封闭环的上偏差等于所有增环的上偏差之和减去所有减环的下偏差之和；封闭环的下偏差等于所有增环的下偏差之和减去所有减环的上偏差之和，即

$$ES_0 = \sum_{i=1}^{m} ES_i - \sum_{i=m+1}^{n} EI_i \tag{2-14}$$

$$EI_0 = \sum_{i=1}^{m} EI_i - \sum_{i=m+1}^{n} ES_i \tag{2-15}$$

4）封闭环的公差

封闭环的公差 T_0 等于所有组成环的公差之和，即

$$T_0 = \sum_{i=1}^{n} T_i \tag{2-16}$$

2. 尺寸链的计算

根据尺寸链的应用目的，它可分为三种计算类型，即校核计算、中间计算和设计计算。

1）校核计算

已知各组成环的公称尺寸和极限偏差，求封闭环的公称尺寸和极限偏差，以校核几何精度设计的正确性和求工序间的加工余量。

例 2-8 如图 2-21 所示的结构中，轴是固定的，齿轮在轴上回转，设计要求齿轮左、右端面与挡环之间有间隙，现将间隙集中在齿轮右端面与右挡环左端面之间。已知：$A_1 = 41^{+0.20}_{+0.10}$，$A_2 = A_4 = 5^{0}_{-0.05}$，$A_3 = 30^{0}_{-0.10}$，$A_5 = 1^{0}_{-0.05}$，按工作条件，要求 $A_0 = 0.10 \sim 0.45$，那么规定的零件公差及极限偏差能否保证齿轮部件装配后的技术要求？

解 （1）绘制尺寸链线图，如图 2-21(b)所示。

（2）确定封闭环：齿轮部件的间隙是装配过程中最后形成的，故 A_0 是封闭环。

（3）区分组成环中增、减环：$A_1 \sim A_5$ 是五个组成环，其中 A_1 是增环，$A_2 \sim A_5$ 是减环。

（4）计算封闭环的公称尺寸和极限偏差：

$$A_0 = \sum_{i=1}^{m} A_i - \sum_{i=m+1}^{n} A_i = A_1 - (A_2 + A_3 + A_4 + A_5) = 41 - (5 + 30 + 5 + 1) = 0$$

$$T_0 = \sum_{i=1}^{n} T_i = \sum_{i=1}^{5} T_i = 0.10 + 0.05 + 0.10 + 0.05 + 0.05 = 0.35$$

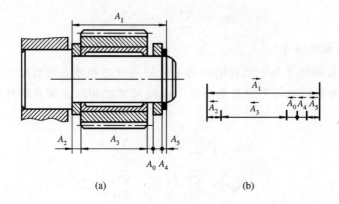

图 2-21 齿轮部件尺寸链

$$ES_0 = \sum_{i=1}^{m} ES_i - \sum_{i=m+1}^{n} EI_i = 0.2 - (-0.05 \times 3 - 0.10) = +0.45$$

$$EI_0 = \sum_{i=1}^{m} EI_i - \sum_{i=m+1}^{n} ES_i = 0.10 - 0 = +0.10$$

$$A_{0\,max} = A_0 + ES_0 = 0 + 0.45 = 0.45$$

$$A_{0\,min} = A_0 + EI_0 = 0 + 0.10 = 0.10$$

（5）校核：封闭环 A_0 的上、下极限尺寸分别为 0.45 和 0.10，满足工作条件要求 $A_0 =$ 0.10～0.45，故可保证齿轮部件装配后的技术要求。

2）中间计算

中间计算属于校核计算中的一种特殊情况，用来确定尺寸链中某一组成环的极限偏差。

例 2-9 如图 2-22 所示，机械加工薄壁衬套，已知先车外圆 $A_1 = \phi 70^{-0.04}_{-0.08}$，然后镗内孔 A_2，同时保证内、外圆同轴度公差为 $\phi 0.02$，最后保证加工后的壁厚为 $5^{-0.01}_{-0.08}$，问镗内孔尺寸 A_2 为多少？

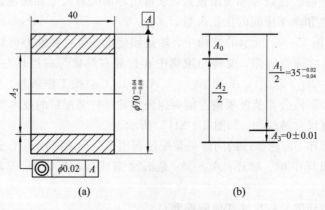

图 2-22 薄壁衬套尺寸链

解 （1）绘制尺寸链图：由于 A_1、A_2 尺寸相对于加工基准具有对称性，因此应取半值绘制尺寸链，同轴度 A_3 可作为一个线性尺寸来处理，根据同轴度公差对实际被测要素的限定情况，$A_3 = 0 \pm 0.01$，以外圆圆心为基准，按加工顺序分别画出 $A_1/2$、A_3、$A_2/2$，并用

A_0 把它们连接成封闭回路，如图 2 - 22(b)所示。

（2）确定封闭环：因壁厚 $A_0 = 5_{-0.08}^{-0.01}$ 是最后形成的尺寸，故为封闭环。

（3）确定增、减环：$A_1/2$、A_3 为增环，$A_2/2$ 为减环。因为 $A_1 = \phi 70_{-0.08}^{-0.04}$，所以 $A_1/2 = \phi 35_{-0.04}^{-0.02}$。

（4）计算公称尺寸和极限偏差：

$$A_0 = \left(\frac{A_1}{2} + A_3\right) - \frac{A_2}{2}$$

$$\frac{A_2}{2} = \left(\frac{A_1}{2} + A_3\right) - A_0 = (35 + 0) - 5 = 30$$

$$\text{ES}_0 = \sum_{i=1}^{m} \text{ES}_i - \sum_{i=m+1}^{n} \text{EI}_i = (\text{ES}_{A_1/2} + \text{ES}_{A_3}) - \text{EI}_{A_2/2}$$

$$\text{EI}_{A_2/2} = (\text{ES}_{A_1/2} + \text{ES}_{A_3}) - \text{ES}_0 = [(-0.02) + (+0.01)] - (-0.01) = 0$$

$$\text{EI}_0 = \sum_{i=1}^{m} \text{EI}_i - \sum_{i=m+1}^{n} \text{ES}_i = (\text{EI}_{A_1/2} + \text{EI}_{A_3}) - \text{ES}_{A_2/2}$$

$$\text{ES}_{A_2/2} = (\text{EI}_{A_1/2} + \text{EI}_{A_3}) - \text{EI}_0 = [(-0.04) + (-0.01)] - (-0.08) = +0.03$$

所以

$$A_2/2 = \phi 30_{0}^{+0.03}, \quad A_2 = \phi 60_{0}^{+0.06}$$

（5）验算：

$$T_0 = \text{ES}_0 - \text{EI}_0 = (-0.01) - (-0.08) = 0.07$$

由公式 $T_0 = \sum\limits_{i=1}^{\infty} T_i$ 可得

$$T_0 = [(-0.02) - (-0.04)] + [(+0.03) - 0] + 0.02 = 0.07$$

3）设计计算

已知封闭环的公称尺寸和极限偏差及各组成环的公称尺寸，求各组成环的极限偏差，即合理分配各组成环公差问题。各组成环公差的确定可用两种方法，即等公差法和等公差等级法。

（1）等公差法：假设各组成环的公差值相等，按照已知的封闭环公差 T_0 和组成环的环数 m，计算各组成环的平均公差 T_{av}，即

$$T_{av} = \frac{T_0}{m} \tag{2 - 17}$$

在此基础上，根据各组成环的尺寸、加工难易程度对各组成环的公差做适当调整，同时必须满足各组成环公差值之和等于封闭环公差的关系。

（2）等公差等级法：假设各组成环的公差等级是相等的，对于尺寸小于等于 500 mm，公差等级在 IT5～IT18 范围内，根据公差值计算公式 IT = ai，按照已知的封闭环公差 T_0 和各组成环公差因子 i_i（见表 2 - 13），计算各组成环的平均公差系数 a_{av}，即

$$a_{av} = \frac{T_0}{\sum i_i} \tag{2 - 18}$$

为方便计算，各尺寸分段的 $i(i = 0.45\sqrt[3]{D} + 0.001D)$ 值列于表 2 - 13 中。

表 2 - 13   尺寸小于等于 500 mm 各尺寸分段的公差因子值

分段尺寸 /mm	≤3	>3~6	>6~10	>10~18	>18~30	>30~50	>50~80	>80~120	>120~180	>180~250
D/mm	1.73	4.24	7.75	13.42	23.24	38.73	63.25	97.98	146.97	212.13
i/μm	0.54	0.73	0.90	1.08	1.31	1.56	1.86	2.17	2.52	2.90

查表得到 i 值，带入公式(2 - 18)，计算得到 a_{av}，将其与标准公差公式表比较，得出最接近的公差等级后，按照该等级查标准公差表，求出各组成环的公差值，进而确定各组成环的极限偏差，同时必须满足各组成环公差值之和等于封闭环公差的关系。

例 2 - 10   如图 2 - 23 所示的齿轮箱，根据要求，间隙应在 1~1.75 范围内。已知各零件的公称尺寸为 $A_1 = 101$，$A_2 = 50$，$A_3 = 5$，$A_4 = 140$，$A_5 = 5$。试确定它们的极限偏差。

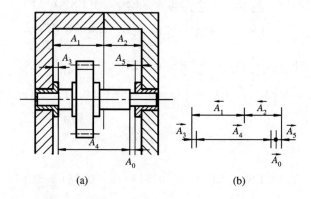

图 2 - 23   齿轮箱尺寸链

解   (1) 绘制尺寸链线图，如图 2 - 23(b)所示。

(2) 确定封闭环：间隙 A_0 是装配过程中最后形成的，故 A_0 是封闭环。

(3) 区分组成环中增、减环：$A_1 \sim A_5$ 是五个组成环，其中 A_1、A_2 是增环，$A_3 \sim A_5$ 是减环。

(4) 计算：
$$A_0 = A_1 + A_2 - (A_3 + A_4 + A_5) = 101 + 50 - (5 + 140 + 5) = 1$$
故 A_0 为 $1^{+0.75}_{0}$，$T_0 = 0.75$。

(一) 等公差法：

假设各组成环公差相等，显然公差是各组成环公差的平均值，即
$$T_{av} = \frac{T_0}{m} = \frac{0.75}{5} = 0.15$$

根据各组成环的尺寸、加工难易程度对各组成环的公差做适当调整，图 2 - 23 中 A_1、A_2 为左、右两个箱体，加工较困难，而 A_3、A_5 为衬套，加工较容易，且 A_1、A_2 尺寸大，A_3、A_5 尺寸小，因此，确定 $T_1 = 0.23$，$T_2 = 0.2$，$T_3 = T_5 = 0.05$。

又因调整后必须满足各组成环公差值和等于封闭环公差的关系，故取 A_4 为补偿环，因此
$$T_4 = T_0 - (T_1 + T_2 + T_3 + T_5) = 0.75 - (0.23 + 0.2 + 0.05 + 0.05) = 0.22$$

按"向体原则"确定各组成环的极限偏差，即轴用 h、孔用 H。由轴、孔的定义确定 A_1、

A_2 为孔，A_3、A_4、A_5 为轴，所以各环的极限偏差为

$$A_1 = 101^{+0.23}_0, \quad A_2 = 50^{+0.2}_0, \quad A_3 = A_5 = 5^{0}_{-0.05}, \quad A_4 = 140^{0}_{-0.22}$$

从以上计算可以看出，用等公差法解尺寸链，在调整各环公差时，很大程度上取决于设计者的实践经验及主观上对加工难易程度的看法。

(二) 等公差等级法：

假设各组成环的公差等级相同，即各组成环的公差等级系数相同，按照各组成环公称尺寸查表 2-13，并由计算式(2-18)得

$$a_{av} = \frac{T_0}{\sum i_i} = \frac{750}{2.17 + 1.56 + 0.73 + 2.52 + 0.73} \approx 97.3$$

由标准公差计算公式(表 2-2)查得，a_{av} 接近 IT11 级。根据各组成环的公称尺寸，查标准公差表得各组成环的公差为 $T_1 = 0.22$，$T_2 = 0.16$，$T_3 = T_5 = 0.075$。

又因调整后必须满足各组成环公差值之和等于封闭环公差的关系，故取 A_4 为补偿环，因此

$$T_4 = T_0 - (T_1 + T_2 + T_3 + T_5) = 0.75 - (0.22 + 0.16 + 0.075 + 0.075) = 0.22$$

按"向体原则"确定各组成环的极限偏差，即轴用 h、孔用 H。由轴、孔的定义确定 A_1、A_2 为孔，A_3、A_4、A_5 为轴，所以各环的极限偏差为

$$A_1 = 101^{+0.22}_0, \quad A_2 = 50^{+0.16}_0, \quad A_3 = A_5 = 5^{0}_{-0.075}, \quad A_4 = 140^{0}_{-0.22}$$

附表 2-1　标准公差数值(GB/T 1800.1—2009)

公称尺寸 /mm		标准公差等级																		
		IT01	IT0	IT1	IT2	IT3	IT4	IT5	IT6	IT7	IT8	IT9	IT10	IT11	IT12	IT13	IT14	IT15	IT16	IT17	IT18
大于	至	μm													mm						
—	3	0.3	0.5	0.8	1.2	2	3	4	6	10	14	25	40	60	0.10	0.14	0.25	0.40	0.60	1.0	1.4
3	6	0.4	0.6	1	1.5	2.5	4	5	8	12	18	30	48	75	0.12	0.18	0.30	0.48	0.75	1.2	1.8
6	10	0.4	0.6	1	1.5	2.5	4	6	9	15	22	36	58	90	0.15	0.22	0.36	0.58	0.90	1.5	2.2
10	18	0.5	0.8	1.2	2	3	5	8	11	18	27	43	70	110	0.18	0.27	0.43	0.70	1.10	1.8	2.7
18	30	0.6	1	1.5	2.5	4	6	9	13	21	33	52	84	130	0.21	0.33	0.52	0.84	1.30	2.1	3.3
30	50	0.6	1	1.5	2.5	4	7	11	16	25	39	62	100	160	0.25	0.39	0.62	1.00	1.60	2.5	3.9
50	80	0.8	1.2	2	3	5	8	13	19	30	46	74	120	190	0.30	0.46	0.74	1.20	1.90	3.0	4.6
80	120	1	1.5	2.5	4	6	10	15	22	35	54	87	140	220	0.35	0.54	0.87	1.40	2.20	3.5	5.4
120	180	1.2	2	3.5	5	8	12	18	25	40	63	100	160	250	0.40	0.63	1.00	1.60	2.50	4.0	6.3
180	250	2	3	4.5	7	10	14	20	29	46	72	115	185	290	0.46	0.72	1.15	1.85	2.90	4.6	7.2
250	315	2.5	4	6	8	12	16	23	32	52	81	130	210	320	0.52	0.81	1.30	2.10	3.20	5.2	8.1
315	400	3	5	7	9	13	18	25	36	57	89	140	230	360	0.57	0.89	1.40	2.30	3.60	5.7	8.9
400	500	4	6	8	10	15	20	27	40	63	97	155	250	400	0.63	0.97	1.55	2.50	4.00	6.3	9.7

注：公称尺寸小于 1 mm 时，无 IT14～IT18。

公称尺寸 /mm	上偏差 es												基本偏				
	a	b	c	cd	d	e	ef	f	fg	g	h	js	j 下偏			k	
													5~6	7	8	4~7	≤3 >7
	所有标准公差等级																
≤3	−270	−140	−60	−34	−20	−14	−10	−6	−4	−2	0	偏差等于±$\frac{IT}{2}$	−2	−4	−6	0	0
>3~6	−270	−140	−70	−46	−30	−20	−14	−10	−6	−4	0		−2	−4	−	+1	0
>6~10	−280	−150	80	−56	−40	−25	−18	−13	−8	−5	0		−2	−5	−	+1	0
>10~14 >14~18	−290	−150	−95	−	−50	−32	−	−16	−	−6	0		−3	−6	−	+1	0
>18~24 >24~30	−300	−160	−110		−65	−40		−20		−7	0		−4	−8	−	+2	0
>30~40	−310	−170	−120	−	−80	−50		−25		−9	0		−5	−10	−	+2	0
>40~50	−320	−180	−130														
>50~65	−340	−190	−140	−	−100	−60		−30		−10	0		−7	−12	−	+2	0
>65~80	−360	−200	−150														
>80~100	−380	−220	−170	−	−120	−72		−36		−12	0		−9	−15	−	+3	0
>100~120	−410	−240	−180														
>120~140	−460	−260	−200	−	−145	−85		−43		−14	0		−11	−18	−	+3	0
>140~160	−520	−280	−210														
>160~180	−580	−310	−230														
>180~200	−660	−340	−240	−	−170	−100		−50		−15	0		−13	−21	−	+4	0
>200~225	−740	−380	−260														
>225~250	−820	−420	−280														
>250~280	−920	−480	−300	−	−190	−110		−56		−17	0		−16	−26	−	+4	0
>280~315	−1050	−540	−330														
>315~355	−1200	−600	−360	−	−210	−125		−62		−18	0		−18	−28	−	+4	0
>355~400	−1350	−680	−400														
>400~450	−1500	−760	−440	−	−230	−135		−68		−20	0		−20	−32	−	+5	0
>450~500	−1650	−840	−480														

注: ① 公称尺寸小于 1 mm 时，各级的 a 和 b 均不采用；

② 对 IT7~IT11，若 IT 的数值(μm)为奇数，则取 js=±$\frac{IT-1}{2}$。

差/μm

差 ei

m	n	p	r	s	t	u	v	x	y	z	za	zb	zc
所有标准公差等级													
+2	+4	+6	+10	+14	—	+18	—	+20	—	+26	+32	+40	+60
+4	+8	+12	+15	+19	—	+23	—	+28	—	+35	+42	+50	+80
+6	+10	+15	+19	+23	—	+28	—	+34	—	+42	+52	+67	+97
+7	+12	+18	+23	+28	—	+33	— +39	+40 +45	—	+50 +60	+64 +77	+90 +108	+130 +150
+8	+15	+22	+28	+35	— +41	+41 +48	+47 +55	+54 +64	+63 +75	+73 +88	+98 +118	+136 +160	+188 +218
+9	+17	+26	+34	+43	+48 +54	+60 +70	+68 +81	+80 +97	+94 +114	+112 +136	+148 +180	+200 +242	+274 +325
+11	+20	+32	+41 +43	+53 +59	+66 +75	+87 +102	+102 +120	+122 +146	+144 +174	+172 +210	+226 +274	+300 +360	+405 +480
+13	+23	+37	+51 +54	+71 +79	+91 +104	+124 +144	+146 +172	+178 +210	+214 +256	+258 +310	+335 +400	+445 +525	+585 +690
+15	+27	+43	+63 +65 +68	+92 +100 +108	+122 +134 +146	+170 +190 +210	+202 +228 +252	+248 +280 +310	+300 +340 +380	+365 +415 +465	+470 +535 +600	+620 +700 +780	+800 +900 +1000
+17	+31	+50	+77 +80 +84	+122 +130 +140	+166 +180 +196	+236 +258 +284	+284 +310 +340	+350 +385 +425	+425 +470 +520	+520 +575 +640	+670 +740 +820	+880 +960 +1050	+1150 +1250 +1350
+20	+34	+56	+94 +98	+158 +170	+218 +240	+315 +350	+385 +425	+475 +525	+580 +650	+710 +790	+920 +1000	+1200 +1300	+1550 +1700
+21	+37	+62	+108 +114	+190 +208	+268 +294	+390 +435	+475 +530	+590 +660	+730 +820	+900 +1000	+1150 +1300	+1500 +1650	+1900 +2100
+23	+40	+68	+126 +132	+232 +252	+330 +360	+490 +540	+595 +660	+740 +820	+920 +1000	+1100 +1250	+1450 +1600	+1850 +2100	+2400 +2600

附表 2-3 孔的基本偏差值

| 公称尺寸/mm | 下偏差 EI | | | | | | | | | | | | 基本 上偏 | | | | | | |
| | A | B | C | CD | D | E | EF | F | EG | G | H | JS | J | | | K | | M | |
	所有标准公差等级												6	7	8	≤8	>8	≤8	>8
≤3	+270	+140	+60	+34	+20	+14	+10	+6	+4	+2	0		+2	+4	+6	0	0	−2	−2
>3~6	+270	+140	+70	+36	+30	+20	+14	+10	+6	+4	0		+5	+6	+10	−1+Δ	—	−4+Δ	−4
>6~10	+280	+150	+80	+56	+40	+25	+18	+13	+8	+5	0		+5	+8	+12	−1+Δ	—	−6+Δ	−6
>10~14 >14~18	+290	+150	+95	—	+50	+32	—	+16	—	+6	0	偏差等于±IT/2	+6	+10	+15	−1+Δ	—	−7+Δ	−7
>18~24 >24~30	+300	+160	+110	—	+65	+40	—	+20	—	+7	0		+8	+12	+20	−2+Δ	—	−8+Δ	−8
>30~40	+310	+170	+120	—	+80	+50	—	+25	—	+9	0		+10	+14	+24	−2+Δ	—	−9+Δ	−9
>40~50	+320	+180	+130																
>50~65	+340	+190	+140	—	+100	+60	—	+30	—	+10	0		+13	+18	+28	−2+Δ	—	−11+Δ	−11
>65~80	+360	+200	+150																
>80~100	+380	+220	+170	—	+120	+72	—	+36	—	+12	0		+16	+22	+34	−3+Δ	—	−13+Δ	−13
>100~120	+410	+240	+180																
>120~140	+440	+260	+200	—	+145	+85	—	+43	—	+14	0		+18	+26	+41	−3+Δ	—	−15+Δ	−15
>140~160	+520	+280	+210																
>160~180	+580	+310	+230																
>180~200	+660	+340	+240	—	+170	+100	—	+50	—	+15	0		+22	+30	+47	−4+Δ	—	−17+Δ	−17
>200~225	+740	+380	+260																
>225~250	+820	+420	+280																
>250~280	+920	+480	+300	—	+190	+110	—	+56	—	+17	0		+25	+36	+55	−4+Δ	—	−20+Δ	−20
>280~315	+1050	+540	+330																
>315~355	+1200	+600	+360	—	+210	+125	—	+62	—	+18	0		+29	+39	+60	−4+Δ	—	−21+Δ	−21
>355~400	+1350	+680	+400																
>400~450	+1500	+760	+440	—	+230	+135	—	+68	—	+20	0		+33	+43	+66	−5+Δ	—	−23+Δ	−23
>450~500	+1650	+840	+480																

注：① 公称尺寸小于 1 mm 时，各级的 A 和 B 及大于 8 级的 N 均不采用；

② 对 IT7~IT11，若 IT 的数值（μm）为奇数，则取 $JS=\pm\dfrac{IT-1}{2}$；

③ 特殊情况：当公称尺寸大于 250 mm 而小于 315 mm 时，M6 的 ES 等于 −9（不等于 −11）。

偏 差 /μm			上 偏 差 ES												Δ/μm					
差 ES		P～ZC																		
N			P	R	S	T	U	V	X	Y	Z	ZA	ZB	ZC						
≤8	>8	≤7	>7												3	4	5	6	7	8
−4	−4		−6	−10	−14	—	−18	—	−20	—	−26	−32	−40	−60	0					
−8+Δ	0		−12	−15	−19	—	−23	—	−28	—	−35	−42	−50	−80	1	1.5	1	3	4	6
−10+Δ	0		−15	−19	−23	—	−28	—	−34	—	−42	−52	−67	−97	1	1.5	2	3	6	7
−12+Δ	0	在 >7 级 的 相应 数值 上 增加 一个 Δ 值	−18	−23	−28	—	−33	— −39	−40 −45	—	−50 −60	−64 −77	−90 −108	−130 −150	1	2	3	3	7	9
−15+Δ	0		−22	−28	−35	— −41	−41 −48	−47 −55	−54 −64	−65 −75	−73 −88	−98 −118	−136 −160	−188 −218	1.5	2	3	4	8	12
−17+Δ	0		−26	−34	−43	−48 −54	−60 −70	−68 −81	−80 −95	−94 −114	−112 −136	−148 −180	−200 −242	−274 −325	1.5	3	4	5	9	14
−20+Δ	0		−32	−41 −43	−53 −59	−66 −75	−87 −102	−102 −120	−122 −146	−144 −174	−172 −210	−226 −274	−300 −360	−400 −480	2	3	5	6	11	16
−23+Δ	0		−37	−51 −54	−71 −79	−91 −104	−124 −144	−146 −172	−178 −210	−214 −254	−258 −310	−335 −400	−445 −525	−585 −690	2	4	5	7	13	19
−27+Δ	0		−43	−63 −65 −68	−92 −100 −108	−122 −134 −146	−170 −190 −210	−202 −228 −252	−248 −280 −310	−300 −340 −380	−365 −415 −465	−470 −535 −600	−620 −700 −780	−800 −900 −1000	3	4	6	7	15	23
−31+Δ	0		−50	−77 −80 −84	−122 −130 −140	−166 −180 −196	−236 −258 −284	−284 −310 −340	−350 −385 −425	−425 −470 −520	−520 −575 −640	−670 −740 −820	−880 −960 −1050	−1150 −1250 −1350	3	4	6	9	17	26
−34+Δ	0		−56	−94 −98	−158 −170	−218 −240	−315 −350	−385 −425	−475 −525	−580 −650	−710 −790	−920 −1000	−1200 −1300	−1500 −1700	4	4	7	9	20	29
−37+Δ	0		−62	−108 −114	−190 −208	−268 −294	−390 −435	−475 −530	−590 −660	−730 −820	−900 −1000	−1150 −1300	−1500 −1650	−1900 −2100	4	5	7	11	21	32
−40+Δ	0		−68	−126 −132	−232 −252	−330 −360	−490 −540	−595 −660	−740 −820	−920 −1000	−1100 −1250	−1450 −1600	−1850 −2100	−2400 −2600	5	5	7	13	23	34

思考题与习题

2-1 思考题：

(1) 极限尺寸、极限偏差和尺寸公差有何联系与区别？

(2) 如何理解最大实体尺寸和最小实体尺寸？

(3) 什么是配合？配合有几类？其特征是什么？

(4) 为什么需要进行尺寸分段？如何进行尺寸分段？

(5) 什么是基孔制和基轴制配合？为什么优先选择基孔制？

(6) 什么是尺寸链？如何确定封闭环和组成环？怎样判别增环和减环？

2-2 判断题：

(1) 公称尺寸是设计给定的尺寸，因此零件的实际尺寸越接近公称尺寸越好。（   ）

(2) 孔、轴的加工误差愈小，它们的配合精度愈高。（   ）

(3) 尺寸公差是尺寸允许的最大偏差。（   ）

(4) 基孔制过渡配合的轴，其上偏差必大于零。（   ）

(5) 《极限与配合》只能控制光滑圆柱体。（   ）

(6) 由于封闭环的重要性，因此封闭环的精度是尺寸链中最高的。（   ）

(7) 当组成尺寸链的尺寸较多时，封闭环可有两个或两个以上。（   ）

(8) 封闭环的公差值一定大于任何一个组成环的公差值。（   ）

2-3 选择题：

(1) _____公差是孔公差和轴公差之和。

A. 标准　　　　　　　　B. 基本　　　　　　　　C. 配合

(2) 两个基准件的配合一般认为是_____。

A. 间隙配合　　　　　　B. 过盈配合　　　　　　C. 过渡配合

(3) 基本偏差系列图上表示基孔制间隙配合的符号范围是_____。

A. A～H　　　　　　　　B. a～h　　　　　　　　C. j～zc

(4) 通常采用_____选择配合类别。

A. 计算法　　　　　　　B. 试验法　　　　　　　C. 类比法

(5) 基孔制过盈配合的公差带的表示方法为_____。

A. H7/u6　　　　　　　B. H8/h7　　　　　　　C. H7/k6

(6) 配合的松紧程度取决于_____。

A. 公称尺寸　　　　　　B. 基本偏差　　　　　　C. 标准公差

(7) 最大实体尺寸是_____。

A. 孔的上极限尺寸

B. 孔的下极限尺寸

C. 轴的下极限尺寸

2-4 根据下表中提供的数据，求出空格中应有的数据并填入空格内。

公称尺寸	孔			轴			X_{max}或Y_{min}	X_{min}或Y_{max}	T_f
	ES	EI	T_h	es	ei	T_s			
20		0		−0.008		0.021	+0.062		
40		0		+0.008		0.025	+0.031		
60	−0.021		0.030		−0.019			−0.051	

2-5 查表确定下列公差带的极限偏差:

(1) $\phi30S5$;(2) $\phi65F9$;(3) $\phi50P6$;(4) $\phi110d8$;(5) $\phi50js5$;(6) $\phi40n6$。

2-6 确定下列各孔、轴公差带的极限偏差,画出公差带图并说明其基准制与配合种类:

(1) $\phi50\dfrac{H8}{js7}$;(2) $\phi40\dfrac{N7}{h6}$;(3) $\phi40\dfrac{H8}{h8}$;(4) $\phi85\dfrac{P7}{h6}$;(5) $\phi85\dfrac{H7}{g6}$;(6) $\phi65\dfrac{H7}{u6}$。

2-7 设有一配合,孔、轴的公称尺寸为 $\phi30$,要求配合间隙为+0.02~+0.074。试确定公差等级和选取适当的配合。

2-8 有一对配合的孔、轴,设公称尺寸为 $\phi60$,配合公差为0.049,最大间隙为0.01,按国家标准选择规则求出孔、轴的最佳公差带。

2-9 设有一配合,孔、轴的公称尺寸为 $\phi20$,按设计要求:配合过盈为−0.014~−0.048,试确定孔、轴的公差等级,按基孔制选定适当的配合,并绘出公差带图。

2-10 在图2-24所示的尺寸链中,A_0 为封闭环。试分析组成环中,哪些是增环?哪些是减环?

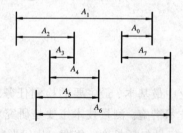

图2-24 题2-10图

2-11 如图2-25所示,按设计要求封闭环 A_0 应该在19.7~20.3范围内,$A_1 = 20_{-0.1}^{\ 0}$,$A_2 = 60.3_{\ 0}^{+0.2}$,$A_3 = 100_{-0.3}^{\ 0}$。试验算图样给定零件尺寸的极限偏差是否合理。

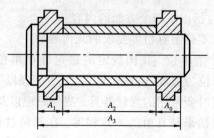

图2-25 题2-11图

第 3 章　测量技术基础

本章主要论述了测量技术的基本概念。由于量块既可以作为长度基准，又可以作为精密测量工具，而且在车间广泛使用，所以量块是本章的重点之一。因为常用测量器具在生产一线广泛使用，所以本章还重点介绍了卡尺、千分尺、百分表、内径百分表的工作原理、基本使用方法。对于测量误差的分类、处理，本章也做了一定篇幅的介绍；还介绍了光滑极限量规的设计准则以及工作量规公差带的配置，要注意体内作用尺寸、体外作用尺寸之区别。学习本章时，要求进一步理解测量误差的三种特点，会设计光滑极限量规；会正确选用常用与专用量具，能使用它们检测减速器输出轴中的尺寸误差。

3.1　概　　述

3.1.1　测量与检验

几何量测量是机械制造业中最基本、最主要的检测任务之一，也是保证机械产品加工与装配质量必不可少的重要技术措施。测量技术主要是研究对零件的几何量进行测量和检验的一门技术，其中零件的几何量包括长度、角度、几何形状、相互位置、表面粗糙度等。图 3-1(a)～(i)所示为生产实践中常见的一些几何量测量的实例。

测量是指将被测量与一个作为测量单位的标准量进行比较，从而确定被测量量值的过程。

一个完整的测量过程包括以下四个方面的内容：

(1) 测量对象：主要指零件上有精度要求的几何参数。

(2) 测量单位：也称计量单位。我国规定的法定计量单位中，长度的计量单位为米(m)，平面角的角度计量单位为弧度(rad)及度(°)、分(′)、秒(″)。

(3) 测量方法：指测量时所采用的测量器具、测量原理以及检测条件的综合。

(4) 测量精度：指测量结果与真值的一致程度。在测量过程中，不可避免地存在着测量误差，测量精度和测量误差是两个相互对应的概念。测量误差小，说明测量结果更接近真值，测量精度高；测量误差大，说明测量结果远离真值，测量精度低。对测量过程中误差的来源、特性、大小进行定性和定量分析，以便消除或减小某种测量误差或者明确测量总

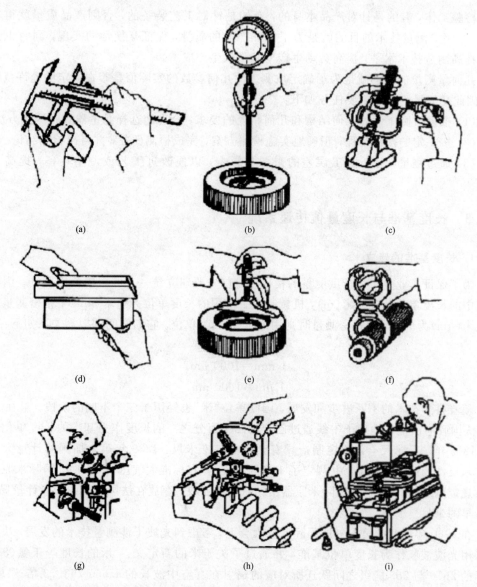

(a)   (b)   (c)
(d)   (e)   (f)
(g)   (h)   (i)

图 3-1 几何量测量实例

误差的变动范围，是保证测量质量的重要措施。

"检验"是一个比"测量"含义更广泛的概念。对于金属内部的检验、工件表面裂纹的检验等，就不能用"测量"这一概念。在几何量测量技术中，检验一般指通过一定的手段，判断零件几何参数的实际值是否在给定的允许变动范围之内，从而确定产品是否合格。在检验中，并不一定要求知道被测几何参数的具体量值。例如：用塞规检验孔的尺寸时，只要量规的通端能通过被检验的孔，止端不能通过被检验的孔，就认为该孔的尺寸是合格的。

3.1.2 几何量测量的目的和任务

在零件的加工过程中和在机器与仪器的装配及调整过程中，不论是为了控制产品的最终质量，或者是为了控制生产过程中每一工序的质量，都需要直接或间接地进行一系列测量和检验工作，有的是针对产品本身的，有的是针对工艺装备的，否则产品质量就得不到保证。因此，测量技术的目的就是为了保证产品的质量，保证互换性的实现，同时也为了不断提高制造技术水平，提高劳动生产率和降低生产成本。

几何量测量的目的就是为了确定被测工件几何参数的实际值是否在给定的允许范围之内，因此几何量测量的主要任务如下：

(1) 根据被测工件的几何结构和几何精度的要求，合理地选择测量器具和测量方法。

(2) 按一定的操作规程，正确地实施检测方案，完成检测任务，并得出检测结论。

(3) 通过测量，分析加工误差的来源与影响，以便改进工艺或调整装备，提高加工质量。

3.1.3 长度基准与长度量值传递系统

1. 长度基准的建立

为了保证工业生产中长度测量的精确度，首先要建立统一、可靠的长度基准。国际单位制中的长度单位基准为米(m)，机械制造中常用的长度单位为毫米(mm)，精密测量时多用微米(μm)为单位，超精密测量时则用纳米(nm)为单位。它们之间的换算关系如下：

$$1 \text{ m} = 1000 \text{ mm}$$
$$1 \text{ mm} = 1000 \text{ } \mu\text{m}$$
$$1 \text{ } \mu\text{m} = 1000 \text{ nm}$$

随着科学技术的不断进步和发展，国际单位"米"也经历了三个不同的阶段。早在1791年，法国政府决定以地球子午线通过巴黎的四千万分之一的长度作为基本的长度单位——米。1875年国际米尺会议决定制造具有刻线的基准米尺，1889年第一届国际计量大会通过该米尺作为国际米原器，并规定了1米的定义为"在标准大气压和0℃时，国际米原器上两条规定刻线间的距离"。国际米原器由铂铱合金制成，存放在法国巴黎的国际计量局，这是最早的米尺。

在1960年召开的第十一届国际计量大会上，考虑到光波干涉测量技术的发展，决定正式采用光波波长作为长度单位基准，并通过了关于米的新定义："米的长度等于氪(86Kr)原子的2p10与5d5能级之间跃迁所对应的辐射在真空中波长的1 650 763.73倍。"从此，实现了长度单位由物理基准转换为自然基准的设想，但因氪(86Kr)辐射波长作为长度基准，其复现精度受到一定限制。

随着光速测量精度的提高，在1983年召开的第十七届国际计量大会上审议并批准了又一个米的新定义："米等于光在真空中在1/299 792 458秒的时间间隔内的行程长度。"米的新定义带有根本性变革，它仍然属于自然基准范畴，但建立在一个重要的基本物理常数(真空中的光速)的基础上，其稳定性和复现性是原定义的100倍以上，实现了质的飞跃。

米的定义的复现主要采用稳频激光，我国采用碘吸收稳定的0.633 μm氦氖激光辐射作为波长基准。

2. 长度量值传递系统

用光波波长作为长度基准，虽然能够达到足够的准确性，但却不便在生产中直接应用。为了保证量值统一，必须建立各种不同精度的标准器，通过逐级比较，把长度基准量值应用到生产一线所使用的计量器具中，用这些计量器具去测量工件，就可以把基准单位量值与机械产品的几何量联系起来。这种系统称为长度量值传递系统，如图 3 - 2 所示。

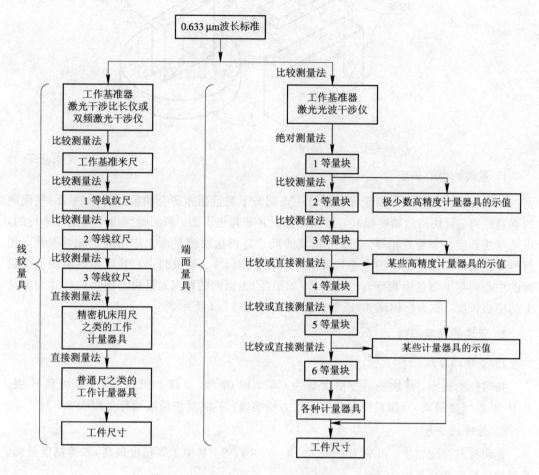

图 3 - 2　长度量值传递系统

3.1.4　量块

　　量块是机械制造中精密长度计量应用最广泛的一种实体标准，也是生产中常用的工作基准器和精密量具。量块是一种没有刻度的平面平行端面量具，其形状一般为矩形截面的长方体或圆形截面的圆柱体（主要应用于千分尺的校对棒）两种，常用的为长方体（见图 3 - 3）。量块有两个平行的测量面和四个非测量面，测量面极为光滑平整，非测量面较为粗糙一些。

　　量块一般用铬锰钢或其他特殊合金制成，其线膨胀系数小，性质稳定，不易变形，且耐磨性好。

　　量块除了作为尺寸传递的媒介外，还广泛用来检定和校对量具、量仪；相对测量时用来调整仪器的零位；有时也可直接检验零件；同时还可用于机械行业的精密划线和精密调整等。

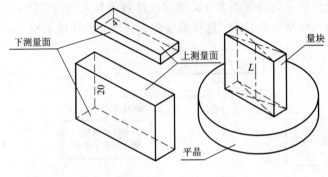

图 3 - 3 量块

1. 量块的中心长度

量块长度是指量块上测量面的任意一点到与下测量面相研合的辅助体(如平晶)平面间的垂直距离。量块虽然精度很高,但其测量面并非理想平面,两测量面也不是绝对平行的,可见量块长度并非处处相等。因此,量块的尺寸是指量块测量面上中心点的量块长度,用符号 L 来表示,即用量块的中心长度尺寸代表工作尺寸。量块的中心长度是指量块上测量面的中心到与下测量面相研合的辅助体(如平晶)表面间的距离;量块上标出的尺寸为名义上的中心长度,称为标称尺寸(或名义长度),如图 3 - 3 所示。

2. 量块的精度等级

1) 量块的分级

按国标的规定,量块按制造精度分为 6 级,即 00 级、0 级、1 级、2 级、3 级和 K 级。其中 00 级精度最高,3 级精度最低,K 级为校准级。各级量块精度指标见附表 3 - 1。

2) 量块的分等

量块按其检定精度,可分为 1、2、3、4、5、6 六等,其中 1 等精度最高,6 等精度最低。各等量块精度指标见附表 3 - 2。

量块按"级"使用时,以量块的标称尺寸作为工作尺寸,该尺寸包含了量块的制造误差。量块按"等"使用时,以经过检定后的量块中心长度的实际尺寸作为工作尺寸,该尺寸排除了量块制造误差的影响,仅包含检定时较小的测量误差。因此,量块按"等"使用比按"级"使用精度高。

3. 量块的研合性

量块的测量面非常光滑和平整,因此当表面留有一层极薄的油膜时,经较轻的推压作用使它们的测量平面互相紧密接触,因分子间的亲和力,两块量块便能粘合在一起,量块的这种特性称为研合性,也称为粘合性。利用量块的研合性,就可以把尺寸不同的量块组合成量块组,从而得到所需要的各种尺寸。

4. 量块的组合

每块量块只有一个确定的工作尺寸,为了满足一定范围内不同尺寸的需要,量块是按一定的尺寸系列成套生产的,一套包含一定数量不同尺寸的量块,装在一个特制的木盒内。GB 6093—85《量块》中共规定了 17 套量块,常用的几套量块的尺寸系列见附表 3 - 3。

量块的组合方法及原则如下：

（1）选择量块时，无论是按"级"测量还是按"等"测量，都应按照量块的标称尺寸进行选取。若为按"级"测量，则测量结果即为按"级"测量的测得值；若为按"等"测量，则可将测出的结果加上量块检定表中所列各量块的实际偏差，即为按"等"测量的测得值。

（2）选取量块时，应从所给尺寸的最后一位小数开始考虑，每选一块量块应使尺寸至少消去一位小数。

（3）使量块块数尽可能少，以减小积累误差，一般不超过 3～5 块。

（4）必须从同一套量块中选取，决不能在两套或两套以上的量块中混选。

（5）量块组合时，不能将测量面与非测量面相研合。

例如，要组成 36.375 的尺寸，若采用 83 块一套的量块，参照附表 3－3，其选取方法如下：

$$
\begin{array}{r}
36.375 \\
-\quad 1.005 \\
\hline
35.37 \\
-\quad 1.37 \\
\hline
34 \\
-\quad 4 \\
\hline
30 \\
-\quad 30 \\
\hline
0
\end{array}
$$

·········· 第一块量块尺寸为 1.005

·········· 第二块量块尺寸为 1.37

·········· 第三块量块尺寸为 4

·········· 第四块量块尺寸为 30

3.1.5 测量方法和测量器具

1. 测量方法

在测量中，测量方法是根据测量对象的特点来选择和确定的，其特点主要指测量对象的尺寸大小、精度要求、形状特点、材料性质以及数量等。机械产品几何量的测量方法主要有以下几种：

（1）直接测量与间接测量。

直接测量：测量时，可直接从测量器具上读出被测几何量的数值。例如，图 1－3 所示左端两轴径，分别用千分尺测量 $\phi45^{+0.025}_{+0.009}$、用游标卡尺测量 $\phi52$，从千分尺、游标卡尺上就能直接读出轴的直径尺寸数值。

间接测量：当被测几何量无法直接测量时，可先测出与被测几何量有函数关系的其他几何量，然后，通过一定的函数关系式进行计算求得被测几何量的数值。例如，图 3－4 中，对两孔的中心距 y 的测量，先用游标卡尺测出 x_1 和 x_2 的数值，然后按下式计算出孔心距 y 的数值：

$$y = \frac{x_1 + x_2}{2} \tag{3-1}$$

通常为了减小测量误差，都采用直接测量，但是当被测几何量不易直接测量或直接测量达不到精度要求时，就不得不采用间接测量了。

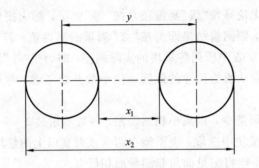

图 3 - 4　间接测量孔中心距

（2）绝对测量与相对测量。

绝对测量（全值测量）：测量器具的读数值是被测量的全值。例如，用千分尺测量减速器输出轴尺寸左端时，从千分尺上读的数值 $\phi45.017$ 就是被测量的全值。

相对测量（微差或比较测量）：测量器具的读数值是被测几何量相对于某一标准量的相对差值。该测量方法有两个特点：一是在测量之前必须首先用量块或其他标准量具将测量器具调零；二是测得值是被测几何量相对于标准量的相对差值。例如，用立式光学计测量轴径。

一般地，相对测量的测量精度比绝对测量的测量精度高，但测量过程较为麻烦。

（3）接触测量与非接触测量。

接触测量：测量器具的测量头与工件被测表面以机械测量力直接接触。例如，用游标卡尺测量轴径、用百分表测量轴的圆跳动等。

非接触测量：测量器具的测量头与工件被测表面不直接接触，不存在机械测量力。例如，用投影法（如万能工具显微镜、大型工具显微镜等）测量零件尺寸。

接触测量由于存在测量力，会使零件被测表面产生变形，引起测量误差，使测量头磨损以及划伤被测表面等，但是对被测表面的油污等不敏感；非接触测量由于不存在测量力，被测表面不产生变形误差，因此特别适合薄壁结构易变形零件的测量。

（4）单项测量与综合测量。

单项测量：单独测量零件的各个几何参数。例如，用螺纹千分尺、三针法仅能单独测量螺纹的中径。

综合测量：检测零件两个或两个以上相关几何参数的综合效应或综合指标。例如，用螺纹塞规、环规可同时测量螺纹的中径、螺距、牙型半角等。

一般综合测量效率高，对保证零件互换性更为可靠，适用于只要求判断零件合格性的场合；单项测量能分别确定每个参数的误差，一般用于工艺分析（如分析加工过程中产生废品的原因等）。

（5）静态测量与动态测量。

静态测量：测量时，测量器具的感受装置与被测件表面保持相对静止的状态。

动态测量：测量时，测量器具的感受装置与被测件表面处于相对运动的状态。

2. 测量器具

1）测量器具的分类

（1）量具：以固定的形式复现量值，带有简单刻度的测量器具，如量块、卷尺、游标卡尺、千分尺等。它们大多没有量值的放大传递机构，结构简单，使用方便。

（2）量规：一种没有刻度的专用量具，如塞规、卡规、环规、螺纹塞规、螺纹环规等。它只能用来检验零件是否合格，而不能获得被测几何量的具体数值。

（3）量仪：将被测量转换成可直接观察的示值或信息的测量器具，如百分表、千分表、立式光学计、工具显微镜等。量仪一般由被测量感受装置、放大传递装置、显示读数装置三大部分组成。它们结构复杂，操作要求严格，但用途广泛，测量精度高。

（4）测量装置：指为确定被测几何量量值所必需的测量器具和辅助设备的总体，如连杆、曲轴、滚动轴承等零件可用专用的测量装置进行测量。它能够测量较多的几何量和较复杂的零件，提高测量或检验效率，提高测量精度。

2）测量量具的主要技术指标

测量量具的主要技术指标是表征测量量具技术性能和功用的指标，也是选择和使用测量量具的依据。

（1）分度值：也称刻度值，是指测量量具标尺上一个刻度间隔所代表的测量数值。一般来说，测量量具的分度值越小，则该测量量具的测量精度就越高。

（2）示值范围：测量量具标尺上全部刻度范围所代表的被测量值。

（3）测量范围：测量量具所能测出的最大和最小的尺寸范围。

（4）灵敏度：能引起量仪指示数值变化的被测尺寸变化的最小变动量。

（5）示值误差：量具或量仪上的示值与被测尺寸实际值之差。

（6）修正值：为消除系统误差，用代数法加到示值上以得到正确结果的数值，其大小与示值误差绝对值相等，而符号相反。

3.2 常用量具简介

对于中、低精度的轴和孔，当生产批量较小，或需要得到被测工件的实际尺寸时，常用各种通用量具进行测量。通用量具按其工作原理的不同，可分为游标类量具、螺旋测微类量具和机械类量具。

3.2.1 游标类量具

应用游标读数原理制成的量具叫游标类量具。常用游标类量具有游标卡尺（见图 3－5(a)）、深度游标卡尺（见图 3－5(b)）和高度卡尺（见图 3－5(c)）。它们具有结构简单、使用方便、测量范围大等特点。

1. 结构

游标类量具的结构如图 3－5(a)～(c)所示，其共同特征是都有主尺 1、游标尺 2 以及测量爪 6、7(或测量面),另外还有便于进行微量调整的微动机构 3 和锁紧机构 5 等。深度游标卡尺和高度卡尺还有尺架 4 和底座 8 等。主尺上有毫米刻度,游标尺上的分度值分为 0.1、0.05、0.02 三种。

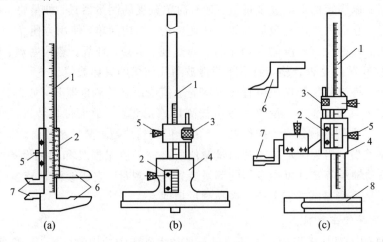

图 3-5 游标类量具

2. 读数原理

游标读数(或称为游标细分)是利用主尺刻线间距与游标刻线间距之差实现的。

在图 3-6(a)中,主尺刻度间隔 $a=1$,游标刻度间隔 $b=0.9$,则主尺刻度间隔与游标刻度间隔之差为游标读数值 $i=a-b=0.1$。读数时,首先根据游标零线所处位置读出主尺刻度的整数部分;其次判断游标的第几条刻线与主尺刻线对准,此游标刻线的序号乘上游标读数值,则可得到小数部分的读数,将整数部分和小数部分相加,即为测量结果。在图 3-6(b)中,游标零线处在主尺 11 与 12 之间,而游标的第 3 条刻线与主尺刻线对准,所以游标卡尺的读数值为 11.3。

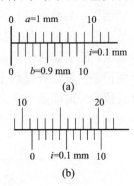

图 3-6 游标的读数原理

3. 正确使用

游标类量具虽然具有结构简单、使用方便等特点,但读数机构不能对毫米刻线进行放大,读数精度不高,因此,只适用于生产现场中,对一些中、低等精度的长度尺寸进行测量。

游标卡尺适用于测量各种精度较低的尺寸,如图 1-3 所示的径向最大直径 $\phi62$ 轴径测得 $d_{\mathrm{a}}=62.2$,为合格尺寸(因为未注公差为 62 ± 0.3);深度游标卡尺适用于测量槽和盲孔深度及台阶高度;高度游标卡尺除可测量零件高度外,还可用于零件的精密划线。

使用游标类量具时应注意以下几点:

(1) 使用前应将测量面擦拭干净,两测量爪间不能存在显著的间隙,并校对零位。

（2）移动游框时，力量要适度，测量力不易过大。

（3）注意防止温度对测量精度的影响，特别要防止测量器具与零件不等温产生的测量误差。

（4）读数前一定将锁紧机构锁紧。

（5）读数时，其视线要与标尺刻线方向一致，以免造成视差。

游标卡尺的示值误差随游标读数值和测量范围而变。例如，游标读数值为 0.02、测量范围为 0～300 的游标卡尺，其示值误差不大于±0.02。

有的游标卡尺采用数字显示器进行读数，称为数显卡尺，消除了在读数时因视线倾斜而产生的视差。有的卡尺装有测微表头，称为带表卡尺，便于读数，提高了测量精度。

3.2.2 螺旋测微类量具

应用螺旋微动原理制成的量具叫螺旋测微类量具。常用的螺旋测微类量具有外径千分尺（见图 3-7(a)）、内径千分尺（见图 3-7(b)）、深度千分尺（见图 3-7(c)）等。外径千分尺主要用于测量中等精度的圆柱、长度尺寸，内径千分尺主要用于测量中等精度的孔、槽尺寸，深度千分尺则适于测量盲孔深度、台阶高度等。

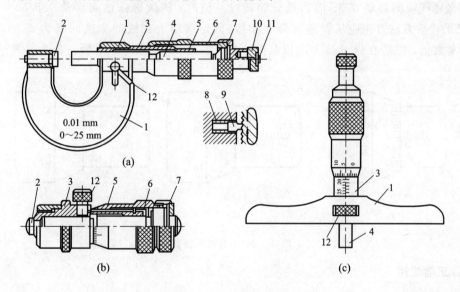

图 3-7 螺旋测微类量具

1. 结构

螺旋测微类量具的结构如图 3-7 所示，其主要由尺架 1、测量面 2、固定套筒 3、测微螺杆 4、调节螺母 5、微分筒 6、调节螺母 7、弹簧 8、棘轮 9、测量力装置 10、棘轮轴 11 和锁紧机构 12 等组成。

螺旋测微类量具的结构主要有以下特点：

（1）结构设计合理。

（2）以精度很高的测微螺杆的螺距作为测量的标准量，测微螺杆和调节螺母配合精密且间隙可调。

(3) 固定套筒和微分筒作为示数装置,用刻度线进行读数。

(4) 有保证测力恒定的棘轮棘爪机构。

外径千分尺的示值范围和测量范围见表 3-1。

表 3-1　外径千分尺的示值范围和测量范围　　　mm

类　别	外径千分尺
分度值	0.01
示值范围	25
测量范围	0～25, 25～50, …, 275～300(按 25 分段) 300～400, 400～500, …, 900～1000(按 100 分段) 1000～1200, 1200～1400, …, 1800～2000(按 200 分段)

2. 读数原理

螺旋测微类量具主要应用螺旋副传动,将微分筒的转动变为测微螺杆的移动。一般测微螺杆的螺距为 0.5,微分筒与测微螺杆连成一体,上刻有 50 条等分刻线。当微分筒旋转一圈时,测微螺杆轴向移动 0.5;而当微分筒转过一格时,测微螺杆轴向移动 0.5/50＝0.01。千分尺的读数方法首先应从固定套筒上读数(固定套筒上刻线的刻度间隔为 0.5),读出 0.5 的整数倍,然后在微分筒上读出其余小数。如图 3-8 所示,最后一位数字是估读得出的。

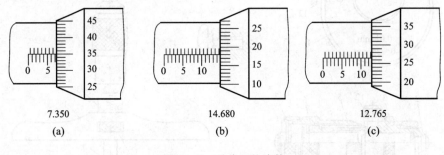

7.350	14.680	12.765
(a)	(b)	(c)

图 3-8　千分尺的读数

3. 正确使用

螺旋测微类量具具有较高放大倍数的读数机构,具有测力恒定装置且制造精度较高等优点,所以测量精度要比相应的游标类量具高,在生产现场应用非常广泛。如图 1-3 所示,轴径标注尺寸为 $\phi56r6$,若测得 $d_a＝56.051$,则为合格尺寸。

外径千分尺由于受测微螺杆加工长度的限制,示值范围一般只有 25 mm,因此,其测量范围分为 0～25、25～50、50～75、75～100 等,用于不同尺寸的测量。内径千分尺因需把其放入被测孔内进行测量,故一般只用于大孔径的测量。

螺旋测微类量具使用时要注意以下几点:

(1) 使用前必须校对零位。

(2) 手应握在隔热垫处,测量器具与被测件必须等温,以减少温度对测量精度的影响。

(3) 当测量面与被测表面将要接触时,必须使用测力装置。

（4）读数前一定要将锁紧机构锁紧。

（5）测量读数时要特别注意固定套筒上的 0.5 刻度。

3.2.3　机械类量具

机械类量具是应用机械传动原理（如齿轮、杠杆等）将测量杆的位移进行放大，并由读数装置指示出来的量仪。

1. 百分表和千分表

百分表和千分表用于测量各种零件的线值尺寸、几何形状及位置误差，也可用于找正工件位置，还可与其他仪器配套使用。

常用百分表的传动系统是由齿轮、齿条等组成的，如图 3-9 所示。测量时，带有齿条的测量杆 1 上升会带动小齿轮 Z_2 转动，与 Z_2 同轴的大齿轮 Z_3 及小指针 5 也跟着转动，而 Z_3 要带动小齿轮 Z_1 及其轴上的大指针 2 偏转。游丝 4 的作用是迫使所有齿轮作单向啮合，以消除由于齿侧间隙而引起的测量误差。弹簧 3 是用来控制测量力的。

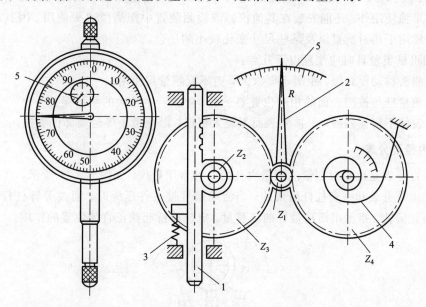

图 3-9　百分表的结构及工作原理

杠杆百分表的结构及工作原理如图 3-10 所示。测头的左右移动引起测杆 1 和与之相连的扇形齿轮 2 绕支点 O 摆动，从而带动齿轮 3 和与之相连的端面齿轮 5 的转动，使与其啮合的小齿轮 4 和指针 7 一起转动，从而读出表盘 6 上的示值数，8 为复位弹簧。

百分表的表盘上刻有 100 等分，分度值为 0.01。当测量杆移动 1 时，大指针转动一圈，小指针转过一格。百分表的测量范围一般为 0～3、0～5 及 0～10，大行程百分表的行程可达 50。精度等级分为 0、1、2 级。0～2 级的百分表在整个测量范围的示值误差为0.01～0.03，任意 1 mm 内的示值误差为 0.006～0.018。

常用千分表的分度值为 0.001，测量范围为 0～1。千分表在整个测量范围内的示值误差小于等于 0.005，它适用于高精度测量。

由于机械类量具具有体积小、重量轻、结构简单、造价低廉等特点，且又无须附加电

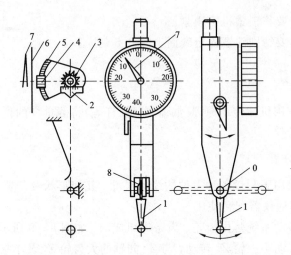

图 3-10 杠杆百分表的结构及工作原理

源、光源、气源等,还可连续不断地感应尺寸的变化,也比较坚固耐用,因此应用十分广泛。除可单独使用外,还能安装在其他仪器或检测装置中作测微表头使用。因其示值范围较小,故常用于相对测量以及某些尺寸变化较小的场合。

使用机械类量具时应注意以下几点:

(1)测头移动要轻缓,距离不要太大,更不能超量程使用。

(2)测量杆与被测表面的相对位置要正确,防止产生较大的测量误差。

(3)表体不得猛烈震动,被测表面不能太粗糙,以免齿轮等运动部件受损。

2. 内径百分表

内径百分表是用相对测量法测量内孔的一种常用量仪。如图 3-11 所示,杠杆式内径百分表是由百分表和一套杠杆组成的。当活动量杆被工件压缩时,通过等臂杠杆、推杆使百分表指针偏转,指示出活动量杆的位移量。定位护桥起找正直径位置的作用。

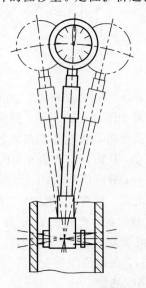

图 3-11 内径百分表

测量前，内径百分表应根据被测孔的公称尺寸，在外径千分尺或标准环规上调好零位。测量时，必须将量具摆动，读取最小值，见图 3－11。

内径百分表的分度值为 0.01，其测量范围一般为 6～10、10～18、18～35、35～50、50～100、100～160、160～250、250～450 等。涨簧式内径百分表测量的最小孔径可达到 3 左右。活动量杆的移动量很小，它的测量范围是靠更换固定量杆来扩大的。当内径百分表的测量范围为 18～35 时，其示值误差不大于 0.015。

3.3 测量数据处理

3.3.1 测量误差及其产生的原因

任何测量过程，无论采用如何精密的测量方法，其测得值都不可能为被测几何量的真值，这种由于测量器具本身的误差和测量条件的限制，而使测量结果与被测量真值之差，称为测量误差。

1. 测量误差的评定指标

（1）绝对误差 δ：测量结果（X）与被测量（约定）真值（X_0）之差，即

$$\delta = X - X_0 \tag{3-2}$$

因测量结果可能大于或小于真值，故 δ 可能为正值也可能为负值，将式（3－2）移项可得下式：

$$X_0 = X \pm \delta \tag{3-3}$$

当被测几何量相同时，绝对误差 δ 的大小决定了测量的精度，δ 越小，测量精度越高；δ 越大，测量精度越低。

（2）相对误差 f：当被测几何量相同时，不能再用绝对误差 δ 来评定测量精度，这时应采用相对误差来评定。所谓相对误差，是指测量的绝对误差 δ 与被测量（约定）真值（X_0）之比，即

$$f = \frac{\delta}{X_0} \approx \frac{\delta}{X} \tag{3-4}$$

由上式可以看出，相对误差 f 是一个没有单位的数值，一般用百分数（％）来表示。

例如：有两个被测量的实际测得值 $X_1 = 100$，$X_2 = 10$，$\delta_1 = \delta_2 = 0.01$，则两次测量的相对误差为

$$f_1 = \frac{\delta_1}{X_1} \times 100\% = \frac{0.01}{100} \times 100\% = 0.01\%$$

$$f_2 = \frac{\delta_2}{X_2} \times 100\% = \frac{0.01}{10} \times 100\% = 0.1\%$$

由此可知，两个大小不同的被测量，虽然绝对误差相同，但其相对误差是不同的，由于 $f_1 < f_2$，因此前者的测量精度高于后者。

2. 测量误差产生的原因

测量误差是不可避免的，但是由于各种测量误差的产生都有其原因和影响测量结果的规律，因此测量误差是可以控制的。要提高测量精确度，就必须减小测量误差，而要减小

和控制测量误差，就必须对测量误差产生的原因进行了解和研究。

产生测量误差的原因很多，主要有以下几个方面：

（1）测量器具误差：任何测量器具在设计制造、装配、调整时都不可避免地产生误差，这些误差一般表现在测量器具的示值误差和重复精度上。其解决方法是定期检定或用更精密的仪器给出修正量。

（2）基准误差：量块或标准件存在误差，相对测量时影响测量结果。

（3）温度误差：标准温度20℃，实际测量时的温度偏离引起的测量误差。

（4）测量力误差：测量力的存在会造成接触变形，带入测量误差。

（5）读数误差：由不正确的读数姿势、习惯性的操作所引起的测量误差。

3.3.2 测量误差

根据测量误差的性质和特点，可将测量误差分为随机误差、系统误差和粗大误差。为分析测量误差的性质、特点，可采用对同一被测量重复测量的方法。

1. 随机误差

在相同条件下，以不可预知的方式变化的测量误差，称为随机误差。

随机误差的出现具有偶然性或随机性，它的存在以及大小和方向不受人的支配与控制，即单次测量之间误差的变化无确定的规律。随机误差是由测量过程中的一些大小和方向各不相同、又都不很显著的误差因素综合作用造成的。例如，仪器运动部件间的间隙改变、摩擦力变化、受力变形、测量条件的波动等。由于此类误差的影响因素极为复杂，对每次测得值的影响无规律可循，因此无法消除或修正。但在一定测量条件下，对同一值进行大量重复测量时，总体随机误差的产生满足统计规律，即具有有界性、对称性、抵偿性、单峰性，如图3-12所示。

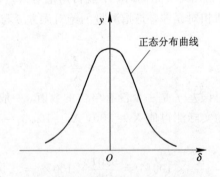

图 3-12 随机误差的分布规律

（1）对称性：绝对值相等的正、负误差出现的概率相等。

（2）单峰性：绝对值小的误差比绝对值大的误差出现的次数多。

（3）有界性：绝对值很大的误差出现的概率接近于零。

（4）抵偿性：随机误差的算术平均值随测量次数的增加而趋近于零。

因此，可以分析和估算误差值的变动范围，并通过取平均值的办法来减小其对测量结果的影响。

2. 系统误差

在相同条件下多次测量同一量值时，误差值保持恒定；或者当条件改变时，其值按某一确定的规律变化的误差，称为系统误差。系统误差按其出现的规律又可分为定值系统误差和变值系统误差。

(1) 定值系统误差：在规定的测量条件下，其大小和方向均固定不变的误差，如量块长度尺寸的误差、仪器标的误差等。由于定值系统误差的大小和方向不变，对测量结果的影响也是一定值，因此它不能从一系列测得值的处理中揭示，而只能通过实验对比的方法去发现，即通过改变测量条件进行不等精度测量来揭示定值系统误差。例如，在相对测量中，用量块作标准件并按其标称尺寸使用时，由量块的尺寸偏差引起的系统误差，可用高精度的仪器对其实际尺寸进行检定来得到，或用更高精度的量块对其进行对比测量来发现。

(2) 变值系统误差：在规定的测量条件下，遵循某一特定规律变化的误差，如测角仪器的刻度盘偏心引起的角度测量误差、温度均匀变化引起的测量误差等。变值系统误差可以从一组测量值的处理和分析中发现，方法有多种。常用的方法之一是残余误差观察法，即将测量列按测量顺序排列（或作图），观察各残余误差的变化规律。若残余误差大体正、负相同，无显著变化，则不存在变值系统误差；若残余误差有规律地递增或递减，且其趋势始终不变，则可认为存在线性变化的系统误差；若残余误差有规律地增减交替，形成循环重复，则可认为存在周期性变化的系统误差。

通过分析、实验或检定可以掌握一些系统误差的规律，并加以消除、修正或减小。有的系统误差的产生原因或大小难以确定，只能大致估算其可能出现的范围，故这类未定的系统误差无法消除，也不能对测得值进行修正。

3. 粗大误差

由某种反常原因造成的、歪曲测得值的测量误差，称为粗大误差。

粗大误差的出现具有突然性，它是由某些偶尔发生的反常因素造成的。例如，外界的突然振动，测量人员的粗心大意造成的操作、读数、记录的错误等。这种显著歪曲测得值的粗大误差应尽量避免，且在一系列测得值中按一定的判别准则予以剔除。

3.3.3 测量精度

测量精度是指几何量的测得值与其真值的接近程度。它与测量误差是相对应的两个概念。测量误差越大，测量精度就越低；反之，测量误差越小，测量精度就越高。为了反映系统误差与随机误差的区别及其对测量结果的影响，以打靶为例进行说明。如图 3 - 13 所示，圆心表示靶心，黑点表示弹孔。图 3 - 13(a) 表现为弹孔密集但偏离靶心，说明随机误差小而系统误差大；图 3 - 13(b) 表现为弹孔较为分散，但基本围绕靶心分布，说明随机误差大而系统误差小；图 3 - 13(c) 表现为弹孔密集而且围绕靶心分布，说明随机误差和系统误差都很小；图 3 - 13(d) 表现为弹孔既分散又偏离靶心，说明随机误差和系统误差都大。

根据以上分析，为了准确描述测量精度的具体情况，可将其进一步分为精密度、正确度和精确度。

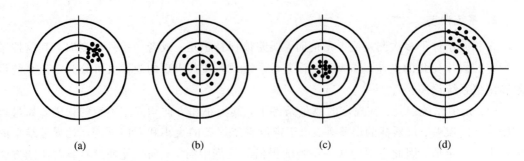

图 3 - 13　测量精度分类示意图

(a) 精密度高；(b) 正确度高；(c) 精确度高；(d) 精确度低

1. 精密度

精密度是指在同一条件下对同一几何量进行多次测量时，该几何量各次测量结果的一致程度。它表示测量结果受随机误差的影响程度。若随机误差小，则精密度高。

2. 正确度

正确度是指在同一条件下对同一几何量进行多次测量时，该几何量测量结果与其真值的符合程度。它表示测量结果受系统误差的影响程度。若系统误差小，则正确度高。

3. 精确度(或称准确度)

精确度表示对同一几何量进行连续多次测量时，所得到的测得值与其真值的一致程度。它表示测量结果受系统误差和随机误差的综合影响程度。若系统误差和随机误差都小，则精确度高。通常所说的测量精度指精确度。

按照上述分类可知，图 3 - 13(a)为精密度高而正确度低；图 3 - 13(b)为精密度低而正确度高；图 3 - 13(c)为精密度和正确度都高，因而精确度也高；图 3 - 13(d)为精密度和正确度都低，因而精确度也低。

3.4　光滑极限量规的设计

3.4.1　概述

当圆柱形孔、轴尺寸采用包容要求时，能对其进行既快又准地检验的测量器具是光滑极限量规(简称量规)。量规因具有结构简单，检测稳定，操作方便、快捷，对使用环境要求不高等特点，对直径较小(500 以下)的中、低精度的轴和孔，在大批量生产时的检验中应用非常广泛。

量规是一种无刻度的专用量具，由通规(T)和止规(Z)组成。通规用来模拟最大实体状态，检验孔或轴的作用尺寸是否超越最大实体尺寸；止规用来检验孔或轴的实际尺寸是否超越最小实体尺寸。用量规检验产品时，只能判断其合格与否，不能获得孔、轴的具体数值。量规的使用非常简单，只需用通规和止规直接与被检孔、轴进行比较，当通规通过了被检尺寸而止规不能通过被检尺寸时，零件才被认定为是合格的，如图 3 - 14 和图 3 - 15 所示。若不能同时满足上述两个条件，则认为被检零件是不合格的。因此，根据不同的用途正确设计和选用量规，是用量规有效检验孔、轴合格性的前提。

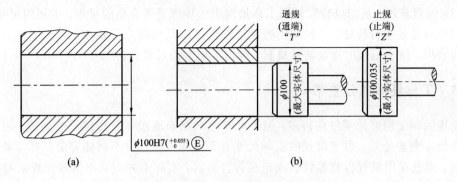

图 3 - 14　用塞规检验孔

(a) 实际零件；(b) 用塞规检验

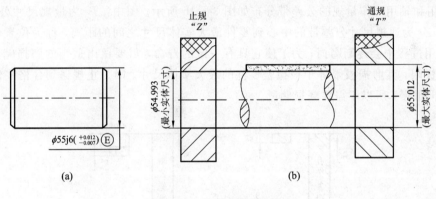

图 3 - 15　用环规检验轴

(a) 实际零件；(b) 用环规检验

3.4.2　光滑极限量规的分类

量规按检验对象的不同可分为孔用量规和轴用量规；按用途的不同可分为工作量规、验收量规和校对量规。

1. 按检验对象的不同分

(1) 孔用量规：称为塞规，用于检验孔的合格性。

(2) 轴用量规：分为环规和卡规，用于检验轴的合格性。其中环规用于检验较小尺寸的轴径，卡规用于检验较大尺寸或台阶形的轴径。

光滑极限量规的尺寸确定如下：

$$光滑极限量规\begin{cases}塞规\begin{cases}通端 \Rightarrow D_M\\止端 \Rightarrow D_L\end{cases}\\卡规\begin{cases}通端 \Rightarrow d_M\\止端 \Rightarrow d_L\end{cases}\end{cases}$$

2. 按用途的不同分

(1) 工作量规：是零件制造过程中生产工人使用的量规。

(2) 验收量规：是检验人员或用户代表验收产品时所用的量规。

（3）校对量规：是用以检验轴用工作量规中的环规是否合格的量规。卡规因尺寸较大，不便用校对量规进行校验，一般均用测量仪器直接对其精度进行检查。塞规刚性好，不易变形和磨损，便于用通用测量器具检测，因而不需要校对量规。

3.4.3 工作量规的公差带

量规的制造精度比零件高得多，但不可能绝对准确地按某一指定尺寸制造。因此，对量规要规定制造公差。由于量规的实际尺寸与零件的极限尺寸不可能完全一样，多少会有些差别，因此在用量规检验零件以决定是否合格时，实际上并不是根据零件规定的极限尺寸，而是根据量规的实际尺寸判断的。

为了确保产品质量，国标 GB 1957—2006 规定了量规公差带不得超越被检零件的公差带。孔用和轴用工作量规的公差带分布如图 3 - 16 所示。图中，T_1 为量规尺寸公差（制造公差），Z_1 为通规尺寸公差带的中心到零件最大实体尺寸之间的距离，称为位置要素。通规在使用过程中会逐渐磨损，为了使它具有一定的寿命，需要留出适当的磨损储量，即规定磨损极限，其磨损极限等于被检验零件的最大实体尺寸。因为止规遇到合格零件时不通过，磨损很慢，所以不需要磨损储量。

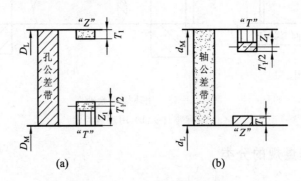

图 3 - 16 量规的公差带分布

(a) 孔用工作量规的制造公差带；(b) 轴用工作量规的制造公差带

附表 3 - 4 列出了用于检验公称尺寸至 500，公差等级为 IT6～IT16 的零件的工作量规公差。

3.4.4 量规设计

1. 量规设计原则

光滑极限量规依照极限尺寸判断原则检验孔、轴尺寸的合格性。这一原则 1905 年最先由泰勒（William Taylor）提出，因此也称为"泰勒原则"。

1）极限尺寸判断原则的内容

（1）作用尺寸。

① 体外作用尺寸：指在被测要素的给定长度上，与实际内表面体外相接的最大理想面或与实际外表面体外相接的最小理想面的直径或宽度。

对于单一要素，实际内、外表面的体外作用尺寸分别用 D_{fe}、d_{fe} 表示，见图 3 - 17。

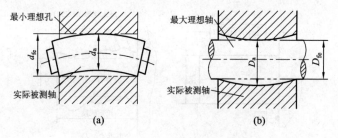

图 3-17 单一要素的体外作用尺寸

(a) 轴的体外作用尺寸；(b) 孔的体外作用尺寸

对于关联要素，实际内、外表面的体外作用尺寸分别用 D'_{fe}、d'_{fe} 表示。轴的关联要素的体外作用尺寸见图 3-18。

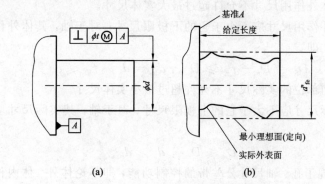

图 3-18 轴的关联要素的体外作用尺寸

(a) 图样标注；(b) 轴的体外作用尺寸

② 体内作用尺寸：指在被测要素的给定长度上，与实际内表面体内相接的最小理想面或与实际外表面体内相接的最大理想面的直径或宽度。

对于单一要素，实际内、外表面的体内作用尺寸分别用 D_{fi}、d_{fi} 表示，见图 3-19。

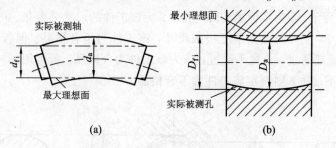

图 3-19 单一要素的体内作用尺寸

(a) 轴的体内作用尺寸；(b) 孔的体内作用尺寸

对于关联要素，实际内、外表面的体内作用尺寸分别用 D'_{fi}、d'_{fi} 表示。轴的关联要素的体内作用尺寸见图 3-20。

应当注意：作用尺寸不仅与实际要素的局部实际尺寸有关，还与其几何误差有关。因此，作用尺寸是实际尺寸和几何误差的综合尺寸。对一批零件而言，每个零件都不一定相同，但每个零件的体外或体内作用尺寸只有一个；对于被测实际轴，$d_{fe} \geqslant d_{fi}$；而对于被测实际孔，$D_{fe} \leqslant D_{fi}$。

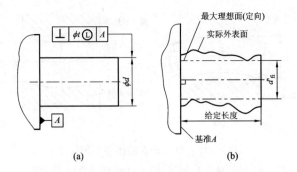

图 3-20　关联要素的体内作用尺寸

(a) 图样标注；(b) 轴的体内作用尺寸

(2) 孔或轴的体外作用尺寸不允许超过最大实体尺寸。

对于孔，其体外作用尺寸应不小于它的下极限尺寸；对于轴，其体外作用尺寸应不大于它的上极限尺寸，即

$$D_{fe} = D_a - f_孔 \geqslant D_{min}, \quad d_{fe} = d_a + f_轴 \leqslant d_{max} \tag{3-5}$$

(3) 孔或轴任何部位的实际尺寸不允许超过最小实体尺寸。

对于孔，其实际尺寸应不大于它的上极限尺寸；对于轴，其实际尺寸应不小于它的下极限尺寸，即

$$D_a \leqslant D_{max}, \quad d_a \geqslant d_{min} \tag{3-6}$$

这两条内容体现了孔、轴尺寸公差带的控制功能，即不论体外、体内作用尺寸还是任一局部实际尺寸，均应位于给定公差带内。

极限尺寸判断原则为综合检验孔、轴尺寸的合格性提供了理论基础，光滑极限量规就是由此而设计出来的：通规根据式(3-5)设计，体现最大实体尺寸控制体外作用尺寸；止规根据式(3-6)设计，体现最小实体尺寸控制实际尺寸。

2) 极限尺寸判断原则对量规的要求

如图 3-21 所示，1 为零件的实际轮廓，2 为该工件的尺寸公差带。可以看出：x 方向已小于下极限尺寸，y 方向已大于上极限尺寸，该工件为不合格品。但若用(b)和(e)在图示位置测量，则通规通过，止规不通过，认为该工件为合格品。若再用(a)和(d)组合测量，通规和止规都通不过去，则判定该工件为不合格品。

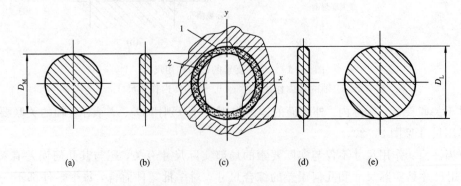

图 3-21　泰勒原则的实际应用

(a) 全形通规；(b) 两点状通规；(c) 工件；(d) 两点状止规；(e) 全形止规

泰勒原则认为：光滑极限量规的通规测量面应该是全形（轴向剖面为整圆）且长度与零件长度相同，如图 3-21(a)所示，用于控制工件的作用尺寸；止规测量面应该是两点状的，如图 3-21(d)所示，测量面的长度则应短些，用于控制工件的实际尺寸（止规表面与被测件为点接触）。

在量规的实际应用中，往往由于量规制造和使用方面的原因，要求量规的形状完全符合极限尺寸判断原则是困难的，有时甚至不能实现，因而不得不使用偏离极限尺寸判断原则的量规。例如，标准通规的长度，常不等于零件的配合长度；大尺寸的孔和轴通常要用非全形的通规（杆规）和卡规来检验，代替笨重的全形通规；曲轴的轴颈只能用卡规检验，不能用环规检验；由于点接触易产生磨损，止规不得不采用小平面或圆柱面；检验小孔用的止规为了增加刚度和便于制造，常采用全形塞规；检验薄壁零件时，为防止两点状止规造成零件变形，也常采用全形止规。

为了尽量减少在使用偏离极限尺寸判断原则的量规检验时造成的误判，操作量规一定要正确。例如，使用非全形的通端塞规时，应在被检孔的全长上沿圆周的几个位置上检验；使用卡规时，应在被检轴的配合长度的几个部位并围绕被检轴的圆周的几个位置上检验。

2. 光滑极限量规的结构形式

光滑极限量规的结构形式很多，图 3-22 分别给出了几种常用的轴用、孔用量规的结构形式及使用范围，供设计时选用。其具体尺寸参见国标 GB/T 10920—2008《光滑极限量规型式与尺寸》。国标规定的量规的结构形式及应用尺寸范围如图 3-23 所示。

3. 绘制量规公差带图

如图 3-24 所示，量规工作尺寸的标注见图 3-25。

例 3-1 已知配合 $\phi 25H8/f7$，试设计孔用、轴用工作量规。

解 (1) 由国标查出孔与轴的上、下偏差为

$$25H8\ 孔：ES=+0.033，EI=0$$
$$25f7\ 轴：es=-0.020，ei=-0.041$$

(2) 由附表 3-4 查得工作量规的制造公差 T_1 和位置要素 Z_1。

$\phi 25H8$ 孔用塞规：制造公差 $T_1=0.0034$，位置要素 $Z_1=0.005$

$\phi 25f7$ 轴用卡规：制造公差 $T_1=0.0024$，位置要素 $Z_1=0.0034$

(3) 计算工作量规的极限偏差。

① $\phi 25H8$ 孔用塞规：

通规：上偏差 $=EI+Z_1+\dfrac{T_1}{2}=0+0.005+0.0017=+0.0067$

下偏差 $=EI+Z_1-\dfrac{T_1}{2}=0+0.005-0.0017=+0.0033$

磨损极限 $=EI=0$

止规：上偏差 $=ES=+0.033$

下偏差 $=ES-T_1=+0.033-0.0034=+0.0296$

② $\phi 25f7$ 轴用卡规：

通规：上偏差 $=es-Z_1+\dfrac{T_1}{2}=-0.02-0.0034+0.0012=-0.0222$

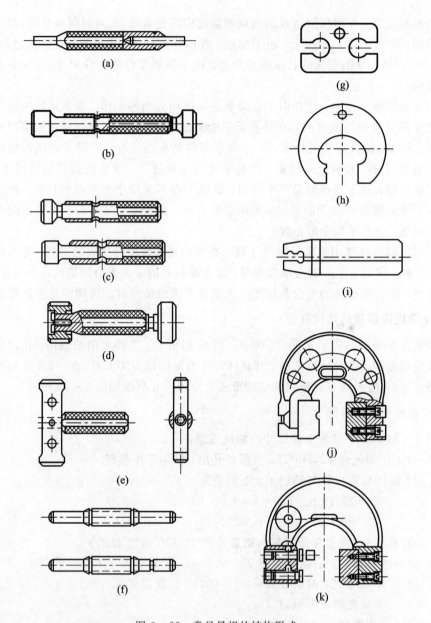

图 3-22 常见量规的结构形式

(a) 针式塞规(1～6)；(b) 锥柄双头圆柱塞规(1～50)；(c) 锥柄单头圆柱塞规(50～100)；

(d) 三牙锁紧式圆柱塞规(40～180)；(e) 非全形塞规(18～315)；(f) 球端杆双头塞规(315～500)；

(g) 双头卡规(3～10)；(h) 单头双极限卡规(1～160)；(i) 单头双极限组合卡规(1～3)；

(j) 单头双极限可换测头卡规；(k) 单头双极限可调卡规

$$下偏差 = es - Z_1 - \frac{T_1}{2} = -0.02 - 0.0034 - 0.0012 = -0.0246$$

$$磨损极限 = es = -0.020$$

止规：$$上偏差 = ei + T_1 = -0.041 + 0.0024 = -0.0386$$

$$下偏差 = ei = -0.041$$

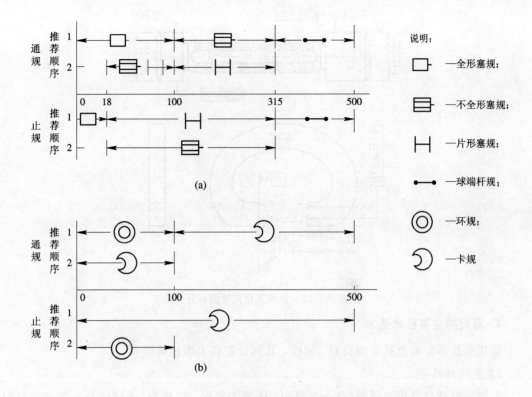

图 3 - 23 量规的结构形式及应用尺寸范围

(a) 孔用量规；(b) 轴用量规

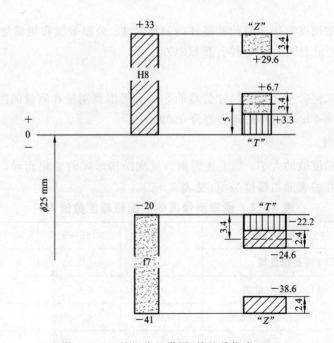

图 3 - 24 量规公差带图（偏差单位为 μm）

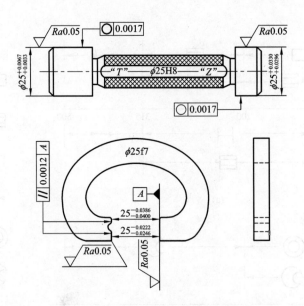

图 3-25　量规工作尺寸的标注

4. 量规的主要技术要求

量规的技术要求包括量规材料、硬度、几何公差和表面粗糙度等。

1）量规材料

量规测量部位可用淬硬钢（合金工具钢、碳素工具钢、渗碳钢）或硬质合金等耐磨材料制造，也可在测量面上镀上厚度大于磨损量的铬层、氮化层等耐磨材料。

2）硬度

量规测量面的硬度取决于被检验零件的公称尺寸、公差等级和粗糙度以及量规的制造工艺水平，一般测量表面的硬度不小于 HRC60。

3）几何公差

工作量规的几何公差为量规尺寸公差的 50%，考虑到制造和测量的困难，当量规制造公差小于或等于 0.002 时，其几何公差为 0.001。

4）表面粗糙度

量规表面粗糙度值的大小，随上述因素和量规结构形式的变化而异，一般不低于光滑极限量规国标推荐的表面粗糙度数值（见表 3-2）。

表 3-2　量规测量面的表面粗糙度数值 Ra　　　　　μm

零件公称尺寸/mm	≤120	>120~315	>315~500
IT6 级孔用量规	≤0.025	≤0.05	≤0.1
IT7~IT9 级孔用量规	≤0.05	≤0.2	≤0.2
IT10~IT12 级孔、轴用量规	≤0.1	≤0.2	≤0.4
IT13~IT16 级孔、轴用量规	≤0.2	≤0.4	≤0.4

附表 3-1 各级量块的精度指标(摘自 GB 6093—85) μm

标称长度 /mm	00 级		0 级		1 级		2 级		3 级		标准级 K	
	①	②	①	②	①	②	①	②	①	②	①	②
≤10	0.06	0.05	0.12	0.10	0.20	0.16	0.45	0.30	1.0	0.50	0.20	0.05
>10～25	0.07	0.05	0.14	0.10	0.30	0.16	0.60	0.30	1.2	0.50	0.30	0.05
>25～50	0.10	0.06	0.20	0.10	0.40	0.18	0.80	0.30	1.6	0.55	0.40	0.06
>50～75	0.12	0.06	0.25	0.10	0.50	0.08	1.00	0.35	2.0	0.55	0.50	0.06
>75～100	0.14	0.07	0.30	0.12	0.60	0.20	1.20	0.35	2.5	0.60	0.60	0.07
>100～150	0.20	0.08	0.40	0.14	0.80	0.20	1.60	0.40	3.0	0.65	0.80	0.08

注：①为块长度的极限偏差(±)；

②为长度变动量允许值。

附表 3-2 各等量块的精度指标(摘自 JJG 100—81) μm

标称长度 /mm	1 等		2 等		3 等		4 等		5 等		6 等	
	①	②	①	②	①	②	①	②	①	②	①	②
≤10	0.05	0.10	0.07	0.10	0.10	0.20	0.20	0.20	0.5	0.4	1.0	0.4
>10～18	0.06	0.10	0.08	0.10	0.15	0.20	0.25	0.20	0.6	0.4	1.0	0.4
>18～35	0.06	0.10	0.09	0.10	0.15	0.20	0.30	0.20	0.6	0.4	1.0	0.4
>30～50	0.07	0.12	0.10	0.12	0.20	0.25	0.35	0.20	0.7	0.5	1.5	0.5
>50～80	0.08	0.12	0.12	0.12	0.25	0.25	0.45	0.25	0.8	0.6	1.5	0.5

注：①为中心长度测量的极限偏差(±)；

②为平面平行线允许偏差。

附表 3-3 成套量块尺寸表(摘自 GB 6093—85)

套别	总块数	级别	尺寸系列/mm	间隔/mm	块数
1	91	00,0,1	0.5		1
			1		1
			1.001,1.002,…,1.009	0.001	9
			1.01,1.02,…,1.49	0.01	49
			1.5,1.6,…,1.9	0.1	5
			2.0,2.5,…,9.5	0.5	16
			10,20,…,100	10	10
2	83	00,0,1,2,(3)	0.5		1
			1		1
			1.005		1
			1.01,1.02,…,1.49	0.01	49
			1.5,1.6,…,1.9	0.1	5
			2.0,2.5,…,9.5	0.5	16
			10,20,…,100	10	10

套别	总块数	级别	尺寸系列/mm	间隔/mm	块数
3	46	0,1,2	1		1
			1.001,1.002,…,1.009	0.001	9
			1.01,1.02,…,1.09	0.01	9
			1.1,1.2,…,1.9	0.1	9
			2,3,…,9	1	8
			10,20,…,100	10	10
4	38	0,1,2,(3)	1		1
			1.005		1
			1.01,1.02,…,1.09	0.01	9
			1.1,1.2,…,1.9	0.1	9
			2,3,…,9	1	8
			10,20,…,100	10	10

注：带( )的等级，根据订货供应。

附表 3-4 工作量规制造公差 T_1 与位置要素 Z_1 值(摘自 GB 1957—2006) μm

工件公称尺寸/mm	IT6			IT7			IT8			IT9			IT10		
	TI6	T_1	Z_1	IT7	T_1	Z_1	IT8	T_1	Z_1	IT9	T_1	Z_1	IT10	T_1	Z_1
≤3	6	1	1	10	1.2	1.3	14	1.6	2	25	2	3	40	2.4	4
>3~6	8	1.2	1.4	12	1.4	2	18	2	2.6	30	2.4	4	48	3	5
>6~10	9	1.4	1.6	15	1.8	2.4	22	2.4	3.2	36	2.8	5	58	3.6	6
>10~18	11	1.6	2	18	2	2.8	27	2.8	4	43	3.4	6	70	4	8
>18~30	13	2	2.4	21	2.4	3.4	33	3.4	5	52	4	7	84	5	9
>30~50	16	2.4	2.8	25	3	4	39	4	6	62	5	8	100	6	11
>50~80	19	2.8	3.4	30	3.6	4.6	46	4.6	7	74	6	9	120	7	13
>80~120	22	3.2	3.8	35	4.2	5.4	54	5.4	8	87	7	10	140	8	15

思考题与习题

3-1 思考题：

(1) 量块按"级"与按"等"使用有何区别？按"等"使用时如何选择并处理数据？

(2) 举例说明什么是绝对测量和相对测量、直接测量和间接测量。

(3) 体外作用尺寸有何特点？如何控制体外作用尺寸是否合格？

(4) 量规的通规除有制造公差外，为什么还要有磨损公差？

(5) 光滑极限量规的设计原则是什么？说明其含义。

3-2 判断题：

(1) 使用的量块数越多，组合出的尺寸越准确。   (   )

(2) 千分表的测量精度比百分表高。   (   )

(3) 测量范围与示值范围属同一概念。 （　　）

(4) 游标卡尺两量爪合拢后，游标卡尺的零线应与主尺的零线对齐。 （　　）

(5) 用塞规检验孔，若止端通过而通端不通过被测孔，则该孔合格。 （　　）

3－3 填空题：

(1) 测量误差按其特性可分为_____、_____、_____三大类。

(2) 完整的测量过程应包括_____、_____、_____、_____四要素。

(3) 计量器具的分度值是指_____，千分尺的分度值是指_____。

(4) 测量公称尺寸为 40 的轴径，应选择测量范围为_____的千分尺。

(5) 光滑极限量规按检验的对象不同，可分为_____和_____两种。

3－4 计算题：

(1) 尺寸 29.765 和 38.995 按照 83 块一套的量块如何选择？

(2) 试计算 $\phi25H7/e6$ 配合的孔、轴用工作量规的极限偏差，并画出公差带图。

第4章 几何公差

本章重点提示

本章是全书内容最多，也是最重要的一章。

本章是产品几何技术规范（GPS）的第二个国家标准，主要介绍了几何公差的基础知识——相关符号、框格标注、重要定义、公差带的四要素以及最新的国家标准，还介绍了形状、方向、位置及跳动公差的公差带的异同点以及公差原则的有关术语及定义。学习本章时，要求重点掌握几何公差带四要素的实质，对几何公差框格标注能够给予正确的解释；熟记几何公差各项目的符号及内涵，掌握公差原则中的基本术语、包容要求、最大实体要求的基本含义；掌握最大实体实效尺寸的定义，注意实体尺寸、作用尺寸、极限尺寸与实效尺寸之间的联系与区别，并能正确解释图中公差原则的标注；会选用常用的测量方法进行几何误差的测量，会使用几何公差的选择原则去读懂减速器输出轴中几何误差（含未注几何误差）的合格性。

4.1 概 述

零件在加工过程中，由于机床夹具、刀具及工艺操作水平等因素的影响，零件表面、轴线、中心对称平面等的实际形状和位置相对于所要求的理想形状和位置，不可避免地会出现误差，即几何误差。

零件的几何误差直接影响产品的功能，其不仅会影响机械产品的质量，还会影响零件的互换性。以图1-3所示的减速器输出轴为例，其与齿轮或联轴器内孔配合的$\phi56$、$\phi45$的轴颈，即使加工后轴颈的尺寸误差均在给定的公差范围之内，如果产生形状弯曲，在与之相配合的齿轮孔（详见第7章的7.3.8节）形成的间隙配合中，会使间隙大小分布不均，造成局部磨损加快或者造成无法装配，从而影响零件的使用；$\phi45$、$\phi56$的轴颈上的轴槽与齿轮或联轴器的轮毂槽通过键联结（详见第6章的6.3.1节）传递扭矩，如果其中心对称平面与轴中心线不共面，将造成无法装配；$\phi62$两端轴肩处分别是齿轮和滚动轴承（详见第6章的6.1.2节）的止推面，如果端面对轴线出现不垂直，会减少配合零件的实际接触面积，增大单位面积压力，从而增加变形。

要制造完全没有几何误差的零件，既不可能也无必要。因此，为了满足零件的使用要求，保证零件的互换性和制造的经济性，设计时不仅要控制尺寸误差和表面粗糙度，还必须合理控制零件的几何误差，即对零件规定几何公差。

为了适应科学技术的高速发展和互换性生产的需要，同时为了适应国际技术交流和经济发展的需要，我国根据 ISO 1101:2004，IDT 和 ISO2692:2006，IDT 制定了有关几何公差的最新国家标准，其主要标准如下：

GB/T 1182—2008《产品几何技术规范（GPS）几何公差 形状、方向、位置和跳动公差标注》；

GB/T 4249—2008《产品几何技术规范（GPS）几何公差 公差原则》；

GB/T 16671—2009《产品几何技术规范（GPS）几何公差 最大、最小实体要求和可逆要求》等。

为控制机器零件的几何误差，保证互换性生产，标准规定了形状、方向、位置和跳动公差各项目。其项目的几何特征符号见表 4-1。

表 4-1 几何特征符号（摘自 GB/T 1182—2008）

公差类型	几何特征	符号	有无基准
形状公差	直线度	──	无
	平面度	▱	无
	圆度	○	无
	圆柱度	⌀	无
	线轮廓度	⌒	无
	面轮廓度	⌓	无
方向公差	平行度	//	有
	垂直度	⊥	有
	倾斜度	∠	有
	线轮廓度	⌒	有
	面轮廓度	⌓	有
位置公差	位置度	⊕	有或无
	同心度 （用于中心点）	◎	有
	同轴度 （用于轴线）	◎	有
	对称度	＝	有
	线轮廓度	⌒	有
	面轮廓度	⌓	有
跳动公差	圆跳动	↗	有
	全跳动	↗↗	有

4.2　几何公差的基本概念

4.2.1　零件的要素

构成机械零件几何形状的点、线、面，统称为零件的几何要素。几何公差的研究对象就是这些几何要素，简称要素，如图 4 - 1 所示。

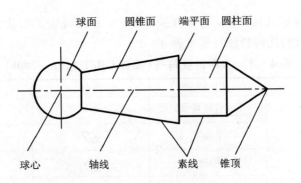

图 4 - 1　几何要素

要素按使用方法的不同，通常有如下几种分类：

1. 按存在状态分

(1) 理想要素：具有几何学意义的要素。设计时在图样上表示的要素均为理想要素，不存在任何误差，如理想的点、线、面。

(2) 实际要素：零件在加工后实际存在的要素，如车外圆的外形素线、磨平面的表平面等。它通常由测得要素来代替。由于测量误差的存在，测得要素并非该要素的真实情况。

2. 按几何特征分

(1) 轮廓要素：构成零件轮廓的可直接触及的要素，如图4 - 1所示的圆锥顶点、素线、圆柱面、圆锥面、端平面、球面等。

(2) 中心要素：零件中不可触及但客观存在的要素，即为从轮廓要素上所获取的中心点、中心线、中心面，如图 4 - 1 所示的球心、轴线等。

3. 按在几何公差中所处的地位分

(1) 被测要素：零件图中给出了形状或(和)位置公差要求，即需要检测的要素，如图4 - 2 所示零件的上表面。

(2) 基准要素：用以确定被测要素的方向或(和)位置的要素，简称基准，如图 4 - 2 所示零件的下底面。

4. 按被测要素的功能关系分

(1) 单一要素：在图样上仅对其本身给出形状公差要求的要素。此要素与其他要素无功能关系，如图 4 - 2 所示零件的上表面有平面度要求。

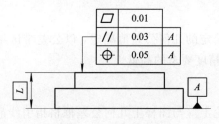

图 4-2　要素实例

（2）关联要素：对其他要素有功能关系的要素，即规定方向、位置、跳动公差的要素，如图 4-2 所示零件的上表面相对下底面有平行度和位置度的要求。

4.2.2　几何公差带

几何公差带是限制实际被测要素变动的区域。它由一个或几个理想的几何线和面所限定，其大小由公差值表示。只要被测实际要素被包含在公差带内，则被测要素合格。几何公差带体现了被测要素的设计及使用要求，也是加工和检验的根据。几何公差带控制点、线、面等区域，因此具有形状、大小、方向、位置共 4 个要素。

1. 形状

几何公差带的形状取决于被测要素的形状特征及误差特征，随实际被测要素的结构特征、所处的空间以及要求控制方向的差异而有所不同。几何公差带的形状有 9 种，如图 4-3(a)～(i)所示。

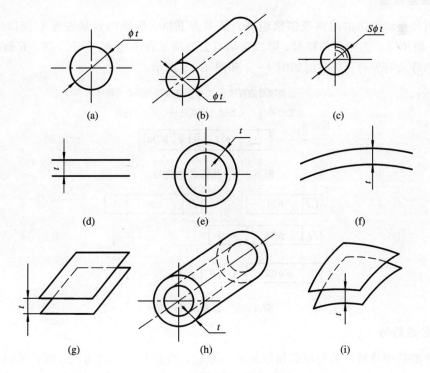

图 4-3　几何公差带的形状

2. 大小

几何公差带的大小由给定的几何公差值确定，以公差带区域的宽度（距离）t 或直径 ϕt（$S\phi t$）表示。它反映了几何精度要求的高低。

3. 方向

几何公差带的方向理论上应与图样上几何公差框格指引线箭头所指的方向垂直。它的实际方向由最小条件（详见 4.3.1 节）确定。

4. 位置

几何公差带的位置与公差带相对于基准的定位方式有关。当公差带相对于基准以尺寸公差定位时，公差带的位置随实际被测要素在尺寸公差带内以实际尺寸的变动而浮动，其公差带的位置是浮动的。如果公差带相对于基准以理论正确尺寸（角度）定位，则公差带的位置是固定的。

4.2.3　几何公差的代号

在几何公差国家标准中，规定几何公差标注一般应采用代号标注。无法采用代号标注时，允许在技术要求中用文字加以说明。几何公差的代号由几何公差项目的符号、框格、指引线、公差数值、基准符号以及其他有关符号构成。几何公差代号采用框格表示，并用带箭头的指引线指向被测要素，如图 4-4 所示。

1. 公差框格

几何公差的框格由两格或多格组成，最多为五格。框格内容从左至右按以下次序填写：第一格填写公差项目的符号；第二格填写公差值及有关符号；第三、四、五格填写代表基准的字母及有关符号。示例如图 4-4 和图 4-5 所示。

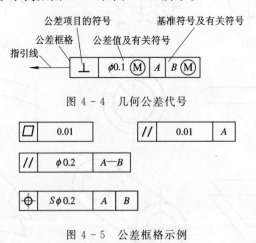

图 4-4　几何公差代号

图 4-5　公差框格示例

2. 公差数值

公差框格中填写的公差值必须以 mm 为单位，当公差带形状为圆、圆柱形时，在公差值前加注"ϕ"，如是球形，则加注"$S\phi$"。

3. 框格指引线

标注时指引线可由公差框格的任意一端引出，并与框格端线垂直，终端带一箭头，箭头指向被测要素，箭头的方向是公差带宽度方向或直径方向。

当被测要素为轮廓要素时，指引线的箭头应置于要素轮廓线或其延长线上，并应与尺寸线明显地错开，如图4-6(a)所示；当被测要素为中心要素时，指引线箭头应与该要素的相应尺寸线对齐，如图4-6(b)所示。

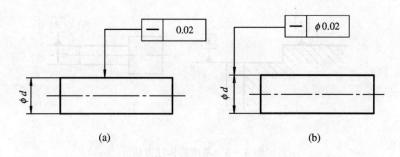

图 4-6　指引线箭头指向被测要素位置
(a) 被测要素为轮廓要素；(b) 被测要素为中心要素

4. 基准

基准代号的字母采用大写拉丁字母(为避免混淆，标准规定不采用 E、I、J、M、O、P、L、R、F 等字母)填写在公差框格的第三、四、五格内。

单一基准要素用大写字母填写在公差框格的第三格内，如图4-7(a)所示；由两个要素组成的公共基准，用横线隔开两个大写字母，并将其填写在第三格内，如图4-7(b)所示；由两个或三个要素组成的基准体系，表示基准的大写字母应按基准的优先次序填写在公差框格的第三、四、五格内，如图4-7(c)所示。

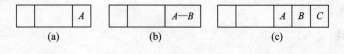

图 4-7　基准框格的标注方法

4.2.4　几何公差的基准符号

对有方向、位置、跳动公差要求的零件，在图样上必须标明基准。基准用一个大写字母表示，字母标注在基准方格中，与一个涂黑或空白的三角形相连以表示基准(涂黑或空白的基准三角形含义相同)，如图4-8(a)、(b)所示。无论基准符号在图样上的方向如何，方格内的字母要水平书写。

与框格指引线的位置同理，当基准要素为轮廓要素时，基准三角形应放置在轮廓线或其延长线上，并应与尺寸线明显错开，如图4-9(a)所示；当基准要素是由尺寸要素确定的轴线、中心平面或中心点时，基准三角形应放置在该要素的尺寸线的延长线上，其指引线应与该要素的相应尺寸线对齐，如图4-9(b)所示。

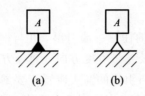

(a)   (b)

图 4－8　基准符号示例

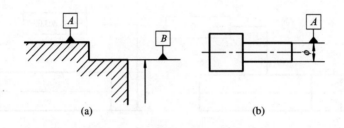

(a)   (b)

图 4－9　基准的标注方法

4.3　形　状　公　差

4.3.1　形状误差及其评定

1. 形状误差

形状误差是指实际被测要素对其理想要素的变动量(f)。

国家标准规定,在确定实际被测要素的形状误差时,必须遵循最小条件,即理想要素的位置应符合最小条件。

2. 最小条件

最小条件是指实际被测要素相对于理想要素的最大距离尽可能小。此时,对实际被测要素评定的误差值为最小。由于符合最小条件的理想要素是唯一的,因此按此评定的形状误差值也将是唯一的。

对于轮廓要素,符合最小条件的理想要素处于实体之外并与被测实际要素相接触,使被测实际要素对它的最大距离尽可能小。如图 4－10(a)所示,A_1—B_1 为符合最小条件的理想要素,$f=h_1$。

对于中心要素,符合最小条件的理想要素应穿过实际中心要素,使实际要素对它的最大距离尽可能小。如图 4－10(b)所示,L_1 为符合最小条件的理想轴线,$\phi f=\phi d_1$。

3. 形状误差合格条件

形状公差是在设计时给定的,而形状误差是在加工中产生的,通过测量获得。判断零件形状误差的合格条件为其形状误差值不大于其相应的形状公差值,即 $f \leqslant t$ 或 $\phi f \leqslant \phi t$。

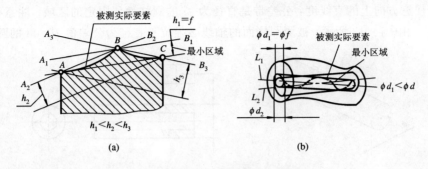

图 4 - 10 最小条件和最小区域

4.3.2 形状公差各项目

形状公差是指单一实际被测要素对其理想要素所允许的变动全量。

1. 直线度

1) 直线度公差带

直线度是限制实际直线对理想直线变动量的项目，用来控制平面直线和空间直线的形状误差。直线度公差是被测实际要素对其理想直线的允许变动全量。根据零件的功能要求，直线度分为以下几种情况。

（1）给定平面内的直线度：在给定平面内，公差带距离为公差值 t 的两平行直线所限定的区域。如图 4 - 11 所示，上平面的轮廓线应限定在间距等于 0.04 的两平行直线间的区域内。

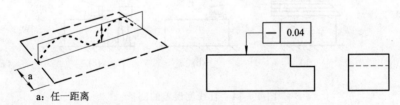

图 4 - 11 给定平面内的直线度公差带

（2）给定方向上的直线度：给定一个方向时，公差带是距离为公差值 t 的两平行平面所限定的区域。如图 4 - 12 所示，实际三棱体上的任一交线必须位于间距为公差值 0.03 的两平行平面间的区域内。

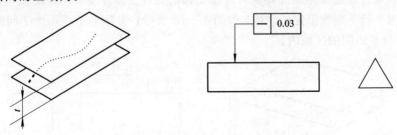

图 4 - 12 给定方向上的直线度公差带

（3）任意方向上的直线度：公差带是直径为 ϕt 的圆柱面所限定的区域。注意公差值前应加注 ϕ。如图 4-13 所示，被测圆柱面的轴线必须位于直径为公差值 $\phi 0.08$ 的圆柱面内。

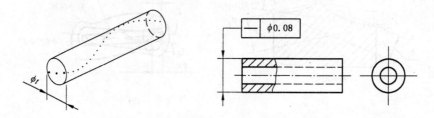

图 4-13　任意方向上的直线度公差带

2）直线度误差的检测

直线度误差的测量仪器有刀口尺、水平仪、自准直仪等。

（1）刀口尺与被测要素直接接触，使刀口尺和被测要素间的最大间隙为最小，该最大间隙即为被测得直线度误差。间隙的量值可用塞尺测量或与标准间隙比较，如图 4-14(a) 所示。

（2）水平仪测量是将水平仪放在桥板上，先调整被测零件，使被测要素大致处于水平位置，然后沿被测要素按节距移动桥板逐段连续测量，如图 4-14(b) 所示。

（3）自准直仪测量时将自准直仪放在固定的位置上，反射镜通过桥板放在被测要素上，然后沿被测要素按节距移动反射镜，在自准直仪的读数显微镜中读取相应的读数进行连续测量，如图 4-14(c) 所示。

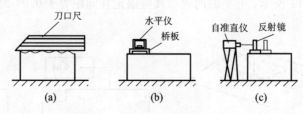

图 4-14　直线度误差的测量

2. 平面度

1）平面度公差带

平面度是限制实际平面对其理想平面变动量的一项指标，用来控制被测实际平面的形状误差。平面度公差是被测实际要素对理想平面的允许变动全量。平面度公差带是距离为公差值 t 的两平行平面所限定的区域。如图 4-15 所示，实际平面必须位于间距为公差值 0.05 的两平行平面间的区域内。

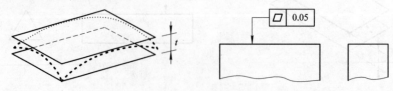

图 4-15　平面度公差带

2) 平面度误差的检测

平面度误差测量仪器有平晶、指示器、水平仪和自准直仪等。

（1）平晶测量通常用于高精度要求的小平面平面度测量。将平晶紧贴在被测表面上，由产生的干涉条纹计算得出所测误差值，如图 4-16(a)所示。

（2）指示器(百分表或千分表)测量通常用于一般要求的平面平面度测量。将被测零件支撑在平板上，将被测平面上两对角线的角点调成等高，按一定布点测量被测表面，取指示器(百分表或千分表)的最大、最小读数差作为该平面度误差近似值，如图 4-16(b)所示。

水平仪、自准直仪的测量法与直线度类似，在此不再赘述。

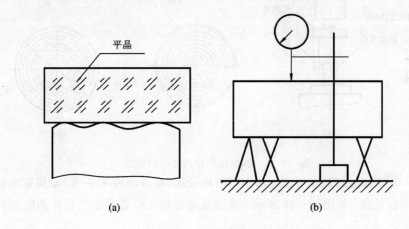

图 4-16　平面度的测量方法

3. 圆度

1）圆度公差带

圆度是限制实际圆对理想圆变动的一项指标，用来控制回转体表面(如圆柱面、圆锥面、球面等)正截面轮廓的形状误差。圆度公差是被测实际要素对理想圆的允许变动全量。圆度公差带是在同一正截面上半径差为公差值 t 的两同心圆所限定的区域。如图 4-17 所示，被测圆锥面任一正截面的轮廓必须位于半径差为公差值 0.04 的两同心圆间的区域内。

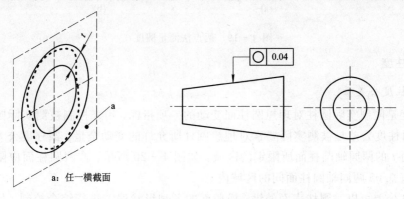

a: 任一横截面

图 4-17　圆度公差带

2）圆度误差的检测

圆度误差测量仪器有圆度仪、光学分度头、三坐标测量机或带计算机的测量显微镜、V形块和带指示表的表架、千分尺及投影仪等。

圆度误差测量方法有以下两种：

（1）一种是用圆度仪测量，其工作原理如图 4-18 所示。测量时将被测零件安置在量仪工作台上，调整其轴线与量仪回转轴线同轴。记录被测零件在回转一周内截面各点的半径差，绘制出极坐标图，最后评定出圆度误差。圆度仪的测量精度很高，但价格昂贵。

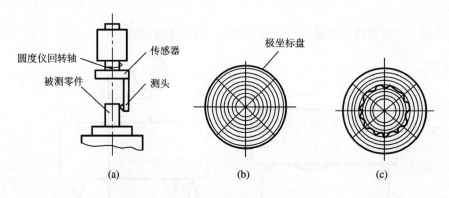

图 4-18　圆度仪测量圆度误差原理

（2）另一类是将被测零件放在支撑上，用指示器（百分表或千分表）来测量实际圆的各点对固定点的变化量，如图 4-19 所示。该测量通常用于一般要求回转体圆度测量。

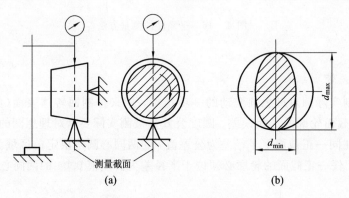

图 4-19　两点法测量圆度

4. 圆柱度

1）圆柱度公差带

圆柱度是限制实际圆柱对理想圆柱面变动的一项指标，用来控制被测实际圆柱面的形状误差。圆柱度公差是被测实际要素对理想圆柱所允许的变动全量。圆柱度公差带是半径差为公差值 t 的两同轴圆柱面所限定的区域。如图 4-20 所示，被测圆柱面应限定于半径差为公差值 0.05 两同轴圆柱面间的区域内。

圆柱度公差可以对圆柱表面的纵、横截面的各种形状误差进行综合控制，如正截面的圆度、素线的直线度、过轴线纵向截面上两条素线的平行度误差等。

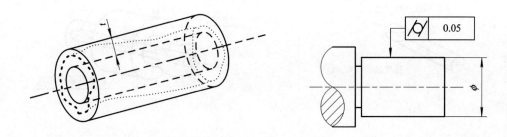

图 4 - 20 圆柱度公差带

2）圆柱度误差的检测

圆柱度误差的测量可在圆度测量基础上，指示器（百分表或千分表）的测头沿被测圆柱表面作轴向运动测得。

4.4 基　　准

基准是与被测要素有关且用来确定其几何位置关系的一个几何理想要素（如轴线、直线、平面等）。它由零件上的一个或多个要素构成，是确定被测要素方向或位置的依据。

4.4.1 基准的建立

在实际应用时，基准的建立应遵循最小条件。即由于实际基准要素存在几何误差，因此由实际基准要素建立理想基准要素时，应先对实际基准要素作最小包容区域，再来确定基准。

4.4.2 基准的分类

1. 单一基准

单一基准即基准要素作为单个基准使用。此类基准最为常见，如图 4 - 21(a)、(c)所示基准轴线和基准平面，图 1 - 3 图中 $A—A$ 的 D 基准，$B—B$ 的 C 基准。

2. 组合基准(公共基准)

组合基准即将两个或两个以上的单一基准组合起来作为一个基准使用，如图 4 - 21(b)所示的是基准为同轴的圆柱面的公共轴线，图 1 - 3 中三处跳动公差的 $A—B$ 基准。

3. 基准体系

基准体系即由两个或三个单独基准组合构成，用来确定被测要素的几何位置关系。三个互相垂直的基准平面构成的三基面体系如图 4 - 21(d)所示。

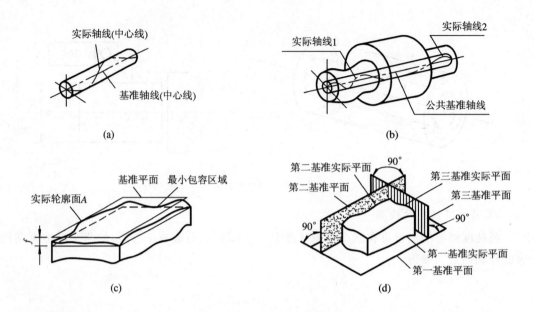

图 4 - 21　基准和基准体系

(a) 基准轴线；(b) 公共基准轴线；(c) 基准平面；(d) 三基面体系

4.4.3　基准的体现

建立基准的基本原则是基准应符合最小条件，但在实际应用中，允许在测量时用近似方法体现。基准的常用体现方法有模拟法和直接法。

1. 模拟法

在加工和检测过程中，通常采用具有足够几何精度的实际表面(如平板、V形块、心轴)来体现基准平面和基准轴线。用平板表面体现基准平面，如图 4 - 22 所示；用心轴表面体现内圆柱面的轴线，如图 4 - 23 所示；用 V 形块表面体现外圆柱面的轴线，如图 4 - 24 所示。

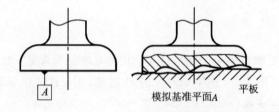

图 4 - 22　用平板表面体现基准平面

将基准要素放置在模拟基准要素上，并使它们之间的最大距离为最小。若基准要素相对于接触表面不能处于稳定状态，应在两表面之间加上距离适当的支撑。对于被测线，应使用两个支撑；对于被测平面，则应使用三个支撑。

2. 直接法

当基准实际要素具有足够形状精度时，可直接作为基准。如在平板上测量零件，就是将平板作为直接基准。

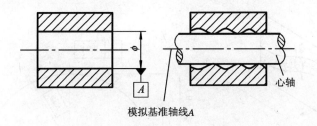

模拟基准轴线A

心轴

图 4 - 23　用心轴表面体现基准轴线

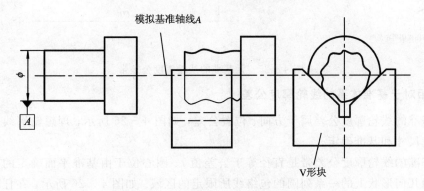

模拟基准轴线A

V形块

图 4 - 24　用 V 形块表面体现基准轴线

其他还有分析法和目标法，在此不再赘述。

4.5　轮廓度公差

4.5.1　线轮廓度公差

　　线轮廓度是限制实际曲线对理想曲线变动量的一项指标，用来控制平面曲线（或曲面的截面轮廓）的形状或方向误差。线轮廓度公差是被测实际曲线对理想轮廓线所允许的变动全量。线轮廓度公差带是包络一系列直径为公差值 t 的小圆的两包络线之间的区域，诸圆的圆心位于具有理论正确几何形状的线上。

　　根据线轮廓度基准要求的不同，线轮廓度分为以下两种情况：

1. 无基准的线轮廓度公差

　　无基准的线轮廓度公差属于形状公差，如图 4 - 25 所示；理想轮廓线由理论正确尺寸确定。

　　理论正确尺寸（角度）是指确定被测要素的理想形状、理想方向或理想位置的尺寸（角度）。该尺寸不带公差，标注在方框中（如图 4 - 25 所示）。

　　无基准的线轮廓度公差带是直径等于公差值 t、圆心位于具有理论正确几何形状上的一系列圆的包络线所限定的区域。如图 4 - 25 所示，在任一平行于图示投影面的截面内，实际被测曲线应限定在直径等于公差值 0.04、圆心位于被测要素理论正确几何形状上的一系列圆的包络线之间。

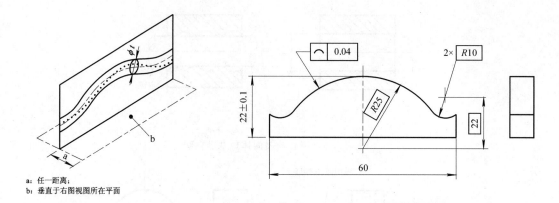

a：任一距离；
b：垂直于右图视图所在平面

图 4 - 25　无基准的线轮廓度公差带

2. 相对于基准体系的线轮廓度公差

有基准的线轮廓度公差属于方向、位置公差，如图 4 - 26 所示；理想轮廓线的位置由理论正确尺寸和基准确定。

有基准的线轮廓度公差带是直径等于公差值 t、圆心位于由基准平面确定的被测要素理论正确几何形状上的一系列圆的包络线所限定的区域。如图 4 - 26 所示，在任一平行于图示投影面的截面内，实际被测曲线应限定在直径等于公差值 0.04、圆心位于基准平面 A、B 确定的被测要素理论正确几何形状上的一系列圆的包络线之间。

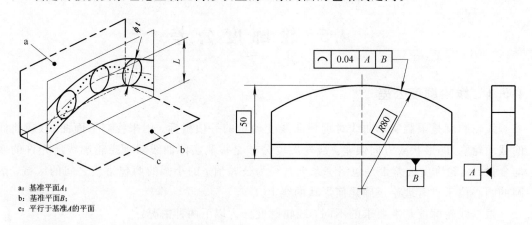

a：基准平面A；
b：基准平面B；
c：平行于基准A的平面

图 4 - 26　相对于基准体系的线轮廓度公差

线轮廓度测量的仪器有轮廓样板、投影仪、仿形测量装置和三坐标测量机等。

4.5.2　面轮廓度公差

面轮廓度是限制实际曲面对理想曲面变动量的一项指标，用来控制空间曲面的形状或方向误差。面轮廓度公差是被测实际曲面对理想轮廓面所允许的变动全量。面轮廓度公差带是包络一系列直径为公差值 t 的圆球的两包络面之间的区域，诸球的球心位于具有理论正确几何形状的面上。面轮廓度是一项综合公差，它既可控制面轮廓度误差，又可控制曲面上任一截面轮廓的线轮廓度误差。

根据面轮廓度基准要求的不同,面轮廓度分为以下两种情况:

1. 无基准的面轮廓度公差

无基准的面轮廓度公差属于形状公差,如图 4-27 所示;理想轮廓面由理论正确尺寸确定。

无基准的面轮廓度公差带是直径等于公差值 t、球心位于具有理论正确几何形状上的一系列圆球的两包络面所限定的区域。如图 4-27 所示,实际被测曲面应限定在直径等于公差值 0.06、球心位于被测要素理论正确几何形状上的一系列圆球的两等距包络面之间。

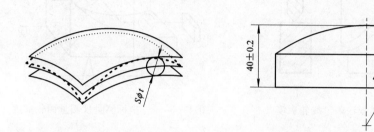

图 4-27 无基准的面轮廓度公差

2. 相对于基准的面轮廓度公差

有基准的面轮廓度公差属于方向、位置公差,如图 4-28 所示;理想轮廓面的位置由理论正确尺寸和基准确定。

有基准的面轮廓度公差带是直径等于公差值 t、球心位于由基准平面确定的被测要素理论正确几何形状上的一系列圆球的两包络面所限定的区域。如图 4-28 所示,实际被测曲面线应限定在直径等于公差值 0.07、球心位于基准平面 A 确定的被测要素理论正确几何形状上的一系列圆球的两等距包络面之间。

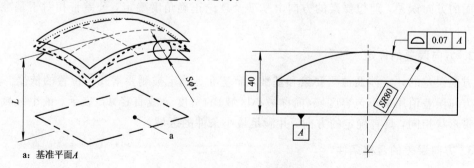

图 4-28 相对于基准的面轮廓度公差

面轮廓度测量的仪器有成套截面轮廓样板、仿形测量装置、坐标测量装置和光学跟踪轮廓测量仪等。

4.5.3 轮廓度误差的测量方法

轮廓度误差的测量方法如下:

(1)用轮廓样板模拟理想轮廓曲线(面),与实际轮廓进行比较。如图 4-29 所示,将轮廓样板按规定方向放在被测零件上，根据光隙法估读间隙的大小，取最大间隙作为该零件的轮廓度误差。

（2）用坐标测量仪测量曲线（面）上若干点的坐标。如图 4-30 所示，将被测零件放置在仪器平台上，并进行正确定位。测出实际轮廓上若干点的坐标值，并将测量值与理想轮廓的坐标值进行比较，取其中差值最大的绝对值的两倍作为该零件的轮廓度误差。

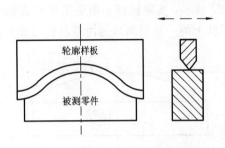 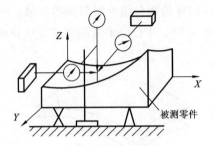

图 4-29 轮廓样板法测量线轮廓度　　　　图 4-30 三坐标测量仪测量面轮廓度

4.6 方 向 公 差

4.6.1 方向误差及其评定

1. 方向误差与方向公差

方向误差是指被测实际要素对于基准具有确定方向的变动量 f。

方向公差是指被测实际要素对于基准具有确定方向所允许的变动全量 t。它用来控制线或面的方向误差，理想要素的方向由基准及理论正确角度确定，公差带相对于基准有确定的方向。

2. 方向误差的评定

方向误差的评定涉及被测要素和基准，而基准是确定被测要素几何位置的依据。

方向误差值用最小包容区域（简称最小区域）的宽度 f 或直径 ϕf 表示。最小区域是与公差带形状相同，具有确定的方向，并满足最小条件的区域。

3. 方向误差的合格条件

判断零件方向误差的合格条件为其方向误差值不大于其相应的方向公差值，即 $f \leqslant t$ 或 $\phi f \leqslant \phi t$。

4.6.2 方向公差各项目

方向公差有平行度（被测要素与基准要素夹角的理论正确角度为 0°）、垂直度（被测要素与基准要素夹角的理论正确角度为 90°）和倾斜度（被测要素与基准要素夹角的理论正确角度为任意角）。各项指标都有轴线对轴线、轴线对平面、平面对平面、平面对轴线等四种关系，因此公差带的形状也都有三种，即两平行平面、圆柱体和两平行直线。

1. 平行度

平行度公差用来控制线对面、线对线、面对面、面对线的不平行程度，即平行度误差。

1) 分类

（1）线对基准面的平行度公差。其公差带是平行于基准面且间距为公差值 t 的两平行平面所限定的区域。如图 4 - 31 所示，实际中心线应限定在平行于基准平面 B 且间距为公差值 0.01 的两平行平面间的区域内。

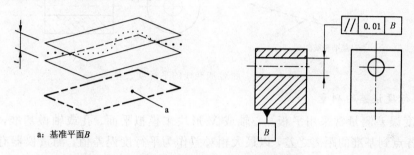

图 4 - 31　线对基准面的平行度公差

（2）线对基准线的平行度公差。若在公差值前加注符号"ϕ"，则为对任意方向上均有的平行度要求。其公差带是平行于基准线且直径为 ϕt 的圆柱面所限定的区域。如图 4 - 32 所示，实际中心线应限定在平行于基准轴线 A 且直径为公差值 $\phi 0.03$ 的圆柱面区域内。

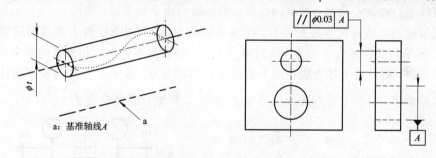

图 4 - 32　线对基准线的平行度公差

（3）面对基准面的平行度公差。其公差带是平行于基准面且间距为公差值 t 的两平行平面所限定的区域。如图 4 - 33 所示，实际表面应限定在平行于基准平面 D 且间距为公差值 0.01 的两平行平面间的区域内。

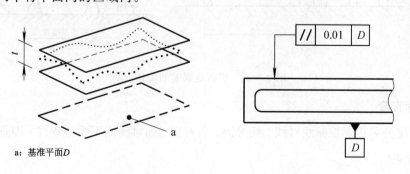

图 4 - 33　面对基准面的平行度公差

（4）面对基准线的平行度公差。其公差带是平行于基准线且距离为公差值 t 的两平行平面间的区域。如图 4-34 所示，实际平面必须位于间距为公差值 0.06 且平行于基准轴线 C 的两平行平面间的区域内。

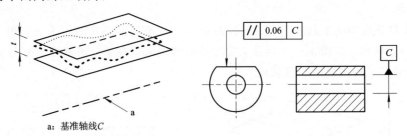

a：基准轴线 C

图 4-34　面对基准线的平行度公差

2）平行度误差的测量

平行度误差测量常采用平板、心轴或 V 形块来模拟平面、孔或轴做基准，测量被测线、面上各点到基准的距离之差，以最大相对差作为平行度误差值。测量仪器有平板和带指示表（百分表或千分表）的表架、水平仪、自准直仪、三坐标测量机等。

面对线平行度误差测量，基准轴线由心轴模拟。如图 4-35(a) 所示，将被测零件放在等高支承上，并转动零件使 $L_3 = L_4$，然后测量整个表面，取指示表（百分表或千分表）的最大、最小值之差作为零件的平行度误差 f。

线对线平行度误差测量，基准轴线和被测轴线均由心轴模拟。如图 4-35(b) 所示，将模拟基准轴线的心轴放在等高支架上，在测量距离为 L_2 的两个位置上测得的读数分别为 M_1、M_2，则平行度误差为 $f = (L_1/L_2)|M_1 - M_2|$。当被测零件在互相垂直的两个方向上给定公差要求时，则可按上述方法在两个方向上分别测量 f_1 和 f_2；当被测零件在任意方向上给定公差要求时，按上述方法分别测出 f_1 和 f_2，则平行度误差为 $f = \sqrt{f_1^2 + f_2^2}$。

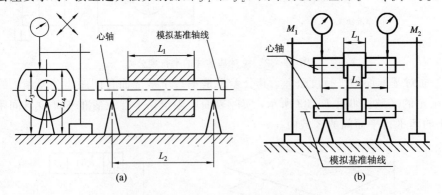

图 4-35　平行度误差的测量示例

2. 垂直度

垂直度公差用来控制线对线、线对面、面对面、面对线的不垂直程度，即垂直度误差。

1）分类

（1）线对基准线的垂直度公差。其公差带是垂直于基准线且间距为公差值 t 的两平行平面所限定的区域。如图 4-36 所示，实际中心线应限定在垂直于基准平面 A 且间距为公差值 0.06 的两平行平面间的区域内。

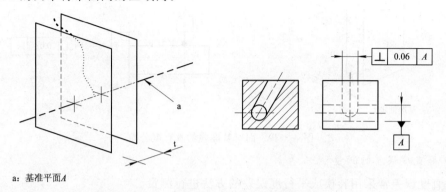

a：基准平面A

图 4-36　线对基准线的垂直度公差

（2）线对基准面的垂直度公差。若在公差值前加注符号"ϕ"，则为对任意方向上均有的垂直度要求。其公差带是垂直于基准面且直径为 ϕt 的圆柱面所限定的区域。如图 4-37 所示，实际中心线应限定在垂直于基准面 A 且直径为公差值 $\phi 0.01$ 的圆柱面的区域内。

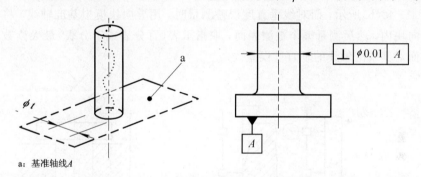

a：基准轴线A

图 4-37　线对基准面的垂直度公差

（3）面对基准面的垂直度公差。其公差带是垂直于基准面且间距为公差值 t 的两平行平面所限定的区域。如图 4-38 所示，实际表面应限定在垂直于基准平面 A 且间距为公差值 0.08 的两平行平面间的区域内。

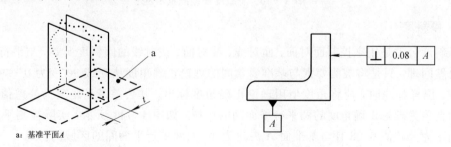

a：基准平面A

图 4-38　面对基准面的垂直度公差

（4）面对基准线的垂直度公差。其公差带是垂直于基准线且距离为公差值 t 的两平行平面间的区域。如图 4-39 所示，实际平面必须位于间距为公差值 0.08 且垂直于基准轴线 A 的两平行平面间的区域内。

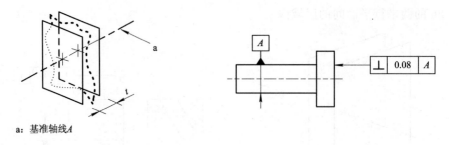

a：基准轴线A

图 4-39　面对基准线的垂直度公差

2) 垂直度误差的测量

垂直度误差常采用转换成平行度误差的方法进行测量。

如图 4-40(a)所示，面对面垂直度误差测量时，用直角尺垂边来模拟基准平面，将指示表(百分表或千分表)调零后测量工件，指示表读数即为该测点的偏差。调整指示表(百分表或千分表)的高度位置以测得不同数值，取指示表(百分表或千分表)最大读数差作为被测实际表面对其基准平面的垂直度误差。

如图 4-40(b)所示，面对线垂直度误差测量时，用导向块模拟基准轴线，将被测零件放置在导向块内，然后测量整个被测表面，取指示表(百分表或千分表)最大读数差作为被测实际表面对其基准轴线的垂直度误差。

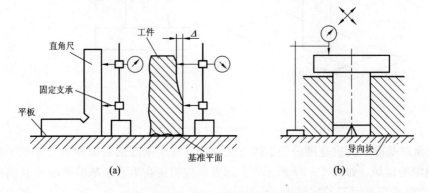

(a)　　　　　　　　　　(b)

图 4-40　垂直度误差测量示例

3. 倾斜度

倾斜度公差是用来控制面对面、面对线、线对面、线对线的倾斜度误差，与平行度、垂直度公差同理，只是将被测要素与基准要素间的理论正确角度从 0°或 90°变为 0°~90°的任意角度。图样标注时，应将角度值用理论正确角度标出。其公差带是距离为公差值 t 且与基准面夹角为理论正确角度的两平行平面间的区域，如图 4-41 所示，实际被测平面必须位于间距为公差值 0.08 且与基准面 A 夹角为 40°的两平行平面间的区域内。

倾斜度误差也常采用转换成平行度误差的方法进行测量，只要加一个定角座或定角套即可。图 4-42 所示为面对面的倾斜度误差的测量示例。将被测零件放置在定角座上，然后测量整个被测表面，指示表(百分表或千分表)最大读数差即为被测实际表面对其基准面的倾斜度误差。

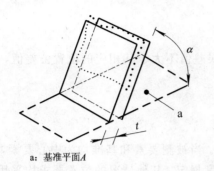

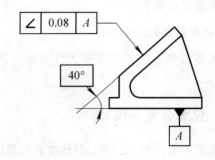

a: 基准平面A

图 4 - 41　倾斜度公差带

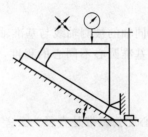

图 4 - 42　倾斜度误差测量示例

4.6.3　方向公差带的特点

方向公差带具有以下特点：

（1）方向公差用来控制被测要素相对于基准保持一定的方向。由于实际要素相对于基准的位置允许在其尺寸公差内变动，因此，公差带相对于基准有确定的方向。

（2）方向公差具有综合控制方向误差和形状误差的能力。在保证功能要求的前提下，对同一被测要素给出方向公差后，一般不需再给出形状公差，除非对它的形状精度提出进一步要求。方向公差标注如图 4 - 43 所示。

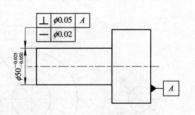

图 4 - 43　方向公差标注

4.7　位　置　公　差

4.7.1　位置误差及其评定

1. 位置误差与位置公差

位置误差是指被测实际要素对于基准具有确定位置的变动量 f。

位置公差是指被测实际要素对于基准具有确定位置所允许的变动全量 t。它用来控制点、线或面的位置误差，理想要素的位置由基准及理论正确尺寸（角度）确定，公差带相对于基准有确定的位置。

2. 位置误差的合格条件

判断零件位置误差的合格条件为其位置误差值不大于其相应的位置公差值，即 $f \leqslant t$ 或 $\phi f \leqslant \phi t$。

4.7.2 位置公差各项目

位置公差有同轴（心）度、对称度和位置度。当被测要素和基准均为中心要素，且要求重合、共线或共面时，可用同轴（心）度或对称度规定。其他情况的位置要求均采用位置度规定。

1. 同轴（心）度

同轴度用来控制理论上要求同轴的被测轴线与基准轴线不同轴的程度；同心度用来控制理论上要求同心的被测圆心与基准圆心不同心的程度，用于轴、孔长度小于轴、孔直径的零件。

1）分类

（1）点的同心度公差带。同心度公差带是直径为公差值 ϕt，且圆心与基准圆心同心的圆周所限定的区域，公差值前应加注 ϕ。如图 4-44 所示，在任意横截面内，外圆的实际中心必须位于直径为公差值 $\phi 0.01$，且以基准点 A 为圆心的圆域内。

（2）轴线的同轴度公差带。同轴度公差带是直径为公差值 ϕt，且轴线与基准轴线重合的圆柱面内的区域，公差值前应加注 ϕ。如图 4-45 所示，实际被测轴线必须位于直径为公差值 $\phi 0.01$，且与基准轴线 A 同轴的圆柱面内。

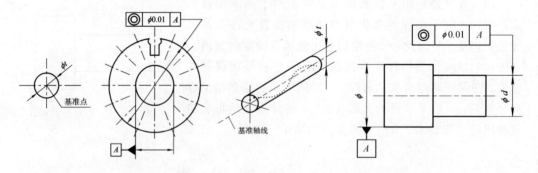

图 4-44　点的同心度公差带　　　　图 4-45　轴线的同轴度公差带

2）同轴度误差的检测

测量仪器有圆度仪、三坐标测量机、V 形块和带指示表（百分表或千分表）的表架等。

如图 4-46 所示，测量同轴度误差时，在平板上用 V 形块模拟基准轴线，将两指示表（百分表或千分表）分别调零；先在轴向截面测量，取指示表（百分表或千分表）测得的各对应点的最大读数差值作为该截面同轴度误差；然后转动被测零件在若干个正截面内测量，取各截面同轴度误差中的最大值作为该零件的同轴度误差。

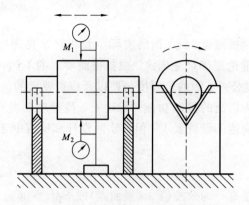

图 4 - 46 同轴度误差测量

2. 对称度

1）对称度公差带

对称度用于控制理论上要求共面的被测要素（中心平面、中心线或轴线）与基准要素（中心平面、中心线或轴线）的不重合程度。

对称度公差带是距离为公差值 t，且对称于基准中心平面（中心线）的两平行平面（或两平行直线）之间的区域。如图 4 - 47 所示，被测实际中心面必须位于距离为公差值 0.08，且相对于基准中心平面 A 对称配置的两平行平面间的区域内。

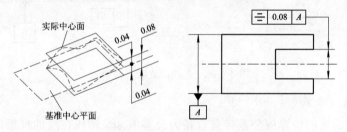

图 4 - 47 对称度公差带

2）对称度误差的检测

对称度误差测量仪器有三坐标测量机、平板和带指示表（百分表或千分表）的表架等。

如图 4 - 48 所示，将被测零件放置在平板上，测量被测表面①与平板之间的距离；再将被测零件翻转 180°，测量被测表面②与平板之间的距离；取测量截面内对应两测点的最大差值作为该零件的对称度误差。

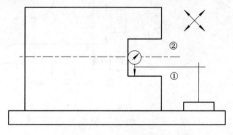

图 4 - 48 对称度测量示例

3. 位置度

位置度公差用于控制被测点、线、面的实际位置相对于其理想位置的位置度误差。理想要素的位置由基准及理论正确尺寸确定。根据被测要素的不同，位置度公差可分为点的位置度公差、线的位置度公差、面的位置度公差以及成组要素的位置度公差。

位置度公差具有极为广泛的控制功能。原则上，位置度公差可以代替各种形状公差、方向公差和位置公差所表达的设计要求，但在实际设计和检测中还是应该使用最能表达特征的项目。

1）点的位置度公差

点的位置度公差带是直径为公差值 ϕt（平面点）或 $S\phi t$（空间点），以点的理想位置为中心的圆或球面内的区域。如图 4-49 所示，实际点必须位于直径为公差值 $\phi 0.03$，圆心在相对于基准 A、B 距离为理论正确尺寸 $\boxed{40}$ 和 $\boxed{30}$ 的理想位置上的圆内。

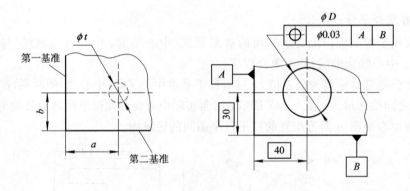

图 4-49　点的位置度公差带

2）线的位置度公差

任意方向上的线的位置度公差带是直径为公差值 ϕt，轴线在线的理想位置上的圆柱面内的区域。如图 4-50 所示，ϕD 孔的实际轴线必须位于直径 $\phi 0.05$，轴线位于由基准 A、B、C 和理论正确尺寸 $\boxed{30}$、$\boxed{40}$ 所确定的理想位置的圆柱面区域内。

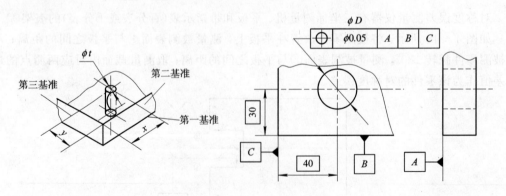

图 4-50　线的位置度公差带

3）成组要素的位置度公差

位置度公差不仅适用于零件的单个要素，而且更适用于零件的成组要素。例如一组孔的轴线位置度公差的应用，具有十分重要的实用价值。

GB 13319—91《形状和位置公差位置度公差》规定了形状和位置公差中位置度公差的标注方法及其公差带。位置度公差带对理想被测要素的位置是对称分布的。

确定一组理想被测要素之间和（或）它们与基准之间正确几何关系的图形，称为成组要素的几何图框。如图 4-51 所示，表示给出位置度公差 ϕt 的、按直角坐标排列的 $6 \times \phi D$ 六孔孔组轴线的几何图框。其中两坐标轴间的夹角（$90°$）按习惯不予标注，称为隐含理论正确尺寸（角度）。此位置度公差并未标注基准，因此，其几何图框对其他要素的位置是浮动的。

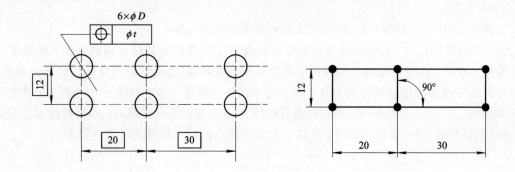

图 4-51　成组要素的公差带

4.7.3　位置公差带的特点

位置公差带具有以下特点：

（1）位置公差用来控制被测要素相对基准的位置误差。由于公差带相对于基准有确定的位置，因此公差带位置固定。

（2）位置公差带具有综合控制位置误差、方向误差和形状误差的能力。因此，在保证功能要求的前提下，对同一被测要素给出位置公差后，不再给出方向和形状公差。除非对它的形状或（和）方向提出进一步要求，可再给出形状公差或（和）方向公差。但此时必须使形状公差小于方向公差，方向公差小于位置公差。如图 4-2 所示，对同一被测平面，平面度公差值小于平行度公差值小于位置度公差值。

4.8　跳　动　公　差

4.8.1　跳动误差及其评定

跳动公差是以测量方式规定的几何公差项目。跳动误差就是指示表（百分表或千分表）指针在给定方向上指示的最大与最小读数之差。

跳动公差为关联实际被测要素绕基准轴线回转一周或连续回转时所允许的最大变动量，仅限应用于回转体，其中被测要素为回转体的轮廓面，基准要素为回转轴线。它可用来综合控制被测要素的几何误差。

4.8.2　跳动公差各项目

1. 圆跳动

圆跳动是限制一个圆要素几何误差的一项综合指标。圆跳动公差是关联实际被测要素对理想圆的允许变动量，其理想圆的圆心在基准轴线上。测量时，被测实际要素绕基准轴线回转一周，指示表(百分表或千分表)测头无轴向移动。

1）分类

圆跳动分为径向圆跳动、轴向圆跳动和斜向圆跳动三种。

（1）径向圆跳动。径向圆跳动公差带是在垂直于基准轴线的任一横截面内，半径差为公差值 t 且圆心在基准轴线上的两同心圆所限定的区域(跳动通常是围绕轴线旋转一整周，也可对部分圆周进行限制)。如图 4-52 所示，在任一垂直于基准轴线 A 的截面上，其实际轮廓应限定在半径差为 0.08、圆心在基准轴线 A 上的两同心圆区域内。即当被测要素围绕基准线 A(基准轴线)旋转一周时，在任一测量平面内的径向圆跳动量均不得大于 0.08。

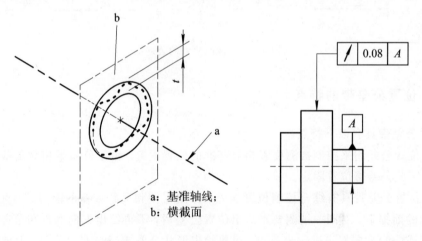

a: 基准轴线；
b: 横截面

图 4-52　径向圆跳动公差带

（2）轴向圆跳动。轴向圆跳动公差带是在与基准同轴的任一半径的圆柱截面上间距为公差值 t 的两圆所限定的区域。如图 4-53 所示，在与基准轴线 D 同轴的任一圆柱形截面上，实际圆应限定在轴向距离等于 0.03 的两个等圆之间。即被测面围绕基准线(基准轴线)旋转一周时，在任一测量圆柱面内轴向的跳动量均不得大于 0.03。

（3）斜向圆跳动。斜向圆跳动公差带是在与基准同轴的任一测量圆锥面上间距为公差值 t 的两圆所限定的圆锥面区域。如图 4-54 所示，在与基准轴线 C 同轴任一圆锥截面上，被测圆锥面的实际轮廓应限定在素线方向宽度为 0.04 的圆锥面区域内。即被测面绕基准线 C(基准轴线)旋转一周时，在任一测量圆锥面上的跳动量均不得大于 0.04。

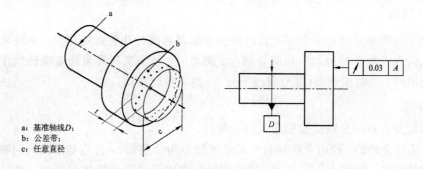

a: 基准轴线D;
b: 公差带;
c: 任意直径

图 4 - 53　轴向圆跳动公差带

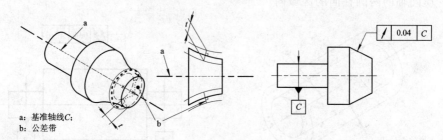

a: 基准轴线C;
b: 公差带

图 4 - 54　斜向圆跳动公差带

注意:

① 除特殊规定外,斜向圆跳动的测量方向是沿被测面的法向。

② 当标注公差的素线不是直线时,圆锥截面的锥角要随所测圆的实际位置而改变。

2) 圆跳动误差的检测

通常用两同轴顶尖、V 形块、导向套筒、心轴模拟基准轴线,将指示表(百分表或千分表)打在被测轮廓面上,被测零件旋转一周,以指示表(百分表或千分表)读数的最大差值作为单个测量面的圆跳动误差。如此对若干测量面进行测量,取测得的最大差值作为该零件的圆跳动误差,如图 4 - 55 所示。

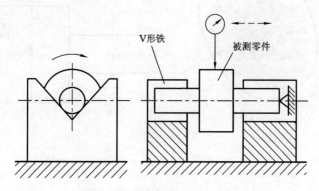

图 4 - 55　圆跳动测量示例

通常用轴向圆跳动控制端面对基准轴线的垂直度误差。但当实际端面为中凹或中凸,轴向圆跳动误差为零时,端面对基准轴线的垂直度误差并不一定为零。

2．全跳动

不同于圆跳动只能对单个测量面内被测轮廓要素进行几何误差控制，全跳动是对整个表面的几何误差综合控制的一项综合指标。测量时，被测实际要素绕基准轴线作无轴向移动的连续回转，同时指示表(百分表或千分表)测头连续移动。

1）分类

全跳动分为径向全跳动和轴向全跳动两种。

（1）径向全跳动。径向全跳动公差带是半径差为公差值 t，且与基准轴线同轴的两圆柱面所限定的区域。如图 4 - 56 所示，轴的实际轮廓应限定在半径差为 0.08，且以公共基准轴线 A—B 同轴的两圆柱面的区域内。

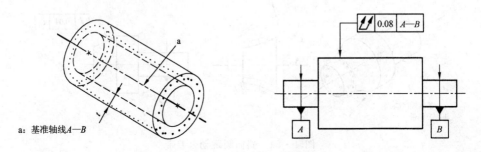

图 4 - 56　径向全跳动公差带

（2）轴向全跳动。轴向全跳动公差带是距离为公差值 t，且与基准轴线垂直的两平行平面所限定的区域。如图 4 - 57 所示，右端面的实际轮廓应限定在距离为 0.06，且垂直于基准轴线 D 的两平行平面的区域内。

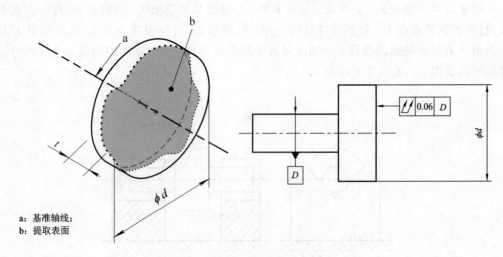

图 4 - 57　轴向全跳动公差带

2）全跳动误差的检测

全跳动误差的检测方法与圆跳动误差的检测方法类似，区别在于当被测表面绕基准轴线作无轴向移动的连续回转时，指示表(百分表或千分表)沿平行(或垂直)于基准轴线的方向作直线移动测量，取整个过程中指示表(百分表或千分表)的最大读数差为误差值。

全跳动是一项综合指标,它可以同时控制圆度、圆柱度、素线的直线度、平面度、垂直度、同轴度等几何误差。对同一被测要素,全跳动包括了圆跳动。因此,当给定相同的公差值时,标注全跳动的要求比标注圆跳动的要求更严格。

由于跳动的检测简单易行,因此在生产中常用全跳动的检测代替圆柱度、同轴度、垂直度等的检测。但因将表面的形状误差值也反映到了测量值中,故会得到偏大的误差值。若全跳动误差值不超差,则其圆柱度、同轴度、垂直度等项目也不会超差;若测得值超差,则原被测项目也不一定超差。

4.8.3 跳动公差带的特点

跳动公差带具有以下特点:

(1) 跳动公差用来控制被测要素相对基准轴线的跳动误差。

(2) 跳动公差带具有固定和浮动的双重特点:一方面它的同心圆环的圆心或圆柱面的轴线或圆锥面的轴线始终与基准轴线同轴;另一方面公差带的半径又随实际要素的变动而变动。因此,它具有综合控制被测要素的形状、方向和位置的作用。例如,轴向全跳动既可以控制端面对回转轴线的垂直度误差,又可控制该端面的平面度误差;径向全跳动既可以控制圆柱表面的圆度、圆柱度、素线和轴线的直线度等形状误差,又可以控制轴线的同轴度误差。但并不等于跳动公差可以完全代替前面的项目。

4.8.4 几何误差的检测原则

由于几何公差项目较多,加上被测要素的形状及零件的结构形式多样,因此几何误差的检测方法也很多。为便于准确选用,国标《形状和位置公差检测规定》规定了几何误差检测的五条原则,这些原则是各种检测方案的概括,见表 4 - 2。

表 4 - 2 GB 1958—82 规定的五种检测原则

编号	检测原则名称	说 明	示 例
1	与理想要素比较原则	将被测实际要素与其理想要素相比较,量值由直接法或间接法获得 理想要素用模拟方法获得	

编号	检测原则名称	说　明	示　例
2	测量坐标值原则	测量被测实际要素的坐标值（如直角坐标值、极坐标值、圆柱面坐标值），并经过数据处理获得几何误差值	测量直角坐标值 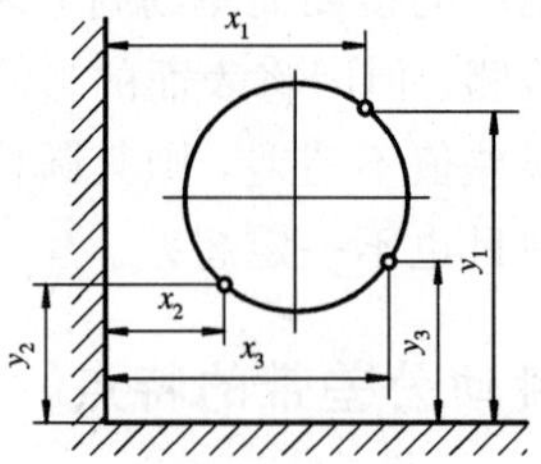
3	测量特征参数原则	测量被测实际要素上具有代表性的参数（即特征参数），来表示几何误差值	两点法测量圆度特征参数 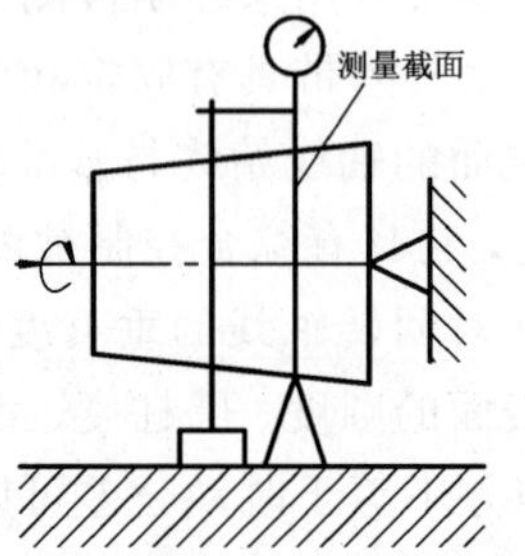
4	测量跳动原则	被测实际要素绕基准轴线回转过程中，沿给定方向测量其对某参考点或线的变动量 变动量是指指示器最大与最小读数之差	测量径向跳动 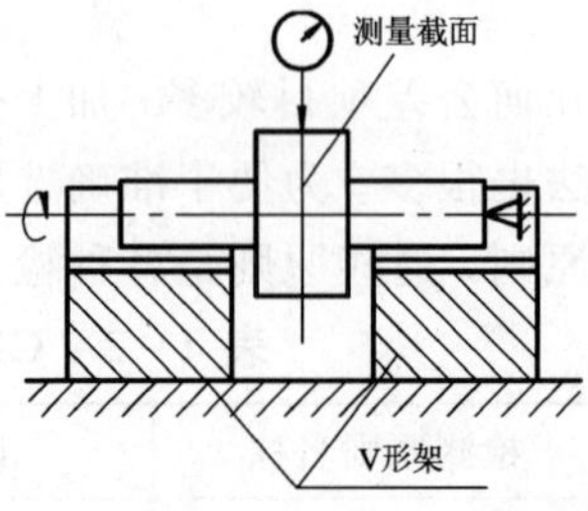
5	控制实效边界原则	检验被测实际要素是否超过实效边界，以判断合格与否	用综合量规检验同轴度误差 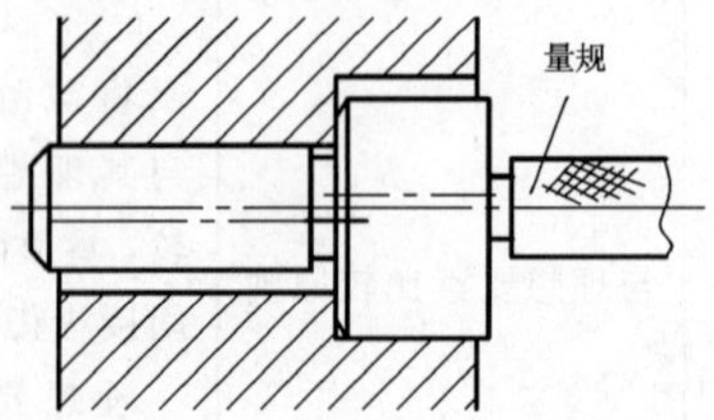

注：测量几何误差时的标准条件为

① 标准温度为 20℃；

② 标准测量力为零。

由于偏离标准条件而引起较大测量误差时，应进行测量误差估算。

4.9 几何公差的标注

国家标准规定，几何公差一般采用几何公差代号标注。几何公差代号标注除前述介绍的一些基本规定外，本节就标注中的有关规定作进一步详细介绍。

4.9.1 几何公差的标注符号

几何公差的标注符号除几何公差项目符号以外，还有基准符号及按要求给出的一些附加要求(尺寸与几何的关系)符号等，见表4-3。

表 4-3 附 加 符 号

说明	符号	说明	符号
被测要素	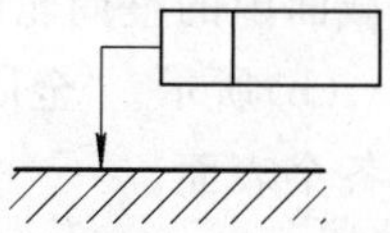	包容要求	Ⓔ
基准要素	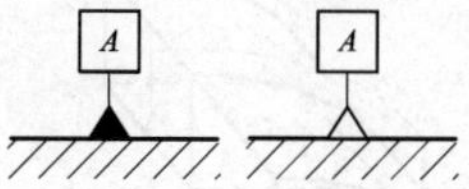	最大实体要求	Ⓜ
全周(轮廓)	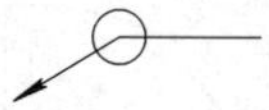	最小实体要求	Ⓛ
理论正确尺寸	50	可逆要求	Ⓡ

4.9.2 几何公差标注的基本规定

1. 被测要素或基准要素为轮廓要素

当被测要素或基准要素为轮廓要素时，指引线的箭头或基准三角形应置于要素的轮廓线或其延长线上，并应与尺寸线明显地错开；也可指向或放置在该轮廓面引出线的水平线上，如图4-6(a)和图4-9(a)所示。

2. 被测要素或基准要素为中心要素

当被测要素或基准要素为中心要素时，指引线的箭头或基准三角形应置于该要素的尺寸线的延长线上，如图4-6(b)和图4-9(b)所示。

3. 被测要素或基准要素为局部要素

如仅对要素某一部分给定几何公差值(如图4-58(a)所示)，或仅要求要素某一部分作为基准(如图 4 - 58(b)所示),则用粗点画线表示其范围,并加注尺寸。

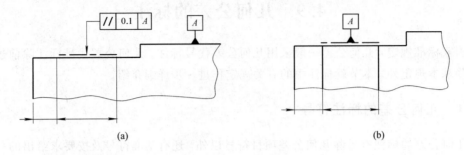

图 4 - 58　局部要素

4.9.3　几何公差标注的特殊规定

(1) 当几何公差项目如轮廓度公差适用于横截面内的整周轮廓或由该轮廓所示的整周表面时,应采用"全周"符号表示,如图 4 - 59(a)、(b)所示。"全周"符号并不包括整个工件的所有表面,只包括由轮廓和公差标注所表示的各个表面。

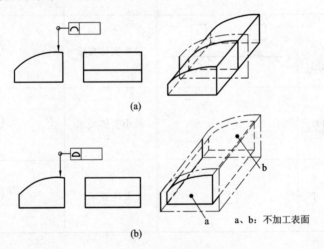

图 4 - 59　全周符号标注

(a) 某剖面上圆弧面上的线轮廓度;(b) 整个工件上的圆弧面上的面轮廓度

(2) 如果需要限制被测要素在公差带内的形状,则应在公差框格下方标注(如 NC 表示在公差带内不凸起),如图 4 - 60(a)所示。

(3) 当某项公差应用于几个相同要素时,应在公差框格上方被测要素尺寸之间注明要素的个数,并在两者之间加注符号"×",如图 4 - 60(b)所示。

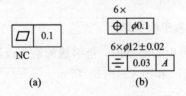

图 4 - 60　附加标注

4.9.4 几何公差的简化标注

（1）当同一被测要素有多项几何公差要求且标注方法又一致时，可将这些框格绘制在一起，并用一根框格指引线标注，如图 4 - 61(a)所示。

（2）一个公差框格可以用于具有相同几何特征和公差值的若干分离要素，如图 4 - 61(b)所示。

（3）若干个分离要素给出单一公差带时，在公差框格内公差值的后面加注公共公差带的符号 CZ，如图 4 - 61(c)所示。

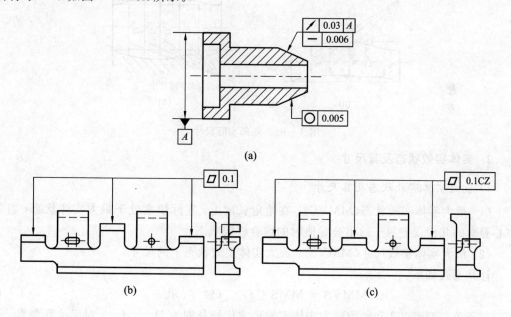

图 4 - 61 简化标注

4.10 公 差 原 则

尺寸公差与几何公差是用于控制零件上要素的尺寸和几何误差的，这些误差都会影响要素的实际状态，从而影响零件间的配合性质。因此设计零件时，为了保证其功能和互换性要求，需要同时给定尺寸公差和几何公差。

在一般情况下，尺寸公差和几何公差是彼此独立分别满足各自的要求，但在一定条件下，它们又可以相互转化、相互补偿。为了保证设计要求，正确判断零件是否合格，必须明确零件同一要素或几个要素的尺寸公差与几何公差的关系。公差原则就是处理尺寸公差与几何公差之间关系的原则。

公差原则分为独立原则和相关要求，其中相关要求又分为包容要求、最大实体要求、最小实体要求及可逆要求。GB/T 4249—2009《几何公差 公差原则》和 GB/T 16671—2009《几何公差 最大实体要求、最小实体要求和可逆要求》规定了几何公差与尺寸公差之间的关系。

4.10.1 公差原则的基本术语及定义

1. 局部实际尺寸

局部实际尺寸简称实际尺寸，是指在实际要素的任意正截面上，两对应点之间测得的距离。内、外表面的局部实际尺寸代号分别为 D_a、d_a。由于存在形状误差和测量误差，因此同一要素测得的局部实际尺寸不一定相同，如图 4 - 62 所示。

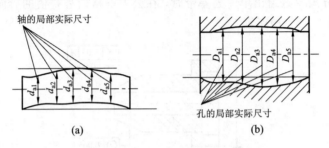

图 4 - 62　局部实际尺寸

2. 实体实效状态及其尺寸

1）最大实体实效状态及其尺寸

（1）最大实体实效状态（MMVC）：在给定长度上，实际要素处于最大实体状态，且其中心要素的几何误差等于给出公差值时的综合极限状态。

（2）最大实体实效尺寸（MMVS）：最大实体实效状态下的尺寸。

计算通式如下：

$$\text{MMVS} = \text{MMS} \pm t \qquad (\text{轴} +，\text{孔} -) \qquad (4 - 1)$$

对于单一要素，孔和轴的最大实体实效尺寸代号分别为 D_{MV}、d_{MV}；对于关联要素，孔和轴的最大实体实效尺寸代号分别为 D'_{MV}、d'_{MV}。

实际计算式如下：

$$\text{孔：} \qquad D_{MV}(D'_{MV}) = D_M - t = D_{min} - t \qquad (4 - 2)$$

$$\text{轴：} \qquad d_{MV}(d'_{MV}) = d_M + t = d_{max} + t \qquad (4 - 3)$$

2）最小实体实效状态及其尺寸

（1）最小实体实效状态（LMVC）：在给定长度上，实际要素处于最小实体状态，且其中心要素的几何误差等于给出公差值时的综合极限状态。

（2）最小实体实效尺寸（LMVS）：最小实体实效状态下的尺寸。

计算通式如下：

$$\text{LMVS} = \text{LMS} \mp t \qquad (\text{轴} -，\text{孔} +) \qquad (4 - 4)$$

对于单一要素，孔和轴的最小实体实效尺寸代号分别为 D_{LV}、d_{LV}；对于关联要素，孔和轴的最小实体实效尺寸代号分别为 D'_{LV}、d'_{LV}。

实际计算式如下：

$$\text{孔：} \qquad D_{LV}(D'_{LV}) = D_L + t = D_{max} + t \qquad (4 - 5)$$

$$\text{轴：} \qquad d_{LV}(d'_{LV}) = d_L - t = d_{min} - t \qquad (4 - 6)$$

如图 4-63 所示，孔的最大实体实效尺寸为

$$D_{\mathrm{MV}} = D_{\mathrm{M}} - t = D_{\mathrm{min}} - t = 30 - 0.03 = 29.97$$

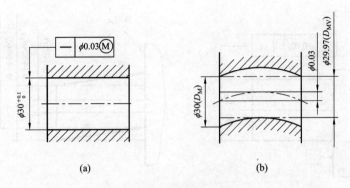

(a)　　　　　　　　(b)

图 4-63　孔的最大实体实效尺寸

（a）图样标注；（b）实效尺寸

如图 4-64 所示，轴的最大实体实效尺寸为

$$d'_{\mathrm{MV}} = d_{\mathrm{M}} + t = d_{\mathrm{max}} + t = 15 + 0.02 = 15.02$$

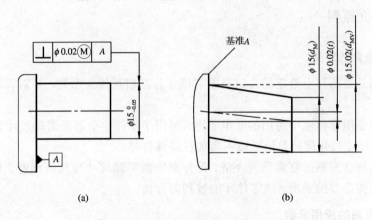

(a)　　　　　　　　(b)

图 4-64　轴的最大实体实效尺寸

（a）图样标注；（b）实效尺寸

如图 4-65 所示，孔的最小实体实效尺寸为

$$D_{\mathrm{LV}} = D_{\mathrm{L}} + t = D_{\mathrm{max}} + t = 20.05 + 0.02 = 20.07$$

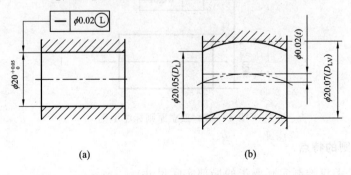

(a)　　　　　　　　(b)

图 4-65　孔的最小实体实效尺寸

（a）图样标注；（b）实效尺寸

如图 4 - 66 所示，轴的最小实体实效尺寸为

$$d'_{LV} = d_L - t = d_{min} - t = 14.95 - 0.02 = 14.93$$

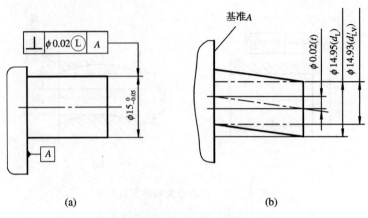

图 4 - 66　轴的最小实体实效尺寸

(a) 图样标注；(b) 实效尺寸

4.10.2　独立原则

1. 独立原则的定义

独立原则是指图样上给定的几何公差与尺寸公差相互独立无关，分别满足各自要求的原则。

独立原则是图样标注中通用的基本原则，可用于零件中全部要素的尺寸公差和几何公差，标注时在尺寸和几何公差值后面不需加注特殊符号。

判断采用独立原则的要素是否合格，需分别检测实际尺寸与几何误差。只有同时满足尺寸公差和几何公差的要求，该零件才能被判为合格。

2. 独立原则的应用示例

例 4 - 1　如图 4 - 67 所示零件遵循独立原则，加工后零件的尺寸误差和几何误差应分别检验。要求实际轴径应在 $\phi 19.979 \sim \phi 20$ 范围内，且轴线的直线度误差应不大于 $\phi 0.01$。

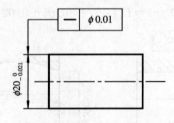

图 4 - 67　独立原则标注示例

3. 独立原则的特点

(1) 尺寸公差仅控制实际要素的局部实际尺寸。

(2) 几何公差是定值，不随要素的实际尺寸变化而变化。

4. 独立原则的应用

独立原则一般用于对几何要求严格而对尺寸精度要求不高的场合或非配合零件。如图 4-68(a)、(b)所示印刷机的滚筒和测量平板，由于使用要求，两种零件均对几何精度有较高要求而对尺寸精度要求不高，因此应采用独立原则；如图 4-68(c)所示箱体上的通油孔，由于其不与其他零件配合，只需控制孔的尺寸大小保证一定的流量，而孔轴线的弯曲并不影响功能要求，故也应采用独立原则。

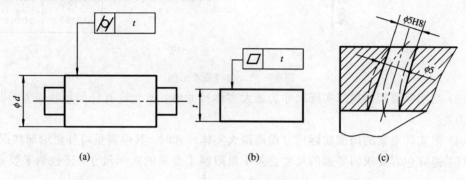

图 4-68 独立原则实例

4.10.3 相关要求

相关要求是指图样上给定的尺寸公差和几何公差相互有关的公差要求。相关要求分为包容要求、最大实体要求、最小实体要求和可逆要求。

1. 包容要求(Envelope Requirement,ER)

1) 包容要求的定义

包容要求是指被测实际要素处处位于具有理想形状的包容面内的一种公差原则。

包容要求只适用于单一要素，如圆柱表面或两平行平面。采用包容要求的单一要素应在其尺寸极限偏差或公差带代号之后加注符号Ⓔ，如图 1-3 和图 4-69(a)所示。

采用包容要求的合格条件为作用尺寸不得超过最大实体尺寸，局部实际尺寸不得超过最小实体尺寸，即

$$孔：\qquad D_{fe} \geqslant D_M = D_{min}, \qquad D_a \leqslant D_L = D_{max} \qquad (4-7)$$

$$轴：\qquad d_{fe} \leqslant d_M = d_{max}, \qquad d_a \geqslant d_L = d_{min} \qquad (4-8)$$

2) 包容要求的应用示例

例 4-2　如图 4-69(a)所示零件遵循包容要求。该圆柱面必须在最大实体状态内，该轴是一个直径为最大实体尺寸 $d_M = \phi 20$ 的理想圆柱面。局部实际尺寸不得小于最小实体尺寸 $\phi 19.987$，即轴的任一局部实际尺寸在 $\phi 19.987 \sim \phi 20$ 之间。轴线的直线度误差取决于被测要素的局部实际尺寸对最大实体尺寸的偏离，其最大值等于尺寸公差 0.013。图 4-69(b)给出了不同实际尺寸下，该轴线直线度允许的形状误差最大值。

3) 包容要求的特点

(1) 被测要素遵守最大实体状态，即实际要素的作用尺寸不得超出最大实体尺寸。

(2) 实际要素的局部实际尺寸不得超出最小实体尺寸。

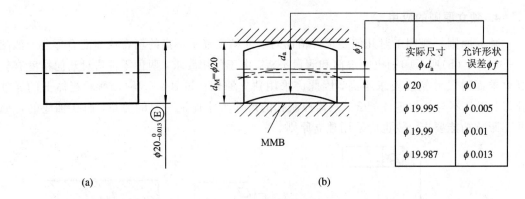

实际尺寸 ϕd_a	允许形状误差 ϕf
$\phi 20$	$\phi 0$
$\phi 19.995$	$\phi 0.005$
$\phi 19.99$	$\phi 0.01$
$\phi 19.987$	$\phi 0.013$

图 4 - 69　包容要求示例

（3）当实际要素的局部实际尺寸为最大实体尺寸时，不允许有任何形状误差，即形状误差为 0。

（4）当实际要素的局部实际尺寸偏离最大实体尺寸时，其偏离量可补偿给形状误差。

（5）遵守包容要求的要素的尺寸公差不仅限制了要素的实际尺寸，还控制了要素的形状误差。

4）包容要求的附加要求

若要素采用包容要求后，按其功能还不能满足形状公差的要求，则可以进一步给出形状公差。如图 4 - 70 所示，当 $\phi 25$ 在 $\phi 25.015 \sim \phi 25.011$ 之间变动时，圆柱度误差按照包容要求的规则得到补偿；若 $\phi 25$ 小于 $\phi 25.011$，允许的圆柱度误差的最大值不超过给定的公差值 0.004。

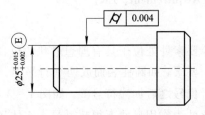

图 4 - 70　包容要求附加要求示例

5）包容要求的应用

包容要求主要用于机器零件上配合性质要求较严格的配合表面，特别是配合公差较小的精密配合。用最大实体尺寸综合控制实际尺寸和形状误差来保证必要的最小间隙（保证能自由装配）；用最小实体尺寸控制最大间隙，从而达到所要求的配合性质，如回转轴的轴颈和滑动轴承，滑动套筒和孔，滑块和滑块槽的配合等。

2. 最大实体要求（Maximum Material Requirement，MMR）

1）最大实体要求的定义

最大实体要求是控制被测要素的实际轮廓处于最大实体实效状态内的一种公差原则。当其实际尺寸偏离了最大实体尺寸时，允许将偏离值补偿给几何误差，即几何误差值可超出在最大实体状态下给出的几何公差值。

最大实体要求适用于中心要素，当最大实体要求应用于被测要素或基准时，应在几何公差框格中的几何公差值或基准后面加注符号Ⓜ，如图 4-71 所示。

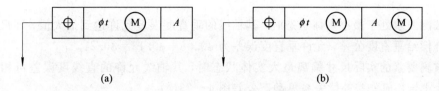

(a)   (b)

图 4-71 最大实体要求标注

采用最大实体要求的合格条件为作用尺寸不得超过最大实体实效尺寸，局部实际尺寸不得超过最小实体尺寸，即

$$\text{孔：} \quad D_{fe} \geqslant D_{MV} = D_M(D_{min}) - t, \quad D_a \leqslant D_L = D_{max} \tag{4-9}$$

$$\text{轴：} \quad d_{fe} \leqslant d_{MV} = d_M(d_{max}) + t, \quad d_a \geqslant d_L = d_{min} \tag{4-10}$$

2）最大实体要求的应用示例

例 4-3 最大实体要求应用于单一被测要素。如图 4-72(a) 所示表示轴 $\phi 30_{-0.03}^{0}$ 的轴线直线度公差采用最大实体要求，其轴线的直线度公差为 $\phi 0.02$。

该轴是一个直径为最大实体实效尺寸 $d_{MV} = \phi 30.02$ 的理想圆柱面。局部实际尺寸不得小于最小实体尺寸 $\phi 29.97$，即轴的任一局部实际尺寸在 $\phi 29.97 \sim \phi 30$ 之间。当轴的实际尺寸偏离最大实体尺寸时，其轴线允许的直线度误差可相应地增大。

当被测要素处于最大实体状态时，其轴线的直线度公差为 $\phi 0.02$，如图 4-72(b) 所示。

当被测要素处于最小实体状态时，其轴线的直线度误差允许达到最大值，即尺寸公差值全部补偿给直线度公差，允许直线度误差为 $\phi 0.02 + \phi 0.03 = \phi 0.05$。

当被测要素的实际尺寸偏离最大实体状态时，其轴线允许的直线度误差可相应地增大，其尺寸与几何公差补偿关系见动态公差图 4-72(c)。

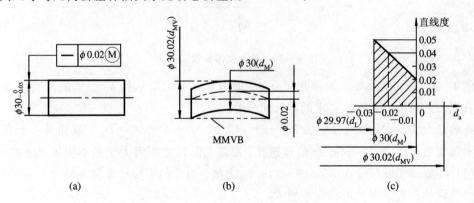

(a)   (b)   (c)

图 4-72 最大实体要求示例 1

例 4-4 最大实体要求应用于关联被测要素。如图 4-73(a) 所示表示孔 $\phi 50_{0}^{+0.13}$ 的轴线对基准 A 的垂直度公差采用最大实体要求，其轴线的垂直度公差为 $\phi 0.08$。

该孔是一个直径为最大实体实效尺寸 $D_{MV} = \phi 49.92$ 的理想孔。局部实际尺寸不得大于最小实体尺寸 $\phi 50.13$，即孔的任一局部实际尺寸在 $\phi 50.13 \sim \phi 50$ 之间。当孔的实际尺寸偏离最大实体尺寸时，其轴线允许的垂直度误差可相应地增大。

当被测要素处于最大实体状态时，其轴线的垂直度公差为 $\phi 0.08$，如图 4-73(b) 所示。

当被测要素处于最小实体状态时，其轴线的垂直度误差允许达到最大值，即尺寸公差值全部补偿给垂直度公差，允许垂直度误差为 $\phi 0.08 + \phi 0.13 = \phi 0.21$。

当被测要素的实际尺寸偏离最大实体状态时，其轴线允许的直线度误差可相应地增大，其尺寸与几何公差补偿关系见动态公差图 4-73(c)。

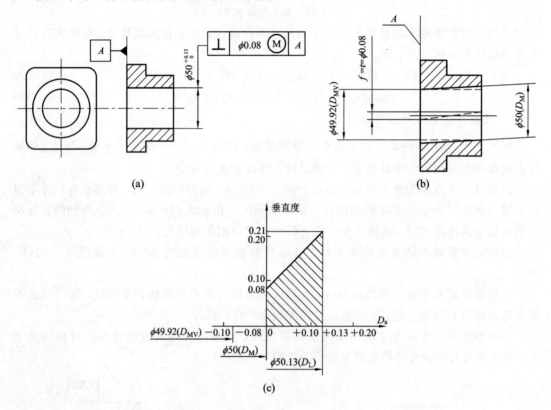

图 4-73 最大实体要求示例 2

例 4-5 最大实体要求的零几何公差。如图 4-74(a)所示孔 $\phi 50^{+0.13}_{-0.08}$ 的轴线对 A 基准的垂直度公差采用最大实体要求的零几何公差。

孔的最大实体实效尺寸 $D_{MV} = D_M - t = \phi 49.92 - 0 = \phi 49.92 = D_M$，该孔是一个直径为最大实体实效尺寸 $D_{MV} = \phi 49.92$ 的理想孔。局部实际尺寸不得大于最小实体尺寸 $\phi 50.13$，即孔的任一局部实际尺寸在 $\phi 50.13 \sim \phi 49.92$ 之间。当孔的实际尺寸偏离最大实体尺寸时，其轴线允许的垂直度误差可相应地增大。

当被测要素处于最大实体状态时，其轴线对基准 A 的垂直度误差应为 0，如图 4-74(b) 所示。

当被测要素处于最小实体状态时，其轴线对基准 A 的垂直度误差允许达到最大值，即尺寸公差值全部补偿给垂直度公差，允许垂直度误差为 $\phi 0.21$。

当被测要素的实际尺寸偏离最大实体尺寸时，其轴线对基准 A 允许的垂直度误差可相应地增大，其尺寸与几何公差补偿关系见动态公差图 4-74(c)。

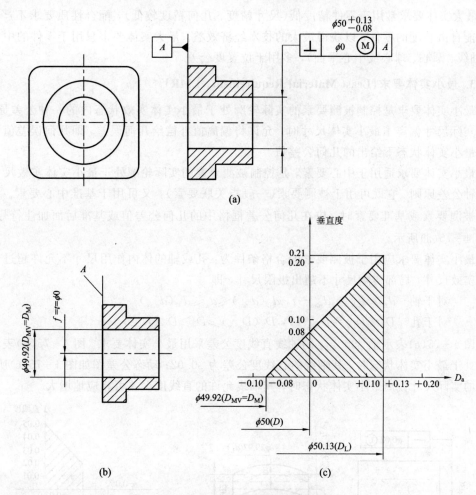

图 4 - 74 最大实体要求示例 3

零几何公差是最大实体要求的一种特例。关联要素遵守最大实体状态时，可以应用最大实体要求的零几何公差。要求实际轮廓处处不得超过最大实体状态，且该最大实体状态应与基准保持图样上给定的几何关系。零几何公差在公差框格中用"$\phi 0$ Ⓜ"或"0 Ⓜ"标注公差值。

3）最大实体要求的特点

（1）被测要素遵守最大实体实效状态，即实际要素的体外作用尺寸不得超出最大实体实效尺寸。

（2）实际要素的局部实际尺寸不得超出最小实体尺寸。

（3）当实际要素的局部实际尺寸处处均为最大实体尺寸时，允许的几何误差最大值为图样上给出的几何公差值。

（4）当实际要素的局部实际尺寸偏离最大实体尺寸时，其偏离量可补偿给几何公差，允许的几何误差最大值为图样上给出的几何公差值与偏离量之和。

4）最大实体要求的应用

最大实体要求是从装配互换性基础上建立起来的，主要应用于要求装配互换性的场合。最大实体要求常用于零件精度低(尺寸精度、几何精度较低),配合性质要求不严,但要求能自由装配的零件,以获得最大的技术经济效益。最大实体要求只用于零件的中心要素(轴线、圆心、球心或中心平面),多用于位置度公差。

3. 最小实体要求(Least Material Requirement,LMR)

最小实体要求是控制被测要素的实际轮廓处于最小实体实效状态内的一种公差原则。当其实际尺寸偏离了最小实体尺寸时,允许将偏离值补偿给几何误差,即几何误差值可超出在最小实体状态下给出的几何公差值。

最小实体要求适用于中心要素,是控制被测要素的实际轮廓处于最小实体实效尺寸内的一种公差原则。它既可用于被测要素(一般指关联要素),又可用于基准中心要素。当应用于被测要素或基准要素时,应在几何公差框格中的几何公差值或基准后面加注符号Ⓛ,如图 4-75(a)所示。

最小实体要求应用于被测要素的合格条件为:孔或轴的体内作用尺寸不允许超过最小实体实效尺寸,局部实际尺寸不超出极限尺寸,即

$$对于轴 \quad d_{fi} \geqslant d_{LV} = d_{min} - t, \ d_L(d_{min}) \leqslant d_a \leqslant d_M(d_{max})$$
$$对于孔 \quad D_{fi} \leqslant D_{LV} = D_{max} + t, \ D_L(D_{max}) \geqslant D_a \geqslant D_M(D_{min})$$

图 4-75(a)表示轴 $\phi30_{-0.03}^{\ 0}$ 的轴线直线度公差采用最小实体要求。图 4-75(b)表示当该轴处于最小实体状态时,其轴线的直线度公差为 $\phi0.02$;动态公差图如图 4-75(c)所示,当轴的实际尺寸偏离最小实体状态时,其轴线允许的直线度误差可相应地增大。

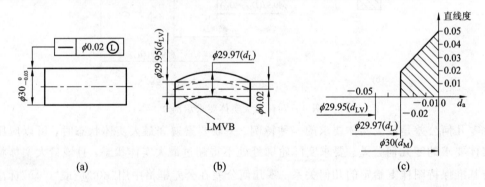

图 4-75 最小实体要求示例

该轴应满足下列要求:

(1) 轴的任一局部实际尺寸在 $\phi29.97 \sim \phi30$ 之内。

(2) 实际轮廓不超出最小实体实效尺寸,最小实体实效尺寸 $d_{LV} = d_L - t = \phi29.97 - \phi0.02 = \phi29.95$。

(3) 当该轴处于最大实体状态时,其轴线的直线度误差允许达到最大值,即尺寸公差值全部补偿给直线度公差,亦即允许的直线度误差为 $\phi0.02 + \phi0.03 = \phi0.05$。

最小实体要求一般用于标有位置度、同轴度、对称度等项目的关联要素,很少用于单一要素。当给出的几何公差值为零时,称为最小实体要求的零几何公差,并以"0 Ⓛ"表示。

最小实体要求也可以应用于基准中心要素,此时应在公差框格中的相应基准符号后面加注符号Ⓛ。

4. 可逆要求（Reciprocity Requirement，RPR）

可逆要求是既允许尺寸公差补偿给几何公差，也允许几何公差补偿给尺寸公差的一种要求。

采用最大实体要求与最小实体要求时，只允许将尺寸公差补偿给几何公差。可逆要求可以逆向补偿，即当被测要素的几何误差值小于给出的几何公差值时，允许在满足功能要求的前提下扩大尺寸公差。因此，也称可逆要求为"可逆的最大实体要求"。

可逆要求仅适用于中心要素，即轴线或中心平面。可逆要求通常与最大实体要求和最小实体要求连用，不能独立使用。

可逆要求标注时在Ⓜ、Ⓛ后面加注Ⓡ，此时被测要素应遵循最大实体实效尺寸或最小实体实效尺寸，如图 4-76(a)所示。

1) 可逆要求用于最大实体要求

被测要素的实际轮廓应符合其最大实体实效尺寸，即其体外作用尺寸不超出最大实体实效尺寸。当实际尺寸偏离最大实体尺寸时，允许其几何误差超出给定的几何公差值。在不影响零件功能的前提下，当被测轴线或中心平面的几何误差值小于在最大实体状态下给出的几何公差值时，允许实际尺寸超出最大实体尺寸，即允许相应的尺寸公差增大，但最大可能允许的超出量为几何公差。

可逆要求用于最大实体要求的合格条件为：体外作用尺寸不得超越最大实体实效尺寸，局部实际尺寸不得超越最小实体尺寸，即

$$\text{对于轴} \quad d_{fe} \leqslant d_{MV} = d_{max} + t,\ d_L(d_{min}) \leqslant d_a \leqslant d_{MV}(d_{max} + t)$$
$$\text{对于孔} \quad D_{fe} \geqslant D_{LV} = D_{min} - t,\ D_L(D_{max}) \geqslant D_a \geqslant D_{MV}(D_{min} - t)$$

如图 4-76(a)所示，轴线的直线度公差 $\phi 0.02$ 是在轴为最大实体尺寸 $\phi 30$ 时给定的，当轴的尺寸小于 $\phi 30$ 时，直线度误差的允许值可以增大。例如，尺寸为 29.98，则允许的直线度误差为 $\phi 0.04$；当实际尺寸为最小实体尺寸 $\phi 19.97$ 时，允许的直线度误差最大，为 $\phi 0.05$；如图 4-76(b)所示，当轴线的直线度误差小于图样上给定的 $\phi 0.02$ 时，如为 $\phi 0.01$，则允许其实际尺寸大于最大实体尺寸 $\phi 30$ 而达到 $\phi 30.1$；当直线度误差为 0 时，轴的实际尺寸可达到最大值，即等于最大实体实效边界尺寸 $\phi 30.02$。图 4-76(c)为上述关系的动态公差图。

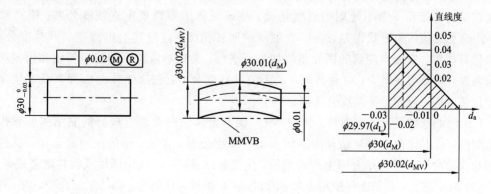

图 4-76 可逆要求示例

2）可逆要求用于最小实体要求

被测要素的实际轮廓受最小实体实效尺寸控制。

可逆要求用于最小实体要求的合格条件为：体内作用尺寸不得超越最小实体实效尺寸，局部实际尺寸不得超越最大实体尺寸，即

对于轴 $d_{fi} \geqslant d_{LV} = d_{min} - t$，$d_{LV}(d_{min} - t) \leqslant d_a \leqslant d_M(d_{max})$

对于孔 $D_{fi} \leqslant D_M = D_{max} + t$，$D_{LV}(D_{max} + t) \geqslant D_a \geqslant D_M(D_{min})$

4.11 几何公差的选择

正确、合理地选择几何公差，对于保证产品的功能、提高产品质量和降低制造成本，具有十分重要的意义。

几何公差选择的主要内容包括选择几何公差项目、确定几何公差值、确定合适的基准、合理选用公差原则及选择正确的标注方法。

4.11.1 几何公差项目的选择

几何公差项目的选择应根据要素的几何特征和结构特点，充分考虑和满足各要素的功能要求，尽可能考虑便于检测和经济性，并结合各几何公差项目的特点，正确、合理地选择。

1. 根据要素的几何特征和结构特点选择几何公差项目

零件加工误差出现的形式与零件的几何特征和结构特点有密切联系。如圆柱形零件会出现圆柱度误差，平面零件会出现平面度误差，凸轮类零件会出现轮廓度误差，阶梯轴、孔会出现同轴度误差，键槽会出现对称度误差等。

2. 根据零件的功能要求选择几何公差项目

几何误差对零件的功能有不同的影响，一般只对零件功能有显著影响的误差项目才规定合理的几何公差。

选择几何公差项目时应考虑以下几个主要方面：

（1）保证零件的工作精度。例如：机床导轨的直线度误差会影响导轨的导向精度，使刀架在滑板的带动下做不规则的直线运动，应该对机床导轨规定直线度公差；滚动轴承内、外圈及滚动体的形状误差，会影响轴承的回转精度，应对其给出圆度或圆柱度公差；在齿轮箱体中，安装齿轮副的两孔轴线如果不平行，会影响齿轮副的接触精度和齿侧间隙的均匀性，降低承载能力，应对其规定轴线的平行度公差；机床工作台面和夹具定位面都是定位基准面，应规定平面度公差等。

（2）保证联结强度和密封性。例如：气缸盖与缸体之间要求有较好的联结强度和很好的密封性，应对这两个相互贴合的平面给出平面度公差；在孔、轴的过盈配合中，圆柱面的形状误差会影响整个结合面上的过盈量，降低联结强度，应规定圆度或圆柱度公差等。

（3）减少磨损，延长零件使用寿命。例如：在有相对运动的孔、轴间隙配合中，内、外圆柱面的形状误差会影响两者的接触面积，造成零件早期磨损失效，降低零件使用寿命，应对圆柱面规定圆度、圆柱度公差；对滑块等做相对运动的平面，则应给出平面度公差要求等。

3. 根据几何公差的控制功能选择几何公差项目

各项几何公差的控制功能各不相同，有单一控制项目(如直线度、圆度、线轮廓度等)，也有综合控制项目(如圆柱度、同轴度、位置度及跳动等)，选择时应充分考虑它们之间的关系。例如：圆柱度公差可以控制该要素的圆度误差；方向公差可以控制与之有关的形状误差；位置公差可以控制与之有关的方向误差和形状误差；跳动公差可以控制与之有关的位置、方向和形状误差等。因此，应该尽量减少图样的几何公差项目，充分发挥综合控制项目的功能。

4. 充分考虑检测的方便性

检测方法是否简便，将直接影响零件的生产效率和成本，所以，在满足功能要求的前提下，尽量选择检测方便的几何公差项目。例如，齿轮箱中某传动轴的两支承轴径如图1-3所示，根据几何特征和使用要求应当规定圆柱度公差和同轴度公差，但为了测量方便，可规定径向圆跳动(或全跳动)公差代替同轴度公差。

应当注意：径向圆跳动是同轴度误差与圆柱面形状误差的综合结果，给出的跳动公差值应略大于同轴度公差，否则会要求过严。由于轴向全跳动与垂直度的公差带完全相同，当被测表面面积较大时，可用轴向全跳动代替垂直度公差，还可用圆度和素线直线度及平行度代替圆柱度，或用全跳动代替圆柱度等。

几何公差项目的确定还应参照有关专业标准的规定。例如：与滚动轴承相配合孔、轴的几何公差项目，在滚动轴承标准中已有规定；单键、花键、齿轮等标准对有关几何公差也都有相应要求和规定。

同时要注意的是，设计时应尽量减少几何公差项目标注，对于那些对零件使用性能影响不大，并能够由尺寸公差控制的几何误差项目，或使用经济的加工工艺和加工设备能够满足要求时，不必在图样上标注几何公差，即按未注几何公差处理。

4.11.2   几何公差值的确定

几何公差值决定了几何公差带的宽度或直径，是控制零件制造精度的直接指标。因此，应合理确定几何公差值，以保证产品功能、提高产品质量、降低制造成本。

1. 几何公差等级

国标将几何公差等级分为12级(不包括圆度、圆柱度)，1级最高，依次递减，6、7级为基本级。

(1)圆度、圆柱度公差等级分为0级，1级，2级，…，12级(共13级)，其中0级最高，其值参见附表4-2。

(2)其余各项几何公差都分为1~12级，其公差值参见附表4-1、附表4-3和附表4-4。

(3)位置度公差没有划分公差等级，仅给出位置度数系，参见附表4-5。

根据主参数所在尺寸段及几何公差等级即可在相应几何公差表中查出所需项目的几何公差值。位置度公差值通过计算化整后按附表4-5选择公差值。

2. 几何公差值

几何公差值选用的原则是，在满足零件功能要求的前提下，应该尽可能选用较低的公差等级，并考虑加工的经济性、结构及刚性等具体问题。

几何公差值的确定方法一般有两种，即计算法和类比法。计算法是依据零件功能要求，通过计算确定公差值。由于计算法复杂且缺乏实践验证，故应用不多。类比法是根据实践经验或参考类似零件几何公差的应用，综合多方面的因素来确定几何公差值。目前几何公差值确定常采用类比法。

按类比法确定几何公差值时，应考虑以下几个方面：

(1) 选取的公差数值应使零件的性能和经济性都具有最佳效果。

(2) 几何公差部分项目公差等级的适用范围及应用举例见表 4-4～表 4-8，以供设计者类比参考。几何公差等级的高低，可根据设计要求对照表中应用举例来确定。

表 4-4 直线度、平面度公差等级的应用举例

公差等级	应 用 举 例
1、2	用于精密量具、测量仪器和精度要求极高的精密机械零件，如高精度量规、样板平尺、工具显微镜等精密测量仪器的导轨面，喷油嘴针阀体表面，油泵柱塞套端面等高精度零件
3	用于 0 级及 1 级宽平尺的工作面，1 级样板平尺的工作面，测量仪器圆弧导轨，测量仪器侧杆等
4	用于量具、测量仪器和高精度机床的导轨，如 0 级平板，测量仪器的 V 形滚动导轨，轴承磨床床身导轨，液压阀芯等
5	用于 1 级平板，2 级宽平尺，平面磨床的纵导轨、垂直导轨、立柱导轨及工作台，液压龙门刨床和转塔车床床身导轨，柴油机进气、排气阀门导杆
6	用于普通机床导轨，如卧式车床、龙门刨床、滚齿机、自动车床等的床身导轨及立柱导轨，滚齿机、卧式镗床、铣床的工作台及机床主轴箱导轨，柴油机体结合面
7	用于 2 级平板，0.02 游标卡尺尺身，机床主轴箱体、摇臂钻床底座和工作台，镗床工作台，液压泵盖等
8	用于 2 级平板，机床传动箱体，挂轮箱体，车床溜板箱体，主轴箱体，柴油机气缸体，连杆分离面，缸盖结合面，汽车发动机缸盖，曲轴箱结合面，减速箱壳体结合面，自动车床底座的直线度
9	用于 3 级平板，机床溜板箱，立钻工作台，螺纹磨床的挂轮架，金相显微镜的载物台，柴油机气缸体连杆的分离面，缸盖的结合面，阀片的平面度，空气压缩机气缸体，柴油机缸孔环面的平面度及液压管件和法兰连接面等
10	用于 3 级平板，自动车床床身平面度，车床挂轮架的平面度，柴油机气缸体、摩托车曲轴箱体、汽车变速箱壳体、汽车发动机缸盖结合面的平面度，辅助机构及手动机械的支承面
11、12	用于易变形的薄片、薄壳零件，如离合器的摩擦片、汽车发动机缸盖结合面、手动机械支架、机床法兰等

表 4-5 圆度、圆柱度公差等级的应用举例

公差等级	应 用 举 例
1	高精度量仪主轴,高精度机床主轴、滚动轴承和滚柱等
2	精密量仪主轴、外套、阀套,高压油泵柱塞及套,纺锭轴承,高速柴油机进、排气门,精密机床主轴轴颈,针阀圆柱表面,喷油泵柱塞及柱塞套
3	工具显微镜套管外圆,高精度外圆磨床轴承,磨床沙轮主轴套筒,喷油嘴针、阀体,高精度微型轴承内、外圈
4	较精密机床主轴,精密机床主轴箱孔,高压阀门活塞、活塞销、阀体孔,工具显微镜顶针,高压液压泵柱塞,较高精度滚动轴承配合轴,铣削动力头箱体孔等
5	一般量仪主轴、测杆外圆柱面,陀螺仪轴颈,一般机床主轴,较精密机床主轴及主轴箱体孔,柴油机、汽油机活塞、活塞销孔,铣削动力头箱体座孔,高压空气压缩机十字头销、活塞,较低精度滚动轴承配合轴等
6	仪表端盖外圆柱面,一般机床主轴及箱体孔,中等压力下液压装置工作面(包括泵、压缩机的活塞和气缸),汽油发动机凸轮轴,纺机锭子,通用减速器转轴轴颈,高速船用柴油机、拖拉机曲轴主轴颈
7	大功率低速柴油机曲轴轴颈、活塞、活塞销、连杆、气缸,高速柴油机箱体轴承孔,千斤顶或压力油缸活塞,机车传动轴,水泵及通用减速器转轴轴颈
8	大功率低速发动机曲轴轴颈,压气机连杆盖、连杆体,拖拉机气缸、活塞,炼胶机冷铸轴辊,印刷机传墨辊,内燃机曲轴轴颈,柴油机凸轮轴承孔、凸轮轴,拖拉机、小型船用柴油机气缸套
9	空气压缩机缸体,液压传动筒,通用机械杠杆与拉杆用套筒销子,拖拉机活塞环、套筒孔
10	印染机导布辊、绞车、吊车、起重机滑动轴承轴颈等

表 4-6 平行度公差等级的应用举例

公差等级	应 用 举 例
1	高精度机床、测量仪器以及量具等主要基准面和工作面
2、3	精密机床、测量仪器、量具以及模具的基准面和工作面;精密机床上重要箱体主轴孔对基准面的要求,尾座孔对基准面的要求
4、5	普通机床测量仪器、量具以及模具的基准面和工作面,高精度轴承座圈、端盖、挡圈的端面;机床主轴孔对基准面的要求,重要轴承孔对基准面的要求,床头箱体重要孔间要求,一般减速箱箱体孔、齿轮泵的轴孔端面等
6~8	一般机床零件的工作面或基准面、压力机和锻锤的工作面、中等精度钻模的工作面、一般刀具、量具、模具;机床一般轴承孔对基准面的要求、主轴箱一般孔间要求、变速箱孔;主轴花键对定心直径,重型机械轴承盖的端面,卷扬机、手动传动装置中的传动轴、气缸轴线
9、10	低精度零件,重型机械滚动轴承端盖,柴油机、煤气发动机箱体曲轴孔、轴颈等
11、12	零件的非工作面,卷扬机、运输机上用的减速器壳体平面

表 4-7 垂直度、倾斜度公差等级的应用举例

公差等级	应 用 举 例
1	高精度机床、测量仪器以及量具等主要基准面和工作面
2、3	精密机床导轨、普通机床主要导轨、机床主轴轴向定位面；精密机床主轴肩端面、滚动轴承座圈端面、齿轮测量仪的心轴、光学分度头心轴、涡轮轴端面、精密刀具、量具的基准面和工作面
4、5	普通机床导轨、精密机床重要零件、机床重要支撑面、普通机床主轴偏摆、发动机轴和离合器的凸缘；气缸的支撑端面，安装 C、D 级轴承的箱体的凸肩，液压传动轴瓦端面，量具、量仪的重要端面
6～8	低精度机床主要工作面和基准面、一般导轨、主轴箱体孔；刀架、砂轮架及工作台回转中心、机床轴肩、气缸配合面对其轴线、活塞销孔对活塞中心线以及安装 F、G 级轴承壳体孔的轴线等
9、10	花键轴轴肩端面、带式运输机法兰盘等端面对轴心线，手动卷扬机及传动装置中轴承孔端面，减速器壳体平面
11、12	农业机械齿轮端面

表 4-8 同轴度、对称度、圆跳动和全跳动公差等级的应用举例

公差等级	应 用 举 例
1～4	用于同轴度或旋转精度要求高的零件，一般要求按尺寸公差 IT5 或高于 IT5 级加工制造的零件。1 级、2 级用以精密测量仪器的主轴和顶尖，柴油机喷嘴油针阀等；3 级、4 级用以机床主轴轴颈，砂轮轴轴颈，汽轮机主轴，测量仪器的小齿轮，高精度滚动轴承内、外圈等
5～7	这是应用范围较广的公差等级，用于几何精度要求较高、尺寸的标准公差等级为 IT8 及高于 IT8 的零件。5 级常用于机床主轴轴颈，计量仪器的测杆，汽轮机主轴，柱塞液压泵转子，高精度滚动轴承外圈，一般精度滚动轴承内圈，回转工作台端面跳动。7 级用于内燃机曲轴、凸轮轴、齿轮轴、水泵轴、汽车后轮输出轴，电动机转子、印刷机传墨辊的轴颈，键槽
8～10	常用于几何精度要求一般、尺寸的公差等级为 IT9、IT10 的零件。8 级用于拖拉机发动机分配轴轴颈，与 9 级精度以下齿轮相配的轴，水泵叶轮，离心泵体，棉花精梳机前后滚子、键槽等。9 级用于内燃机气缸套配合面，自行车中轴。10 级用于摩托车活塞、印染机导布辊、内燃机活塞环槽底径对活塞中心、气缸套外圈对内孔等
11、12	用于无特殊要求，一般按尺寸公差 IT12 加工制造的零件

（3）常用的机械加工方法所能达到的几何公差等级见表 4-9～表 4-13，加工经济性直接影响着产品的成本，也应在公差等级选用时充分考虑。

（4）协调几何公差与尺寸公差之间的关系。其原则是 $t_形 < t_位 < T_{尺寸}$。

（5）应协调几何公差之间的关系：

① 同一要素上给定的形状公差值应小于方向和位置公差值；

② 同一要素的方向公差值应小于其位置公差值；

③ 综合性的公差应大于单项公差。

(6) 在满足功能要求的前提下，考虑加工的难易程度、测量条件等，对于下列情况可适当降低1~2级：

① 孔相对轴；

② 长径比(L/d)较大的孔或轴；

③ 宽度较大(一般大于1/2长度)的零件表面；

④ 对结构复杂、刚性较差或不易加工和测量的零件，如细长轴、薄壁件等；

⑤ 对工艺性不好，如距离较大的分离孔或轴；

⑥ 线对线、线对面相对于面对面的方向公差。

(7) 确定与标准件相配合的零件几何公差值时，不但要考虑几何公差国家标准的规定，还应遵守有关的国家标准的规定。

总之，具体应用时要全面考虑各种因素来确定各项公差等级。

由于轮廓度的误差规律比较复杂，因此目前国家标准尚未对其公差值作出统一规定。

表 4-9 加工方法能达到的直线度和平面度公差等级

加工方法			公 差 等 级											
			1	2	3	4	5	6	7	8	9	10	11	12
车	普通车	粗											+	+
	立车	细									+	+		
	自动车	精					+	+	+	+				
铣	万能铣	粗											+	+
		细										+	+	
		精						+	+	+	+			
刨	龙门刨 牛头刨	粗											+	+
		细									+	+		
		精							+	+	+			
磨	无心磨	粗									+	+	+	
	外圆磨	细								+	+	+		
	平 磨	精		+	+	+	+	+	+					
研磨	机动研磨 手工研磨	粗				+	+							
		细			+									
		精	+	+										
刮	刮	粗						+	+					
		细				+	+							
		精	+	+	+									

表 4 – 10　加工方法能达到的直线度和平面度公差等级

加工方法		公差等级											
		1	2	3	4	5	6	7	8	9	10	11	12
精密车削				+	+	+							
普通车削						+	+	+	+	+	+		
普通立车	粗					+	+	+					
	细						+	+	+	+	+		
自动、半自动车	粗								+	+			
	细						+	+					
	精						+	+					
外圆磨	粗					+	+	+					
	细			+	+	+							
	精	+	+	+									
无心磨	粗						+	+					
	细		+	+	+	+							
研磨			+	+	+	+							
精磨		+	+										
钻								+	+	+	+	+	+
普通镗	粗							+	+	+	+		
	细						+	+	+	+			
	精				+	+							
金刚石镗	粗			+	+								
	细	+	+	+									
铰孔						+	+	+					
扩孔						+	+	+					
内圆磨	细				+	+							
	精			+	+								
研磨	细				+	+	+						
	精	+	+	+	+								
珩磨						+	+						

— 126 —

表 4－11 加工方法能达到的平行度公差等级

加工方法			公差等级											
			1	2	3	4	5	6	7	8	9	10	11	12
轴线对轴线（或对平面）的平行度	车	粗										+	+	
		细							+	+	+	+		
	钻											+	+	
	镗	粗										+	+	
		细								+				
		精						+	+					
	磨						+	+	+	+				
	坐标镗钻					+	+	+						
平面对平面的平行度	刨	粗								+	+	+	+	
		细							+	+	+			
	铣	粗							+	+	+	+	+	
		细						+	+	+				
	拉								+	+	+			
	磨	粗						+	+					
		细				+	+	+						
		精		+	+									
	刮	粗						+	+					
		细				+	+							
		精	+	+										
	研磨		+	+	+									
	超精磨		+	+										

表 4－12 加工方法能达到的同轴度、对称度、圆跳动和全跳动公差等级

加工方法		公差等级											
		1	2	3	4	5	6	7	8	9	10	11	12
车	粗								+	+	+		
	细							+	+				
镗	精				+	+	+	+					
铰	细						+	+					
磨	粗							+	+				
	细					+	+						
	精	+	+	+	+								
内圆磨	细				+	+	+						
珩磨			+	+	+								
研磨		+	+	+	+								
斜向和轴向跳动													
车	粗										+	+	
	细								+	+	+		
	精						+	+	+	+			
磨	细					+	+	+					
	精				+	+	+	+					
刮	细		+	+	+	+							

表 4 − 13　加工方法能达到的垂直度和倾斜度公差等级

加工方法			公 差 等 级											
			1	2	3	4	5	6	7	8	9	10	11	12
轴线对轴线（或对平面）的垂直度和倾斜度	车	粗										+	+	
		细								+	+	+		
	钻											+	+	+
	镗	车立铣 细								+	+			
		车立铣 精						+	+	+				
		镗床 粗								+	+	+		
		镗床 细							+					
		镗床 精						+	+					
	金刚石镗					+	+	+						
	磨	粗							+	+				
		细					+	+	+					
平面对平面的垂直度和倾斜度	刨	粗								+	+	+	+	
		细							+	+	+	+		
		精						+						
	铣	粗								+	+	+	+	
		细						+	+	+	+	+		
	插	粗								+				
		细							+					
	磨	粗								+				
		细					+	+	+					
		精			+	+								
	刮	细						+	+					
		精				+	+							
	研磨				+									

4.11.3　基准要素的选用

基准是设计、加工、装配与检验关联要素之间方向和位置的依据。因此，合理选择基准才能保证零件的功能要求和工艺性及经济性。

基准选择的主要任务，就是要根据零件的功能要求和零件上各部位要素间的几何关系，正确选择基准部位，确定所需基准的数量，并依据零件的使用、装配要求选定最优的基准顺序。选择基准时，可从下列几方面考虑：

(1) 选择时应遵守基准统一原则，使设计、工艺、装配和检验基准一致。

(2) 从零件结构考虑，应选较大表面、较长要素作为基准，以便定位稳固、准确。

(3) 从加工、检测的要求考虑，应尽可能选择在夹具、检具中将定位的要素作为基准，以保证加工精度、减小测量误差、简化夹具与检具的设计。

4.11.4 公差原则的选用

选择公差原则时，应根据被测要素的功能要求，充分发挥公差的职能和选择该种公差原则的可行性、经济性。表 4 - 14 列出了常用公差原则的应用场合，可供选择时参考。

表 4 - 14 公差原则选择参照表

公差原则	应用场合	示例
独立原则	尺寸精度与几何精度需要分别满足	齿轮箱体孔的尺寸精度和两孔轴线的平行度滚动轴承内、外圈滚道的尺寸精度与几何精度
	尺寸精度与几何精度相差较大	冲模架的下模座尺寸精度要求不高，平行度要求较高；滚筒类零件尺寸要求很低，几何精度要求较高
	尺寸精度与几何精度无联系	齿轮箱体孔的尺寸精度与孔轴线间的位置精度；发动机连杆上的尺寸精度与孔轴线间的位置精度
	保证运动精度	导轨的几何精度要求严格，尺寸精度要求次要
	保证密封性	汽缸套的几何精度要求严格，尺寸精度要求次要
	未注公差	凡未注尺寸公差与未注几何公差都采用独立原则，例如退刀槽、倒角等
包容要求	保证配合性质	配合的孔与轴采用包容要求时，可以保证配合的最小间隙或最大过盈。也常作为基准使用的孔、轴类零件
	尺寸公差与几何公差间无严格比例关系要求	一般的孔与轴配合，只要求作用尺寸不超过最大实体尺寸，局部实际尺寸不超过最小实体尺寸
	保证关联作用尺寸不超过最大实体尺寸	关联要素的孔与轴的性质要求，标注 0Ⓜ
最大实体要求	被测中心要素	保证自由装配，如轴承盖上用于穿过螺钉的通孔，法兰盘上用于穿过螺栓的通孔，使制造更经济
	基准中心要素	基准轴线或中心平面相对于理想边界的中心允许偏离时，如同轴度的基准轴线
最小实体要求	中心要素	用于满足临界值的设计，以控制最小壁厚，保证最低强度

4.11.5 未注几何公差

为了简化图样，对一般机床加工能保证的几何精度，不必在图样上注出几何公差。图样上没有具体注明几何公差值的要素，其几何精度应按 GB/T 1184—1996 规定执行：

(1) 对未注直线度、平面度、垂直度、对称度和圆跳动各规定了 H、K、L 三个公差等级，其公差值如附表 4 - 6～附表 4 - 9 所示。采用规定的未注公差值时，应在标题栏或技术要求中注出公差等级代号及标准代号，如图 1 - 3 中的"GB/T 1184 - K"。

(2) 未注圆度公差值等于直径公差值，但不能大于附表 4 - 4 中的径向圆跳动值。

(3) 未注圆柱度公差由圆度、直线度和素线平行度的注出公差或未注公差控制。

（4）未注平行度公差值等于尺寸公差值或直线度和平面度未注公差值中的较大者。

（5）未注同轴度的公差值可以和附表 4-4 中规定的圆跳动的未注公差值相等。

（6）未注线、面轮廓度，倾斜度，位置度和全跳动的公差值均应由各要素的注出或未注线性尺寸公差或角度公差控制。

未注几何公差的要素一般不需要做通过性检查，但要做首检和抽检，并以上述规定为仲裁依据。当零件要素的几何误差值超出未注公差值时，如果不影响零件功能，则不应拒收。

4.11.6 几何公差的选择方法与实例

1. 选择方法

（1）根据功能要求确定几何公差项目。

（2）根据零件使用要求、加工方法等实际情况结合公差等级应用范围确定公差等级并查表得出公差值。

（3）选择基准及公差原则。

（4）选择标注方法。

2. 应用实例

例 4-6 图 1-3 所示的是功率为 5 kW 的一级圆柱齿轮减速器输出轴，该轴转速为 83 r/min，其结构特征、使用要求及各轴颈的尺寸公差均已确定。要求对其进行几何公差的选用。

解 （1）几何公差项目的选择。从结构特征上分析，该轴存在有同轴度、圆跳动、全跳动、直线度、对称度、圆度、圆柱度和垂直度等 8 个项目。从使用要求分析，轴颈 $\phi 45$ 和 $\phi 56$ 处与齿轮或联轴器内孔配合，以传递动力，因此需要控制轴颈的同轴度、跳动和轴线的直线度误差；轴上两键槽处均需控制其对称度误差；$\phi 55$ 轴颈与易于变形的滚动轴承内圈配合，因此需要控制圆度和圆柱度误差；$\phi 62$ 两端轴肩处分别是齿轮和滚动轴承的止推面，需要控制端面对轴线的垂直度误差。从检测的可能性和经济性来分析，对于轴类零件，可用径向圆跳动公差代替同轴度和轴线的直线度公差，用圆度代替圆柱度，用轴向圆跳动代替垂直度公差。这样，该轴最后确定的几何公差项目仅有径向和轴向圆跳动、对称度和圆柱度。

（2）几何公差的等级确定。可按类比法查表 4-5，参考公差等级应用举例来确定：齿轮传动轴的径向圆跳动公差为 7 级；对称度公差按单键标准规定一般选 8 级；轴肩的轴向圆跳动公差和轴颈的圆柱度公差可根据滚动轴承的公差等级查得。对于 0 级轴承，其公差值分别为 0.015 和 0.005。

（3）几何公差值的确定。查附表 4-4，径向圆跳动的主参数为轴颈 $\phi 45$ 和 $\phi 56$，公差等级均为 7 级时，则其公差值分别为 0.020、0.025；对称度公差的主参数为被测要素键宽 14 和 16，公差等级均为 8 级时，则其公差值均为 0.020。

（4）基准的选择。应以该轴安装时两 $\phi 55$ 轴颈的公共轴线作为设计基准；而轴颈 $\phi 45$ 和 $\phi 56$ 的轴线分别是其轴上键槽对称度的基准。

（5）公差原则的选择。根据各原则的应用范围，考虑到 $\phi 45$、$\phi 55$ 和 $\phi 56$ 各轴颈处，应保证配合性质要求，即采用包容要求，亦即在其尺寸公差带代号后标注 Ⓔ。

（6）将以上几何公差用框格合理地标注在工程图样上，见图 1-3。

附表 4–1　直线度、平面度公差值(摘自 GB/T 1184—2008)

主参数图例

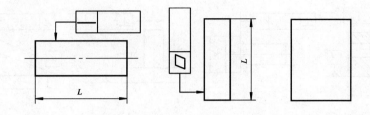

主参数 L/ mm	公 差 等 级											
	1	2	3	4	5	6	7	8	9	10	11	12
	公差值/μm											
≤10	0.2	0.4	0.8	1.2	2	3	5	8	12	20	30	60
>10~16	0.25	0.5	1	1.5	2.5	4	6	10	15	25	40	80
>16~25	0.3	0.6	1.2	2	3	5	8	12	20	30	50	100
>25~40	0.4	0.8	1.5	2.5	4	6	10	15	25	40	60	120
>40~63	0.5	1	2	3	5	8	12	20	30	50	80	150
>63~100	0.6	1.2	2.5	4	6	10	15	25	40	60	100	200
>100~160	0.8	1.5	3	5	8	12	20	30	50	80	120	250

附表 4–2　圆度、圆柱度公差值(摘自 GB/T 1184—2008)

主参数图例

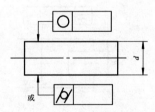

或

主参数 d/mm	公 差 等 级												
	0	1	2	3	4	5	6	7	8	9	10	11	12
	公差值/μm												
≤3	0.1	0.2	0.3	0.5	0.8	1.2	2	3	4	6	10	14	25
>3~6	0.1	0.2	0.4	0.6	1	1.5	2.5	4	5	8	12	18	30
>6~10	0.12	0.25	0.4	0.6	1	1.5	2.5	4	6	9	15	22	36
>10~18	0.15	0.25	0.5	0.8	1.2	2	3	5	8	11	18	27	43
>18~30	0.2	0.3	0.6	1	1.5	2.5	4	6	9	13	21	33	52
>30~50	0.25	0.4	0.6	1	1.5	2.5	4	7	11	16	25	39	62
>50~80	0.3	0.5	0.8	1.2	2	3	5	8	13	19	30	46	74
>80~120	0.4	0.6	1	1.5	2.5	4	6	10	15	22	35	54	87

附表 4-3 平行度、垂直度、倾斜度公差值(摘自 GB/T 1184—2008)

主参数图例

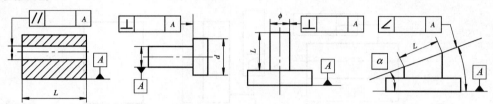

主参数 L 或 d/mm	公差等级											
	1	2	3	4	5	6	7	8	9	10	11	12
	公差值/μm											
≤10	0.4	0.8	1.5	3	5	8	12	20	30	50	80	120
>10~16	0.5	1	2	4	6	10	15	25	40	60	100	150
>16~25	0.6	1.2	2.5	5	8	12	20	30	50	80	120	200
>25~40	0.8	1.5	3	6	10	15	25	40	60	100	150	250
>40~63	1	2	4	8	12	20	30	50	80	120	200	300
>63~100	1.2	2.5	5	10	15	25	40	60	100	150	250	400
>100~160	1.5	3	6	12	20	30	50	80	120	200	300	500

附表 4-4 同轴度、对称度、圆跳动、全跳动公差值(摘自 GB/T 1184—2008)

主参数图例

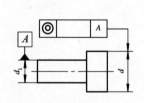 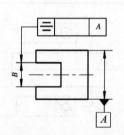 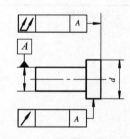

主参数 d、B 或 L/mm	公差等级											
	1	2	3	4	5	6	7	8	9	10	11	12
	公差值/μm											
≤1	0.4	0.6	1	1.5	2.5	4	6	10	15	25	40	60
>1~3	0.4	0.6	1	1.5	2.5	4	6	10	20	40	60	120
>3~6	0.5	0.8	1.2	2	3	5	8	12	25	50	80	150
>6~10	0.6	1	1.5	2.5	4	6	10	15	30	60	100	200
>10~18	0.8	1.2	2	3	5	8	12	20	40	80	120	250
>18~30	1	1.5	2.5	4	6	10	15	25	50	100	150	300
>30~50	1.2	2	3	5	8	12	20	30	60	120	200	400
>50~120	1.5	2.5	4	6	10	15	25	40	80	150	250	500

附表 4-5 位置度公差值数系(摘自 GB/T 1184—2008)

优先数系	1	1.2	1.6	2	2.5	3	4	5	6	8
	1×10^n	1.2×10^n	1.6×10^n	2×10^n	2.5×10^n	3×10^n	4×10^n	5×10^n	6×10^n	8×10^n

注:n 为整数。

附表 4-6 直线度和平面度的未注公差值

公差等级	基本长度范围/mm					
	≤10	>10~30	>30~100	>100~300	>300~1000	>1000~3000
H	0.02	0.05	0.1	0.2	0.3	0.4
K	0.05	0.1	0.2	0.4	0.6	0.8
L	0.1	0.2	0.4	0.8	1.2	1.6

附表 4-7 垂直度的未注公差值

公差等级	基本长度范围/mm			
	≤100	>100~300	>300~1000	>1000~3000
H	0.2	0.3	0.4	0.5
K	0.4	0.6	0.8	1
L	0.6	1	1.5	2

附表 4-8 对称度的未注公差值

公差等级	基本长度范围/mm			
	≤100	>100~300	>300~1000	>1000~3000
H	0.5			
K	0.6		0.8	1
L	0.6	1	1.5	2

附表 4-9 圆跳动的未注公差值

公差等级	圆跳动公差值/mm
H	0.1
K	0.2
L	0.5

思考题与习题

4-1 判断题：

(1) 理想要素与实际要素相接触即可符合最小条件。 （　　）

(2) 建立基准的基本原则是基准应符合最小条件。 （　　）

(3) 包容要求是要求实际要素处处不超过最小实体状态的一种公差原则。 （　　）

(4) 最大实体实效状态是孔、轴实体尺寸与几何误差的综合状态。 （　　）

(5) 实际尺寸能综合反映被测要素的尺寸误差和几何误差在配合中的作用。 （　　）

4-2 填空题：

(1) 几何公差带有_____等四方面的因素。

(2) 若被测要素为轮廓要素，框格箭头指引线应与该要素的尺寸线_____；若被测要素为中心要素，框格箭头指引线应与该要素的尺寸线_____。

(3) 测得实际轴线与基准轴线的最大距离为＋0.04，最小距离为－0.01，则该零件的同轴度误差为_____。

(4) 既能控制中心要素又能控制轮廓要素的几何公差项目符号有_____。

(5) _____应在几何公差框格中的几何公差值或基准后面加注符号Ⓜ。

(6) 几何公差中只能用于中心要素的项目有_____，只能用于轮廓要素的项目有_____。

(7) 包容要求遵守_____状态，最大实体要求遵守_____状态。

4-3 选择题：

(1) 圆柱度既可以控制_____又可以控制_____。

A. 平面度　　　　　　B. 圆度　　　　　　C. 直线度

(2) 轴向全跳动可以代替_____。

A. 面对线的平行度　　B. 面对线的垂直度　　C. 线对线的平行度

(3) 一般来说，零件的形状误差_____其位置误差。

A. 大于　　　　　　　B. 小于　　　　　　C. 等于

(4) 处理尺寸公差与几何公差关系的是_____。

A. 最小条件　　　　　B. 检测原则　　　　C. 公差原则

(5) 某轴线对基准中心平面的对称度公差为0.1，则允许该轴线对基准中心平面的偏离量为_____。

A. 0.1　　　　　　　B. 0.05　　　　　　C. 0.2

(6) _____公差的公差带形状是唯一的。

A. 直线度　　　　　　B. 同轴度　　　　　C. 平行度

(7) 若某平面的平面度误差为0.05，则其_____误差一定不大于0.05。

A. 平行度　　　　　　B. 对称度　　　　　C. 直线度

(8) 在公差原则中，最大实体实效尺寸是_____综合形成的。

A. 最小实体尺寸与几何误差

B. 最大实体尺寸和几何公差

C. 最大实体尺寸和几何误差

— 134 —

4-4 比较下列几何公差之间的异同点：

(1) 平面度和平行度；

(2) 圆度和圆柱度；

(3) 圆度和径向圆跳动；

(4) 圆柱度和径向全跳动；

(5) 两平面的平行度和两平面的对称度；

(6) 轴向圆跳动和轴向全跳动；

(7) 轴向全跳动和端面对轴线的垂直度。

4-5 试说明图4-77所示各项几何公差标注的含义，并填于下表中。

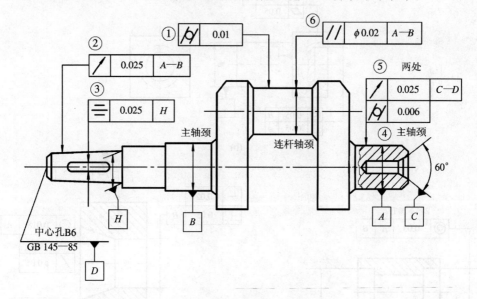

图 4-77 题 4-5 图

序号	公差项目名称	公差带形状	公差带大小	解释(被测要素、基准要素及要求)
①				
②				
③				
④				
⑤				
⑥				

4-6 试改正图4-78中各分图几何公差标注的错误(公差项目不允许变更)。

4-7 将下列各项几何公差要求标注在图4-79上。

(1) φ100h8圆柱面对φ40H7孔轴线的圆跳动公差为0.015；

(2) φ40H7孔遵守包容原则，其圆柱度公差为0.011；

(3) 左、右两凸台端面对φ40H7孔轴线的轴向圆跳动公差均为0.02；

(4) 轮毂键槽对φ40H7孔轴线的对称度公差为0.012。

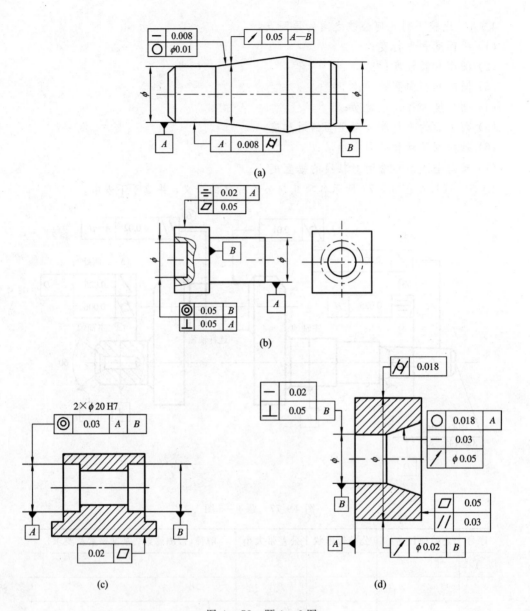

(a)

(b)

2×φ20H7

(c)

(d)

图 4 - 78 题 4 - 6 图

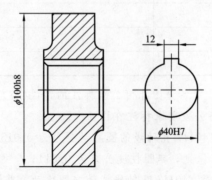

图 4 - 79 题 4 - 7 图

4-8 根据图4-80中的几何公差要求填写下表(图中未注直线度公差为H级,查得为0.2)。

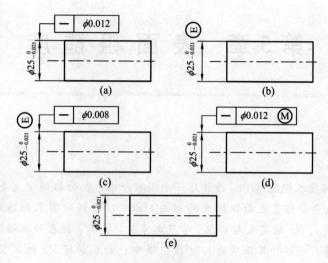

图 4-80 题 4-8 图

图样序号	采用的公差原则	理想状态名称	理想状态尺寸	MMC 时的几何公差值	LMC 时的几何公差值	几何误差合格范围
(a)						
(b)						
(c)						
(d)						
(e)						

4-9 如图4-80(c)中所示轴,实际加工后实测数据为:直径尺寸 $\phi24.998$,轴线的直线度误差 $\phi0.08$。试确定该零件是否合格。

第 5 章 表面粗糙度

本章重点提示

作为产品几何技术规范(GPS)的最后一个国家标准,表面粗糙度主要用来控制工件的表面质量。本章主要介绍了表面粗糙度的相关知识,对最新的国家标准进行了全面论述,强调了幅度参数 Ra、Rz 的定义与标注。学习本章时,要求掌握表面粗糙度的主要参数、常用的三个标注符号,能够将其正确地标注在图纸中;重点掌握 Ra 的定义、公式和标注方法,熟记 Ra 的系列数值;能正确解释减速器输出轴上表面粗糙度的标注。

5.1 概　　述

5.1.1 表面结构

表面结构是反映表面工作性能和工作寿命的指标,包括表面粗糙度、表面波纹度、表面缺陷和宏观表面几何形状误差等表面特性。不同的表面质量要求应采用表面结构的不同特性的指标来保证。

表面结构的研究是在表面轮廓上进行的。表面轮廓是指平面与实际表面相交的轮廓。一般用垂直于零件实际表面的平面与该零件实际表面相交所得的轮廓线作为表面轮廓(即实际轮廓),如图 5-1 所示。

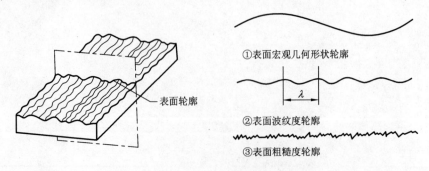

图 5-1　表面轮廓

经过机械加工的零件表面，由于加工过程中刀具和零件间的摩擦及挤压，切削过程中切屑分离时的塑性变形，加工过程中由机床—刀具—工件系统的振动、发热和运动不平衡等因素的存在，因此零件的表面不可能是绝对光滑的，在零件加工表面存在几何形状误差。这种几何形状误差可分为三种误差：表面粗糙度、表面波纹度和表面宏观几何形状误差。划分这三种误差目前没有统一的标准，通常按波距 λ 来划分：波距 λ 大于 10 的属于表面宏观几何形状误差，如图 5-1 中①所示；波距 λ 介于 1~10 之间的属于表面波纹度，如图 5-1 中②所示；波距 λ 小于 1 的属于表面粗糙度，如图 5-1 中③所示。

除此以外，还有一种表面几何形状误差——表面缺陷，是指零件在加工、运输、存储或使用过程中产生的无一定规则的单元体。目前国家标准尚没有表面缺陷在图样上的表示方法的规定，通常用文字叙述的方式进行说明。

由于表面波纹度和表面缺陷目前应用较少，因此本章主要介绍表面粗糙度的相关内容。

5.1.2 表面粗糙度的概念

零件表面的微观几何形状是由较小间距和微小峰谷形成的，表述这些间距状况和峰谷的高低程度的微观几何形状特征即为表面粗糙度。表面粗糙度越小，零件表面越光洁。

5.1.3 表面粗糙度对零件使用性能的影响

表面粗糙度直接影响产品的质量，对零件表面的许多功能有很大影响。其影响主要表现在以下几个方面：

1. 对配合性质的影响

对于有配合要求的零件表面，由于相对运动会导致微小的波峰磨损，因此会影响配合性质。

对于间隙配合，零件粗糙表面的波峰会很快磨去，导致间隙增大，影响原有的配合功能；对于过盈配合，在装配时会将波峰挤平填入波谷，使实际有效过盈量减小，降低了联结强度；对于有定位或导向要求的过渡配合，也会在使用和拆装过程中发生磨损，使配合变松，降低了定位和导向的精度。

2. 对耐磨性的影响

相互接触的表面由于存在微观几何形状误差，只能在轮廓峰顶处接触，实际有效接触面积减小，导致单位面积上压力增大，表面磨损加剧；但在某些场合（如滑动轴承及液压导轨面的配合处），过于光滑的表面即表面粗糙度过小的零件表面，由于金属分子间的吸附作用，接触表面的润滑油被挤掉而形成干摩擦，也会使摩擦系数增大而加剧磨损。

3. 对耐腐蚀性的影响

由于腐蚀性气体或液体容易积存在波谷底部，腐蚀作用便从波谷向金属零件内部深入，造成锈蚀，因此零件表面越粗糙，波谷越深，腐蚀越严重。

4. 对抗疲劳强度的影响

零件粗糙表面的波谷处，在交变载荷、重载荷作用下易引起应力集中，使抗疲劳强度降低。

此外，表面粗糙度对接触刚度、结合面的密封性、零件的外观、零件表面导电性等都有影响，因此为保证零件的使用性能，在设计零件几何精度时必须提出合理的表面粗糙度要求。

5.2 表面粗糙度的评定参数

《表面粗糙度》标准是最重要的基础标准之一，在机械工程中具有相当重要的作用。我国根据 ISO 4287:1997，IDT 和 ISO 1302:2002，IDT 制定了有关表面粗糙度的新国家标准，以尽可能地使国家标准与国际标准等同或等效。其主要标准有：

GB/T 3505—2009《产品几何技术规范(GPS) 表面结构 轮廓法 术语、定义及表面结构参数》；

GB/T 1031—2009《产品几何技术规范(GPS) 表面结构 轮廓法 表面粗糙度参数及其数值》；

GB/T 131—2006《产品几何技术规范(GPS) 技术产品文件中表面结构的表示法》等。

5.2.1 基本术语及定义

1. 取样长度(lr)

取样长度是用于判别被评定轮廓的不规则特征的 x 轴方向(x 轴的方向与轮廓总的走向一致)上的长度，即具有表面粗糙度特征的一段基准线长度。

规定和限制这段长度是为了限制和减弱表面波纹度对表面粗糙度测量结果的影响。为了在测量范围内较好地反映表面粗糙度的实际情况，标准规定取样长度按表面粗糙度的程度选取相应的数值。在一个取样长度内，一般应包括至少 5 个轮廓峰和轮廓谷，如图 5 - 2 所示。

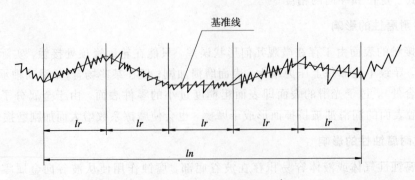

图 5 - 2　取样长度和评定长度

2. 评定长度(ln)

评定长度是用于判别被评定轮廓的 x 轴方向上的长度。它可包括一个或几个取样长度，如图 5-2 所示。

由于零件表面粗糙度不一定很均匀，在一个取样长度上往往不能合理地反映该表面粗糙度的特性，因此要取几个连续取样长度，一般取 $ln=5lr$。若被测表面比较均匀，可选 $ln<5lr$；若被测表面均匀性差或测量精度要求高，可选 $ln>5lr$。

3. 中线

中线是指具有几何轮廓形状并划分轮廓的基准线。评定轮廓表面粗糙度的中线有以下两种。

1）轮廓的最小二乘中线（简称中线）

轮廓的最小二乘中线是指在取样长度内，使轮廓线上各点轮廓偏距 z_i 的平方和为最小的线，即 $\min(\int_0^{lr} z_i^2 \, \mathrm{d}x)$，如图 5-3 所示。

轮廓偏距 z 是指测量方向上，轮廓线上的点与基准线之间的距离。对实际轮廓来说，基准线和评定长度内轮廓总的走向之间的夹角是很小的，故可认为轮廓偏距是垂直于基准线的。轮廓偏距有正、负之分：在基准线以上，轮廓线和基准线所包围的部分是材料的实体部分，这部分的 z 值为正；反之为负。

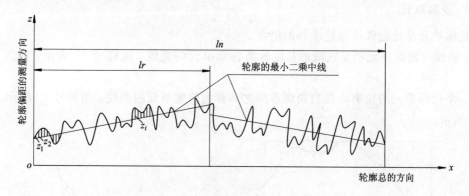

图 5-3　轮廓的最小二乘中线

2）轮廓的算术平均中线

轮廓的算术平均中线是指在取样长度内将实际轮廓分为上、下两部分，且使两部分面积相等的基准线，如图 5-4 所示，用公式表示为

$$\sum_{i=1}^{n} F_i = \sum_{i=1}^{n} F_i' \qquad (5-1)$$

式中：F_i——轮廓峰面积；

　　　F_i'——轮廓谷面积。

最小二乘中线从理论上讲是理想的、唯一的基准线，但在轮廓图形上确定最小二乘中线的位置比较困难，因此只用于精确测量。轮廓的算术平均中线与最小二乘中线差别很小，通常用图解法或目测法就可以确定，故实际应用中常用轮廓的算术平均中线代替最小

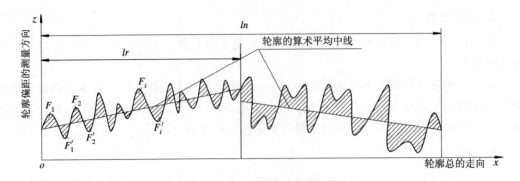

图 5 - 4 轮廓的算术平均中线

二乘中线。当轮廓很不规则时，轮廓的算术平均中线不唯一。

4. 轮廓峰

轮廓峰是指在取样长度内，轮廓与中线相交，连接两相邻交点向外的轮廓部分。轮廓最高点距 x 轴线的距离称为轮廓峰高，用符号 z_p 表示，如图 5 - 5 所示。

5. 轮廓谷

轮廓谷是指在取样长度内，轮廓与中线相交，连接两相邻交点向内的轮廓部分。轮廓最低点距 x 轴线的距离称为轮廓谷深，用符号 z_v 表示，如图 5 - 5 所示。

6. 轮廓单元

轮廓单元是指轮廓峰与轮廓谷的组合。

x 轴线与轮廓单元相交线段的长度称为轮廓单元的宽度，用符号 X_s 表示，如图 5 - 5 所示。

一个轮廓单元的轮廓峰高与轮廓谷深之和称为轮廓单元的高度，用符号 z_t 表示，如图 5 - 5 所示。

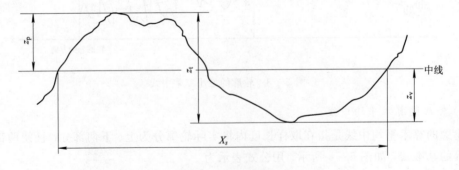

图 5 - 5 轮廓单元

5.2.2 评定参数

1. 幅度参数(纵坐标平均值)

1) 评定轮廓的算术平均偏差(Ra)

轮廓算术平均偏差是指在一个取样长度内，轮廓偏距 $z(x)$ 绝对值的算术平均值(其公

— 142 —

差表详见附表 5 - 1），如图 5 - 6 所示，用公式表示为

$$Ra = \frac{1}{lr} \int_0^{lr} |z(x)| \, \mathrm{d}x \qquad (5-2)$$

或近似为

$$Ra = \frac{1}{n} \sum_{i=1}^{n} |z_i| \qquad (5-3)$$

式中：z——轮廓偏距；

z_i——第 i 点轮廓偏距（$i=1，2，3，\cdots$）。

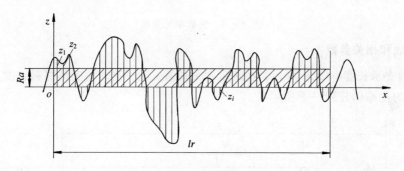

图 5 - 6 评定轮廓的算术平均偏差

2）轮廓最大高度（Rz）

轮廓最大高度是指在一个取样长度内，最大轮廓峰高（R_p）与最大轮廓谷深（R_v）之和的高度（其公差表详见附表 5 - 2），如图 5 - 7 所示，用公式表示为

$$Rz = R_p + R_v \qquad (5-4)$$

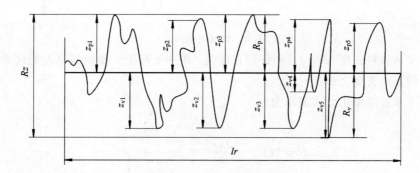

图 5 - 7 轮廓最大高度

2. 间距参数

轮廓单元的平均宽度（RSm）是指在取样长度内，轮廓单元宽度 X_s 的平均值（其公差表详见附表 5 - 3），如图 5 - 8 所示，用公式表示为

$$RSm = \frac{1}{m} \sum_{i=1}^{m} X_{si} \qquad (5-5)$$

式中：X_{si}——第 i 个轮廓单元的宽度。

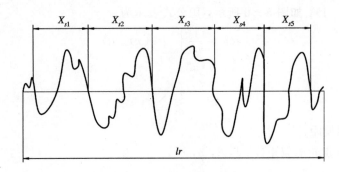

图 5 - 8　轮廓单元宽度

3. 曲线和相关参数

轮廓的支承长度率($Rmr(c)$)为在给定水平位置 c 上,轮廓的实体材料长度 $Ml(c)$ 与评定长度 ln 的比率(如图 5 - 9 所示)。

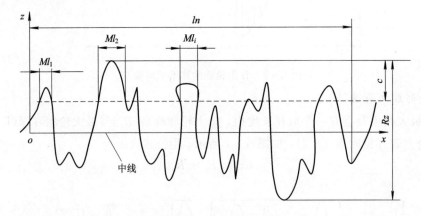

图 5 - 9　轮廓支承长度

轮廓的实体材料长度 $Ml(c)$ 是指评定长度内,用一平行于 x 轴的线从与轮廓单元相截所获得的各段截线长度之和。

轮廓的支承长度率用公式表示为

$$Rmr(c) = \frac{Ml(c)}{ln} = \frac{\sum_{i=1}^{n} Ml_i}{ln} \qquad (5-6)$$

$Rmr(c)$值是对应于轮廓水平截距 c 而给出的,水平截距 c 值可用 μm 或 Rz 的百分数表示(其公差表详见附表 5 - 4)。给出 $Rmr(c)$参数时,必须同时给出轮廓水平截距 c 值。

5.3　表面粗糙度的标注

5.3.1　表面粗糙度的基本符号

表面粗糙度的基本符号是由两条不等长且与被标注表面投影轮廓线成 60°,左、右倾斜的细实线组成的。表面粗糙度的符号及其意义见表 5 - 1。

表 5－1 表面粗糙度的符号及其意义(摘自 GB/T 131—2006)

符号类型	符号	意义及说明
基本图形符号	√	基本符号,表示表面可用任何方法获得,当不加注粗糙度参数值或有关说明(例如表面处理、局部热处理状况)时,仅适用于简化代号标注,没有补充说明时不能单独使用
扩展图形符号	√	基本符号加一横线,表示指定表面是用去除材料的方法获得的,例如车、铣、钻、磨、剪切、抛光、腐蚀、电火花加工等
	√	基本符号加一小圆,表示指定表面是用不去除材料的方法获得的,例如铸、锻、冲压变形、热轧、粉末冶金等,或者是用于保持原供应状况的表面(包括保持上道工序的状况)
完整图形符号	√ ▽ ✓	在上述三个符号的长边上均可加一横线,用于标注表面结构的补充信息
工件轮廓各表面的图形符号	✓ ▽ ✓	在上述三个符号上均可加一小圆,表示所有表面具有相同的表面粗糙度要求

1. 表面粗糙度符号

图样上所标注的表面粗糙度符号是该表面完工后的要求。有关表面粗糙度的各项规定应按功能要求给定。当仅需加工(采用去除材料的方法或不去除材料的方法)但对表面粗糙度的其他规定没有要求时,允许只注表面粗糙度符号。

当需要表示的加工表面对表面特征的其他规定有要求时,应在表面粗糙度符号的相应位置注上若干必要项目的表面特征规定。表面特征的各项规定在符号中的注写位置如图 5－10 所示。

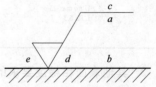

图 5－10 表面粗糙度的符号标注位置

(1)位置 a:注写表面粗糙度的单一要求,包括取样长度、表面粗糙度参数符号和极限值。书写方式为"取样长度/表面粗糙度参数符号 极限值",如:－0.8/Rz 6.3。

(2)位置 a 和 b:当注写两个或多个表面粗糙度要求时,在位置 a 上注写第一个表面粗糙度要求,在位置 b 上注写第二个表面粗糙度要求,方法同(1)。如果有更多要求,图形符号应在垂直方向扩大,a 和 b 的位置上移,其他表面粗糙度要求依次向下写。

(3)位置 c:注写加工方法、表面处理、涂层或其他工艺要求。

(4)位置 d:注写表面纹理和纹理方向。

(5)位置 e:注写所要求的加工余量,其数值单位为 mm。

2. 表面粗糙度参数的标注

表面粗糙度评定参数标注时，必须注出参数代号和相应数值，数值的默认单位为 μm，数值判断的规则有两种：

（1）16％规则：表示表面粗糙度参数的所有实测值中允许 16％测得值超过规定值，此为默认规则；

（2）最大规则：表示表面粗糙度参数的所有实测值不得超过规定值，参数代号中应加上"max"。

表面粗糙度参数如果有极限值的要求，应在参数代号前加注极限代号"U"（上极限）或"L"（下极限）。如果同一参数具有双向极限值要求，则在不引起歧义的情况下，可以不加注"U"、"L"。上、下极限采用何种数值规则由标注具体决定。

表面粗糙度参数的标注及其意义示例见表 5－2。

表 5－2　表面粗糙度参数标注示例（摘自 GB/T 131—2006）

符　号	意　义
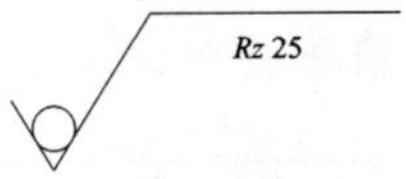 ✓ Rz 25	表示不允许去除材料，单向上限值（默认），粗糙度最大高度为 25 μm，评定长度为 5 个取样长度（默认），"16％规则"（默认）
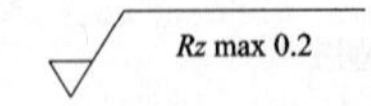 ✓ Rz max 0.2	表示去除材料，单向上限值（默认），轮廓最大高度的最大值为 0.2 μm，评定长度为 5 个取样长度（默认），"最大规则"
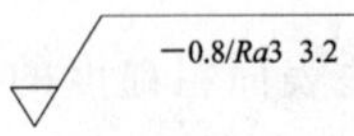 ✓ −0.8/Ra3 3.2	表示去除材料，单向上限值（默认），取样长度为 0.8 mm，算术平均偏差为 3.2 μm，评定长度为 3 个取样长度，"16％规则"（默认）
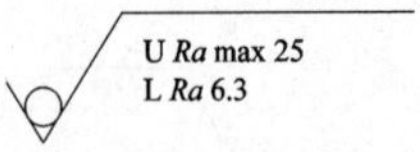 ✓ U Ra max 25 L Ra 6.3	表示不去除材料，双向极限值（上限值，算术平均偏差为 25 μm，"最大规则"；下限值，算术平均偏差为 6.3 μm，"16％规则"（默认）），评定长度均为 5 个取样长度（默认）

3. 其他表面粗糙度要求的标注

若某表面粗糙度要求按指定加工方法获得，则可用文字标注在符号的横线上方，如图 5－11(a)所示。

若加工表面有镀（涂）覆或其他表面处理要求，则可在符号的横线上方标注其需要达到的要求，如图 5－11(b)所示。

若需标注加工余量，则可在完整符号的左下方加注余量值，单位为 mm，如图 5－11(c)所示。

若需控制表面加工纹理方向，则可在规定之处加注纹理方向符号，如图 5－11(d)所示。国家标准规定了常见的加工纹理方向符号，见表 5－3。

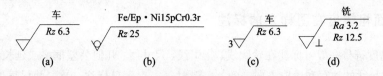

(a)   (b)   (c)   (d)

图 5 - 11 表面粗糙度的其他要求标注

表 5 - 3 表面纹理的标注（摘自 GB/T 131—2006）

符号	说　　明	示　意　图
=	纹理平行于视图所在投影面	
⊥	纹理垂直于视图所在投影面	
×	纹理呈两斜线交叉且与视图所在投影面相交	
M	纹理呈多方向	
C	纹理呈近似同心圆且圆心与表面中心相关	
R	纹理呈近似放射状且与表面圆心相关	
P	纹理呈微粒、凸起，无方向	

注：如果表面纹理不能清楚地用这些符号表示，则必要时可在图样上加注说明。

5.3.2　表面粗糙度在图样上的标注

表面粗糙度符号一般可标注在轮廓线、指引线、尺寸线、几何公差框格或延长线上，其注写和读取方向与尺寸的注写和读取方向一致。一般对每一表面只标注一次，并尽可能注在相应的尺寸及其公差的同一视图上。除非另有说明，所标注的表面粗糙度是对完工零件的要求。

1．表面粗糙度的一般注法

表面粗糙度要求可标注在轮廓线上，其符号的尖端应从材料外指向材料内并接触，必要时，也可用带箭头或黑点的指引线引出标注，如图 5 - 12 所示。

表面粗糙度要求也可以直接标注在延长线上，或用带箭头的指引线引出标注，如图 5 - 13 所示。

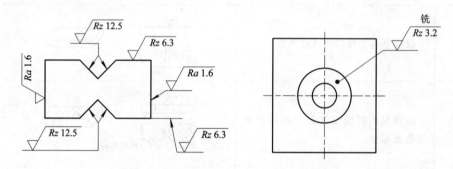

图 5 - 12　在轮廓线及指引线上的标注 1

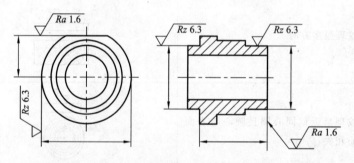

图 5 - 13　在轮廓线及指引线上的标注 2

2．表面粗糙度标注在特征尺寸的尺寸线上

在不致引起误解时，表面粗糙度可以标注在给定的尺寸线上，如图 5 - 14 所示。

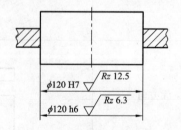

图 5 - 14　在尺寸线上标注

3. 表面粗糙度标注在几何公差框格上

表面粗糙度可标注在几何公差框格（或尺寸）的上方，如图 5 - 15 所示。

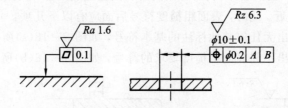

图 5 - 15   在几何公差框格上标注

4. 表面粗糙度标注在圆柱和棱柱表面

一般情况下，圆柱和棱柱表面的表面粗糙度要求只标注一次，但如果每个棱柱表面有不同的要求，则应分别标注，如图 5 - 16 所示。

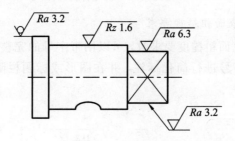

图 5 - 16   在圆柱和棱柱表面上的标注

5. 两种或多种工艺获得的同一表面的注法

由两种或多种工艺获得的同一表面，当需要明确每一种工艺方法的表面粗糙度要求时，可分别标注，如图 5 - 17 所示。

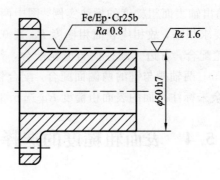

图 5 - 17   同时给出镀覆前后要求的标注

6. 表面粗糙度的简化标注

1）有相同表面粗糙度要求

如果工件的多数（包括全部）表面有相同的表面粗糙度要求，则其表面粗糙度可统一标注在图样的标题栏附近。此时，表面粗糙度符号后面应有以下几项：

（1）圆括号内给出无任何其他标注的基本符号，如图 5-18（a）所示；

（2）圆括号内给出不同表面粗糙度要求的符号，如图 5-18（b）所示。

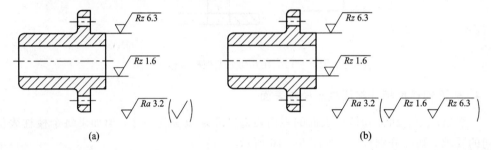

图 5-18　简化标注 1

2）多个表面有相同表面粗糙度要求

当多个表面有相同表面粗糙度要求时，可以用带字母的完整符号或用表 5-1 中的基本图形符号、扩展图形符号进行简化标注，并在图形或标题栏附近以等式的形式进行说明，如图 5-19 所示。

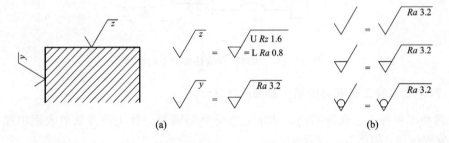

图 5-19　简化标注 2

图 1-3 为一减速器输出轴表面粗糙度的标注实例，图中两轴颈 ϕ55j6 与 P0 级滚动轴承内圈相配合，配合精度要求很高，故相应表面粗糙度 Ra 选 0.8 μm；两个有键槽的圆柱面中，左边小圆柱面与带轮配合，右边大圆柱面与齿轮配合，其配合精度要求较高，故相应表面粗糙度 Ra 选 1.6 μm；两轴槽与键的两侧面配合，配合精度要求一般，故表面粗糙度参数 Ra 选 3.2 μm；其余未标注表面的表面粗糙度 Ra 选 6.3 μm。

5.4　表面粗糙度的选择

5.4.1　表面粗糙度评定参数的选择

表面粗糙度评定参数中，Ra、Rz 两个幅度参数为基本参数，RSm、$Rmr(c)$ 为两个附加参数。这些参数分别从不同角度反映了零件的表面特征，但都存在着不同程度的不完整性。因此，在选用时要根据零件的功能要求、材料性能、结构特点及测量条件等情况适当选择一个或几个评定参数。

（1）如无特殊要求，一般仅选用幅度参数。

① 一般情况下优先选用 Ra，其参数值常用的范围为 $0.025\sim6.3~\mu m$。因为在上述范围内用轮廓仪能很方便地测出 Ra 的实际值。在 $Ra>6.3~\mu m$ 和 $Ra<0.025~\mu m$ 范围内，即表面过于粗糙或太光滑时，用光切显微镜和干涉显微镜测很方便，因此多采用 Rz，其参数值常用的范围为 $0.1\sim25~\mu m$。

② 当表面不允许出现较深加工痕迹，防止应力过于集中，要求保证零件的抗疲劳强度和密封性时，需选 Rz。

（2）附加参数一般不单独使用。

对有特殊要求的少数零件的重要表面（如要求喷涂均匀、涂层有较好的附着性和光泽表面），需要控制 RSm 数值；对于有较高支承刚度和耐磨性的表面，应规定 $Rmr(c)$ 参数。

5.4.2　表面粗糙度评定参数值的选择

表面粗糙度评定参数值的选择，不但与零件的使用性能有关，还与零件的制造及经济性有关。其选用的原则为：在满足零件表面功能的前提下，评定参数的允许值应尽可能大（除 $Rmr(c)$ 外），以减小加工难度，降低生产成本。

1. 选择方法

（1）计算法：根据零件的功能要求，计算所评定参数的要求值，然后按标准规定选择适当的理论值。

（2）试验法：根据零件的功能要求及工作环境条件，选用某些表面粗糙度参数的允许值进行试验，根据试验结果，得到合理的表面粗糙度参数值。

（3）类比法：选择一些经过实验证明的表面粗糙度合理的数值，经过分析，确定所设计零件表面粗糙度有关参数的允许值。

目前用计算法精确计算零件表面的参数值还比较困难，而一般零件用试验法来确定表面粗糙度参数值成本昂贵，所以，具体设计时，多采用类比法确定零件表面的评定参数值。

2. 类比法选择的一般原则

（1）在同一零件上工作表面比非工作表面的粗糙度值小。

（2）摩擦表面比非摩擦表面、滚动摩擦表面比滑动摩擦表面的表面粗糙度值小。

（3）运动速度高、单位面积压力大、受交变载荷的零件表面，以及最易产生应力集中的部位（如沟槽、圆角、台肩等），表面粗糙度值均应小些。

（4）配合精度要求高的表面，表面粗糙度值应小些。具体选择可参看表 5-4。

表 5-4　表面粗糙度与配合间隙或过盈的关系　　　　　　　μm

间隙或过盈量	表面粗糙度 Rz	
	轴	孔
≤2.5	0.10~0.20	0.20~0.40
>2.5~4	0.20~0.40	0.40~0.80
>4~6.5		0.8~1.60
>6.5~10	0.40~0.80	
>10~16	0.80~1.60	1.6~3.2
>16~25		
>25~40	1.6~3.2	3.2~6.3

（5）对防腐性能、密封性能要求高的表面，表面粗糙度值应小些。

（6）配合零件表面的粗糙度与尺寸公差、几何公差应协调。一般应符合：尺寸公差＞几何公差＞表面粗糙度。一般情况下，尺寸公差值越小，表面粗糙度值应越小；同一公差等级，小尺寸比大尺寸、轴比孔的表面粗糙度值应小些。

（7）还需考虑其他一些因素和要求，表 5-5 为应用举例，可供参考。

表 5-5　表面粗糙度的表面特征、经济加工方法及应用举例

表面微观特性		$Ra/\mu m$	加工方法	应用举例
粗糙表面	微见刀痕	≤12.5	粗车、粗刨、粗铣、钻、毛锉、锯断	半成品粗加工过的表面，非配合的加工表面，如轴端面、倒角、钻孔、齿轮及皮带轮侧面、键槽底面、垫圈接触面
半光表面	可见加工痕迹	≤6.3	车、刨、铣、镗、钻、粗铰	轴上不安装轴承、齿轮处的非配合表面，紧固件的自由装配表面，轴和孔的退刀槽
	微见加工痕迹	≤3.2	车、刨、铣、镗、磨、拉、粗刮、滚压	半精加工表面，箱体、支架、盖面、套筒等和其他零件结合而无配合要求的表面，需要发蓝的表面等
	看不清加工痕迹	≤1.6	车、刨、铣、镗、磨、拉、刮、压、铣齿	接近于精加工表面，箱体上安装轴承的镗孔表面，齿轮的工作面

表面微观特性		$Ra/\mu m$	加工方法	应用举例
光表面	可辨加工痕迹方向	≤0.8	车、镗、磨、拉、刮、精铰、磨齿、滚压	圆柱销、圆锥销、与滚动轴承配合的表面，普通车床导轨面，内、外花键定心表面等
	微辨加工痕迹方向	≤0.4	精镗、磨、精铰、滚压、刮	要求配合性质稳定的配合表面，工作时受交变应力的重要零件，较高精度车床的导轨面
	不可辨加工痕迹方向	≤0.2	精磨、磨、研磨、超精加工	精密机床主轴锥孔、顶尖圆锥面，发动机曲轴、齿轮轴工作表面，高精度齿轮齿面
极光表面	暗光泽面	≤0.1	精磨、研磨、普通抛光	精密机床主轴颈表面，一般量规工作表面，气缸套内表面，活塞销表面
	亮光泽面	≤0.05	超精磨、精抛光、镜面磨削	精密机床主轴颈表面，滚动轴承的滚珠，高压油泵中柱塞和柱塞套配合的表面高精度
	锐状光泽面	≤0.025		
	镜面	≤0.012	镜面磨削、超精研	高精度量仪、量块的工作表面，光学仪器中的金属镜面

5.5 表面粗糙度的测量

常用的表面粗糙度测量方法有比较法、光切法和针描法。这些方法基本上用于测量表面粗糙度的幅度参数。

5.5.1 比较法

比较法是将被测零件表面与粗糙度样板直接进行比较的一种测量方法。它可以通过视觉、触觉或借助放大镜、比较显微镜，估计出表面粗糙度的值。这种方法广泛应用于生产实践中，评定各种机械加工（钻削、车削、铣削、磨削、刨削等）和电加工（线切割、电火花等）的低、中与较高精度的加工表面的粗糙度参数值。

5.5.2 光切法

光切法是利用光切原理，即光的反射原理测量表面粗糙度的一种方法。常用的仪器是光切显微镜(双管显微镜),该仪器适宜测量车、铣、刨或其他类似加工方法所加工的零件平面或外圆表面。光切法主要用来测量粗糙度参数 Rz 的值,其测量范围为 $0.8 \sim 50 \ \mu m$。

图 5-20(a)表示被测表面为阶梯面,其阶梯高度为 h。由光源发出的光线经狭缝后形成一个光带,此光带与被测表面以夹角为 45°的方向 A 与被测表面相截,被测表面的轮廓影像沿 B 向反射后可由显微镜中观察得到图 5-20(b)。其光路系统如图 5-20(c)所示,光源 1 通过聚光镜 2、狭缝 3 和物镜 5,以 45°角的方向投射到工件表面 4 上,形成一窄细光带。光带边缘的形状,即光束与工件表面的交线,也就是工件在 45°截面上的轮廓形状,此轮廓曲线的波峰在 S_1 点反射,波谷在 S_2 点反射,通过物镜 5,分别成像在分划板 6 上的 S_1'' 和 S_2'' 点,其峰、谷影像高度差为 h''。由仪器的测微装置可读出此值,按定义测出评定参数 Rz 的数值。

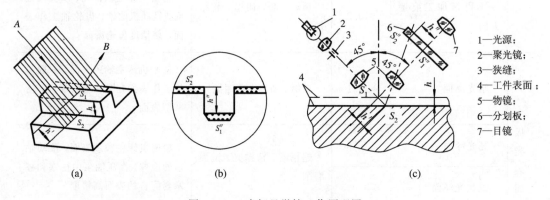

1—光源;
2—聚光镜;
3—狭缝;
4—工件表面;
5—物镜;
6—分划板;
7—目镜

(a)　　　　　　　　(b)　　　　　　　　(c)

图 5-20　光切显微镜工作原理图

5.5.3　针描法

针描法是利用仪器的触针在被测表面上轻轻划过,被测表面的微观不平度将使触针作垂直方向的位移,再通过传感器将位移量转换成电量,经信号放大后送入计算机,在显示器上示出被测表面粗糙度的评定参数值。也可由记录器绘制出被测表面轮廓的误差图形。

按针描法原理设计制造的表面粗糙度测量仪器通常称为轮廓仪。根据转换原理的不同,可以有电感式轮廓仪、电容式轮廓仪、电压式轮廓仪等。轮廓仪可测 Ra、Rz、RSm 及 $Rmr(c)$ 等多个参数。

除上述轮廓仪外,还有光学触针轮廓仪,它适用于非接触测量,以防止划伤零件表面。这种仪器通常直接显示 Ra 值,其测量范围为 $0.025 \sim 6.3 \ \mu m$。

附表 5-1　Ra 的数值(GB/T 1031—2009)　　　　　　μm

Ra	0.012	0.025	0.05	0.1	0.2	0.4	0.8
	1.6	3.2	6.3	12.5	25	50	100

附表 5-2　Rz 的数值(GB/T 1031—2009)　　　　　　μm

Rz	0.025	0.05	0.1	0.2	0.4	0.8
	1.6	3.2	6.3	12.5	25	50
	100	200	400	800	1600	

附表 5 – 3 *RSm* 的数值(GB/T 1031—2009)   mm

RSm	0.006	0.0125	0.025	0.050	0.1	0.20
	0.4	0.80	1.6	3.2	6.3	12.5

附表 5 – 4 *Rmr*(*c*)(%)的数值(GB/T 1031—2009)

Rmr(*c*)	10	15	20	25	30	40	50	60	70	80	90

注:选用支承长度率时,必须同时给出轮廓水平截距 *c* 的数值。*c* 值多用 *Rz* 的百分数表示,其系列有 5%、10%、15%、20%、25%、30%、40%、50%、60%、70%、80%、90%。

附表 5 – 5 *lr*、*ln* 的数值(GB/T 1031—2009)

Ra/μm	*Rz*/μm	*lr*/mm	*ln*/mm
≤0.012	≥0.025~0.1	0.08	0.4
>0.012~0.1	>0.1~0.4	0.25	1.25
>0.1~1.6	>0.4~12.5	0.8	4.0
>1.6~12.5	>12.5~50.0	2.5	12.5
>12.5~50.0	>50.0~400	8.0	40.0

思考题与习题

5 – 1 填空题:

(1) 零件表面几何形状误差分为三种,它们是_____、_____、_____。

(2) 表面粗糙度的基本图形符号是_____,扩展图形符号是_____、_____。

(3) 幅度参数有_____种,主要应用的是_____。

(4) 配合零件表面公差的协调一般应符合_____<_____<_____。

5 – 2 简答题:

(1) 表面粗糙度对零件使用性能有哪些影响?

(2) 什么是取样长度和评定长度?规定取样长度和评定长度有何意义?两者有什么关系?

(3) 表面粗糙度幅度参数有哪两种?其意义上和符号标注上有何区别?

(4) 试说明最大值、最小值与上限值、下限值在意义上和符号标注上的区别。

(5) 在一般情况下,ϕ45H7 和 ϕ8H7,ϕ45H7 和 ϕ45H6 中哪个应选用较小的表面粗糙度值?

（6）表面粗糙度的常用测量方法有哪几种？各适宜测量哪些参数？

（7）解释图5-21中各表面粗糙度符号的意义。

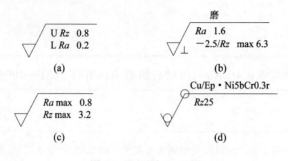

图 5-21 题 5-2 图

第6章 普通结合件的互换性

┌─────────────────┐
　本章重点提示
└─────────────────┘

　　本章主要讲述了普通结合件的公差标准，介绍了滚动轴承、圆锥配合、平键与花键和普通螺纹的有关知识，重点阐述了各个结合件的互换性。学习本章时，要求采用最新的国家标准控制其各种误差，了解滚动轴承、圆锥、平键与花键、普通螺纹的各种结合，掌握几种结合件的极限与配合，重点掌握工业上常用的典型工件——平键、花键和普通螺纹的互换性要求；会选择各种常用测量器具检测各个典型零件，能正确地将各种公差标注在图样上；注意轴承内孔与减速器输出轴、轴承外圈与减速器箱体孔的配合，并了解其实质。

6.1　滚动轴承的互换性

　　滚动轴承是广泛应用于机械制造业中的标准件，一般由内圈、外圈、滚动体和保持架组成，如图 6-1 所示为向心球轴承的结构。滚动轴承的配合尺寸是外径 D、内径 d，它们相应的圆柱面分别与外壳孔和轴颈配合，为完全互换。滚动轴承的内、外圈滚道与滚动体的装配，一般采用分组方法，为不完全互换。

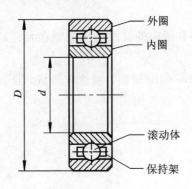

图 6-1　向心球轴承的结构

　　滚动轴承的类型很多，按滚动体形状可分为球、滚子及滚针轴承；按其可承受负荷的方向可分为向心、向心推力和推力轴承等。

滚动轴承的工作性能和使用寿命取决于滚动轴承本身的制造精度、滚动轴承与轴及外壳孔的配合性质，以及轴和外壳孔的尺寸精度、几何精度、表面粗糙度及安装等因素。

滚动轴承配合是指轴承安装在机器上，其内圈内圆柱面与轴颈及外圈外圆柱面与外壳孔的配合。它们的配合性质必须满足合适的游隙和必要的旋转精度要求。

1. 合适的游隙

轴承工作时，滚动轴承与套圈之间的径向游隙 δ_1 和轴向游隙 δ_2（见图 6 - 2）的大小，均应保持在合理的范围之内，以保证轴承的正常运转和使用寿命。游隙过大，会引起转轴较大的径向跳动和轴向窜动及振动和噪声。游隙过小，则会因为轴承与轴颈、外壳孔的过盈配合使轴承滚动体与内、外圈产生较大的接触应力，增加轴承摩擦发热，从而降低轴承的使用寿命。

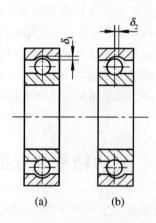

图 6 - 2 滚动轴承的游隙

(a) 径向游隙；(b) 轴向游隙

2. 必要的旋转精度

轴承工作时，其内、外圈和轴向的圆跳动应控制在允许的范围之内，以保证传动零件的回转精度。

由于轴承具有摩擦系数小，润滑简便，制造较经济，且具有互换性，易于更换等许多优点，因而在机械设备中得到广泛应用。

6.1.1 滚动轴承的公差

1. 滚动轴承的公差等级

1）滚动轴承公差分级

根据 GB/T 307.3—2005 的规定，滚动轴承按尺寸公差与旋转精度分级。向心轴承分 0、6、5、4、2 五个精度等级，从 0 级到 2 级，精度依次增高（相当于 84 标准中的 G、E、D、C、B 级）；圆锥滚子轴承分为 0、6、5、4 四个等级；推力轴承分为 0、6、5、4 四个等级。

0 级称为普通级，在机械制造业中应用最广，常用于旋转精度要求不高、中等转速、中等负荷的一般机构中。例如，普通机床中的变速、进给机构，汽车、拖拉机中的变速机构，普通电动机、水泵、压缩机、汽轮机和涡轮机的旋转机构中的轴承等。

6 级称为高级，5 级称为精密级，用于旋转精度和转速较高的机构中。例如，普通机床主轴的前轴承多用 5 级，后轴承多用 6 级。

4 级和 2 级轴承称为超精密轴承，用于旋转精度高和转速高的旋转机构，如精密机床的主轴轴承，精密仪器、高速摄影机等高速精密机械中的轴承。

2）滚动轴承公差分级的特点

滚动轴承尺寸精度是指轴承内圈内径 d、外圈外径 D、内圈宽度 B、外圈宽度 C 和装配高度 T 的制造精度。

由于轴承的内、外圈都是薄壁零件，在制造和自由状态下都易变形，在装配后又得到校正，因此为保证配合性质，应规定其平均直径的极限偏差。GB/T 307.1—2005 对滚动轴承内径和外径规定了评定指标。轴承内、外圈外型尺寸的极限偏差见附表 6-1 和附表 6-2。

评定向心轴承（除圆锥滚子轴承外）旋转精度各参数的允许值见附表 6-3 和附表 6-4。

2. 滚动轴承内、外径的公差带

由于滚动轴承是标准部件，因此轴承内圈内圆柱面与轴颈的配合按基孔制，轴承外圈外圆柱面与外壳孔的配合按基轴制。

在滚动轴承与轴颈、外壳孔的配合中，起作用的是平均尺寸。对于各级轴承，单一平面平均内（外）径的公差带均为单向制，而且统一采用上偏差为零，下偏差为负值的布置方案，如图 6-3 所示。这样分布主要是考虑在多数情况下，轴承的内圈随轴一起转动时，为防止它们之间发生相对运动而磨损结合面，两者的配合应有一定的过盈，但由于内圈是薄壁件，且一定时间后（受寿命限制）又必须拆卸，因此过盈量不宜过大。滚动轴承国家标准所规定的单向制正适合这一特殊要求。

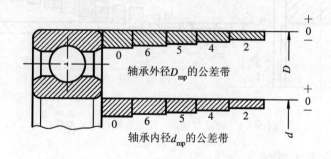

图 6-3　轴承内、外圈公差带图

轴颈和外壳孔的公差带均在极限与配合的国标中选择，它们分别与轴承内、外圈相应的圆柱面结合，可以得到松紧程度不同的各种配合。需要特别注意的是，轴承内圈与轴颈的配合虽属基孔制，但配合的性质不同于一般基孔制的相应配合，这是因为基准孔公差带下移为上偏差为零、下偏差为负的位置，所以轴承内圈内圆柱面与轴颈得到的配合比相应极限与配合按基孔制形成的配合紧一些。

轴颈和外壳孔的标准公差等级的选用与滚动轴承本身的精度等级密切相关。与 0 级和 6 级轴承配合的轴一般取 IT6，外壳孔一般取 IT7；对旋转精度和运转平稳有较高要求的场合，轴颈取 IT5，外壳孔取 IT6；与 5 级轴承配合的轴颈和外壳孔均取 IT6，要求高的场合取 IT5；与 4 级轴承配合的轴颈取 IT5，外壳孔取 IT6；要求更高的场合轴颈取 IT4，外壳孔取 IT5。

6.1.2 滚动轴承配合的选择

1. 轴颈和外壳孔的公差带

按 GB/T 275—1993 的规定，滚动轴承与轴颈、外壳孔配合的公差带如图 6-4 所示。图中为标准推荐的外壳孔、轴颈的尺寸公差带，其适用范围如下：

(1) 对轴承的旋转精度和运转平稳性无特殊要求。

(2) 轴颈为实体或厚壁空心。

(3) 轴颈与座孔的材料为钢或铸铁。

(4) 轴承的工作温度不超过 100℃。

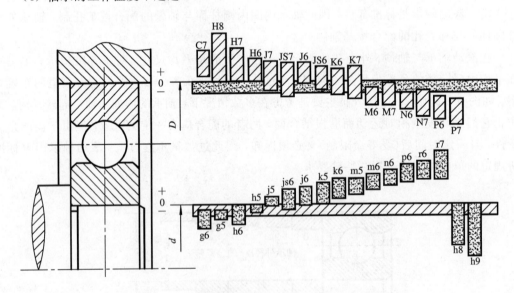

图 6-4 轴承与轴颈、外壳孔配合的公差带

2. 配合选择的基本原则

正确选择滚动轴承与轴颈、外壳孔的配合，对保证机器的正常运转，延长轴承的使用寿命影响很大。因此，应以轴承的工作条件、公差等级和结构类型为依据进行设计。选择时主要考虑如下因素。

1）负荷类型

轴承转动时，根据作用于轴承的合成径向负荷对套圈相对旋转的情况，可将套圈承受的负荷分为定向负荷、旋转负荷以及摆动负荷，如图 6-5 所示。

（1）定向负荷　轴承转动时，作用于轴承上的合成径向负荷与某套圈相对静止，该负荷将始终不变地作用在该套圈的局部滚道上。图 6-5(a)中的外圈和图 6-5(b)中的内圈所承受的径向负荷都是定向负荷。承受定向负荷的套圈，一般选较松的过渡配合，或较小的间隙配合，从而减少滚道的局部磨损，以延长轴承的使用寿命。

（2）循环负荷　轴承转动时，作用于轴承上的合成径向负荷与某套圈相对旋转，并依次作用在该套圈的整个圆周滚道上。图 6-5(a)和图 6-5(c)中的内圈及图 6-5(b)和图 6-5(d)中的外圈所承受的径向负荷都是循环负荷。承受循环负荷的套圈与轴（或外壳孔）相配，应选过盈配合或较紧的过渡配合，其过盈量的大小以不使套圈与轮或壳体孔配合表面间出现打滑现象为原则。

（3）摆动负荷　轴承转动时，作用于轴承上的合成径向负荷在某套圈滚道的一定区域内相对摆动，作用在该套圈的部分滚道上。图 6-5(c)的外圈和图 6-5(d)的内圈所承受的径向负荷都是摆动负荷。承受摆动负荷的套圈，其配合要求与循环负荷相同或略松一些。

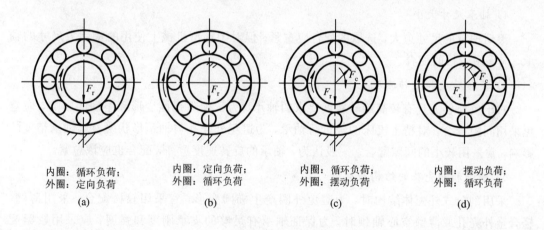

内圈：循环负荷；
外圈：定向负荷
(a)

内圈：定向负荷；
外圈：循环负荷
(b)

内圈：循环负荷；
外圈：摆动负荷
(c)

内圈：摆动负荷；
外圈：循环负荷
(d)

图 6-5　轴承套圈承受负荷的类型

2）负荷大小

滚动轴承套圈与结合件配合的最小过盈量，取决于负荷的大小。一般把径向负荷 $P<0.07C$ 的称为轻负荷；$0.07C<P<0.15C$ 的称为正常负荷；$P>0.15C$ 的称为重负荷。其中，P 为当量径向负荷，C 为轴承的额定动负荷，即轴承能够旋转 10^6 次而不发生点蚀破坏的概率为 90% 时的载荷值。

承受较重的负荷或冲击负荷时，将引起轴承较大的变形，使结合面间实际过盈减小和轴承内部的实际间隙增大，这时为了使轴承运转正常，应选较大的过盈配合。同理，承受较轻的负荷时，可选用较小的过盈配合。

当内圈承受循环负荷时，它与轴颈配合所需的最小过盈 $Y'_{\min}$，可近似按下式计算：

$$Y'_{\min} = -\frac{13Pk}{10^6 b} \text{ mm} \tag{6-1}$$

式中：P——轴承承受的最大径向负荷(kN)；

k——与轴承系列有关的系数，$k=2.8$ 为轻系列，$k=2.3$ 为中系列，$k=2.0$ 为重系列；

b——轴承内圈的配合宽度(mm)，$b=B-2r$，B 为轴承宽度，r 为内圈的圆角半径。

为避免套圈破裂，必须按不超出套圈允许的强度的要求，核算其最大过盈量 Y'_{max}，可近似按下式计算：

$$Y'_{max} = -\frac{11.4kd[\sigma_p]}{(2k-1)\times 10^3} \text{ mm} \tag{6-2}$$

式中：$[\sigma_p]$——轴承套圈材料的许用拉应力(10^5 Pa)，轴承钢的许用拉应力 $[\sigma_p]=400\times 10^5$ Pa；

d——轴承内圈内径(mm)。

3）工作温度

轴承工作时，由于摩擦发热和其他热源的影响，而使轴承套圈的温度经常高于结合零件的温度。由于发热膨胀，轴承内圈与轴颈的配合可能变松，外圈与外壳孔的配合可能变紧。轴承的工作温度一般应低于 100℃，在高于此温度时，必须考虑温度影响的修正量。

4）轴承尺寸大小

滚动轴承的尺寸愈大，选取的配合应愈紧。但对于重型机械上使用的特别大尺寸的轴承，应采用较松的配合。

5）旋转精度和旋转速度

对于负荷较大且有较高旋转精度要求的轴承，为了消除弹性变形和振动的影响，应避免采用间隙配合。对精密机床的轻负荷轴承，为避免外壳孔与轴颈形状误差对轴承精度的影响，常采用较小的间隙配合。一般认为，轴承的旋转速度愈高，配合也应该愈紧。

6）轴颈和外壳孔的结构与材料

采用剖分式外壳体结构时，为避免外圈产生椭圆变形，宜采用较松配合。采用薄壁、轻合金外壳孔或薄壁空心轴颈时，为保证轴承有足够的支承刚度和强度，应采用较紧配合。对高于 K7 包括 k7 的配合或壳体孔的标准公差小于 IT6 级时，应选用整体式外壳体。

7）安装条件

为了便于安装、拆卸，特别对于重型机械，宜采用较松的配合。如果要求拆卸，而又需较紧配合，可采用分离型轴承或内圈带锥孔和紧定套或退卸套的轴承。

除上述条件外，还应考虑当要求轴承的内圈或外圈能沿轴向移动时，该内圈与轴颈或外圈与外壳孔的配合应选较松的配合。

此外，当轴承的两个套圈之一须采用特大过盈的过盈配合时，由于过盈配合使轴承径向游隙减小，因此应选择具有大于基本组的径向游隙的轴承。

滚动轴承与轴颈、座孔配合的选择方法有类比法和计算法，通常采用类比法。表 6-1 和表 6-2 列出了 GB/T 275—1993 规定的向心轴承与轴颈、外壳孔配合的公差带，供选择参考。配合初选后，还应考虑对有关影响因素进行修正。

表 6-1 向心轴承和轴的配合、轴公差带代号

圆柱孔轴承

运转状态		负荷状态	深沟球轴承、调心球轴承和角接触球轴承	圆柱滚子轴承和圆锥滚子轴承	调心滚子轴承	公差带
说明	举例		轴承公称内径/mm			
旋转的内圈负荷及摆动负荷	一般通用机械、电动机、机床主轴、泵、内燃机、直齿轮传动装置、铁路机车车辆轴箱、破碎机等	轻负荷	≤18	—	—	h5
			>18～100	≤40	≤40	j6①
			>100～200	>40～140	>40～100	k6①
			—	>140～200	>100～200	m6①
		正常负荷	≤18	—	—	j5、js5
			>18～100	≤40	≤40	k5②
			>100～140	>40～100	>40～65	m5②
			>140～200	>100～140	>65～100	m6
			>200～280	>140～200	>100～140	n6
			—	>200～400	>140～280	p6
			—	—	>280～500	r6
		重负荷		>50～140	>50～100	n6
				>140～200	>100～140	p6③
				>200	>140～200	r6
					>200	r7
固定的内圈负荷	静止轴上的各种轮子、张紧轮绳轮、振动筛、惯性振动器	所有负荷	—			f6
						g6①
						h6
						j6
仅有轴向负荷		所有尺寸				j6、js6

圆锥孔轴承

运转状态		负荷状态	轴承公称内径/mm	公差带
所有负荷	铁路机车车辆轴箱		装在退卸套上的所有尺寸	h8(IT6)④⑤
	一般机械传动		装在紧定套上的所有尺寸	h9(IT7)⑤④

注：① 凡对精度有较高要求的场合，应用 j5，k5，…，代替 j6，k6，…；

② 圆锥滚子轴承、角接触球轴承配合对游隙影响不大，可用 k6，m6 代替 k5，m5；

③ 重负荷下轴承游隙应大于基本组游隙的滚子轴承；

④ 凡有较高精度或转速要求的场合，应选用 h7(IT5)代替 h8(IT6)等；

⑤ IT6、IT7 表示圆柱度公差数值。

表 6-2　向心轴承和外壳孔的配合、孔公差带代号

运转状态		负荷状态	其他状态	公差带①	
说明	举例			球轴承	滚子轴承
固定的外圈负荷	一般机械、铁路机车车辆轴承、电动机、泵、曲轴主轴承	轻、正常、重	轴向易移动,可采用剖分式外壳	H7、G7②	
摆动负荷		冲击	轴向能移动,可采用整体或剖分式外壳	J7、JS7	
		轻、正常			
		正常、重	轴向不移动,可采用整体式外壳	K7	
		冲击		M7	
循环的外圈负荷	张紧滑轮、轮毂轴承	轻		J7	K7
		正常		K7、M7	M7、N7
		重		—	N7、P7

注: ① 并列公差带随尺寸的增大从左至右选择,对旋转精度有较高要求时,可相应提高一个公差等级;
　　 ② 不适用于剖分式外壳。

3. 配合表面的几何公差及表面粗糙度

为了保证轴承工作时的安装精度和旋转精度,还必须对与轴承相配的轴和外壳孔的配合表面提出几何公差及表面粗糙度要求。

1) 几何公差

轴承的内、外圈是薄壁件,易变形,尤其是超轻、特轻系列的轴承,但其形状误差在装配后靠轴颈和外壳孔的正确形状可以得到矫正。为了保证轴承安装正确、转动平稳,通常对轴颈和外壳孔的表面提出圆柱度要求。为保证轴承工作时有较高的旋转精度,应限制与套圈端面接触的轴肩及外壳孔肩的倾斜,特别是在高速旋转的场合,从而避免轴承装配后滚道位置不正,旋转不稳,因此标准又规定了轴肩和外壳孔肩的轴向圆跳动公差,见表 6-3。

表 6-3　轴和外壳孔的几何公差

公称尺寸 /mm		圆柱度 t				轴向圆跳动 t_1			
		轴颈		外壳孔		轴肩		外壳孔肩	
		轴承公差等级							
		0	6(6x)	0	6(6x)	0	6(6x)	0	6(6x)
大于	至	公差值/μm							
	6	2.5	1.5	4	2.5	5	3	8	5
6	10	2.5	1.5	4	2.5	6	4	10	6
10	18	3.0	2.0	5	3.0	8	5	12	8
18	30	4.0	2.5	6	4.0	10	6	15	10
30	50	4.0	2.5	7	4.0	12	8	20	12
50	80	5.0	3.0	8	5.0	15	10	25	15

公称尺寸 /mm		圆柱度 t				轴向圆跳动 t_1			
		轴颈		外壳孔		轴肩		外壳孔肩	
		轴承公差等级							
		0	6(6x)	0	6(6x)	0	6(6x)	0	6(6x)
大于	至	公差值/μm							
80	120	6.0	4.0	10	6.0	15	10	25	15
120	180	8.0	5.0	12	8.0	20	12	30	20
180	250	10.0	7.0	14	10.0	20	12	30	20
250	315	12.0	8.0	16	12.0	25	15	40	25
315	400	13.0	9.0	18	13.0	25	15	40	25
400	500	15.0	10.0	20	15.0	25	15	40	25

2) 表面粗糙度

轴颈和外壳孔的表面粗糙会使有效过盈量减小，接触刚度下降，从而导致支承不良。为此，标准还规定了与轴承配合的轴颈和外壳孔的表面粗糙度要求，见表 6 - 4。

表 6 - 4   配合面的表面粗糙度

轴或轴承座直径 /mm		轴或外壳配合表面直径公差等级								
		IT7			IT6			IT5		
		表面粗糙度/μm								
大于	至	Rz	Ra		Rz	Ra		Rz	Ra	
			磨	车		磨	车		磨	车
	80	10	1.6	3.2	6.3	0.8	1.6	4	0.4	0.8
80	500	16	1.6	3.2	10	1.6	3.2	6.3	0.8	1.6
端面		25	3.2	6.3	25	3.2	6.3	10	1.6	3.2

4. 滚动轴承配合选用举例

例 6 - 1　如图 6 - 6 所示为图 1 - 3 减速器输出轴轴颈部分的装配图。已知：该减速器的功率为 5 kW，从动轴转速为 83 r/min，其两端 ϕ55j6 的轴承为 6211 深沟球轴承（$d=55$，$D=100$）。试确定轴颈和外壳孔的公差带代号、几何公差和表面粗糙度参数值，并将它们分别标注在装配图和零件图上。

解　（1）减速器属于一般机械，轴的转速不高，应选用 0 级轴承。

（2）按它的工作条件，由有关计算公式求得该轴承的当量径向负荷 P 为 833 N。查得 6211 球轴承的额定动负荷 C 为 33 354 N。所以 $P=0.03C<0.07C$，此轴承类型属于轻负荷。

（3）轴承工作条件从表 6 - 1 和表 6 - 2 选取轴颈公差带为 ϕ55j6（基孔制配合），外壳孔公差带为 ϕ100H7（基轴制配合）。

(4) 按表 6-3 选取几何公差值：轴颈圆柱度公差 0.005，轴肩轴向圆跳动公差 0.015；外壳孔圆柱度公差 0.01，外壳孔肩轴向圆跳动公差 0.025（如图 1-3 右端所示）。

(5) 按表 6-4 选取轴颈和外壳孔的表面粗糙度参数值：轴颈 $Ra \leqslant 0.8~\mu m$，轴肩端面 $Ra \leqslant 3.2~\mu m$；外壳孔 $Ra \leqslant 1.6~\mu m$，外壳孔肩 $Ra \leqslant 3.2~\mu m$。

(6) 将确定好的上述公差标注在图样上（见图 6-6）。注意：由于滚动轴承为标准部件，因而在装配图样上只需标注相配件（轴颈和外壳孔）的公差带代号。

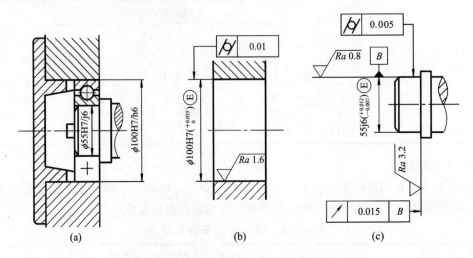

图 6-6 轴颈、外壳孔公差在图样上的标注示例
(a) 装配图；(b) 外壳零件图；(c) 轴零件图

6.2 圆锥结合的互换性

锥度与锥角的标准化，对保证圆锥配合的互换性具有重要意义。国家近年颁布了 GB/T 157—2001《圆锥的锥度与锥角系列》、GB/T 11334—2005《圆锥公差》、GB/T 12360—2005《圆锥配合》等标准。

6.2.1 锥度、锥角系列与圆锥公差

圆锥公差适用于锥度 C 从 1:3 至 1:500、圆锥长度 L 从 6 至 630 mm 的光滑圆锥，也适用于棱体的角度与斜度。

1. 锥度与锥角系列

一般用途圆锥的锥度与锥角系列见附表 6-5。为便于圆锥件的设计、生产和控制，表中给出了圆锥角或锥度的推算值，其有效位数可按需要确定。为保证产品的互换性，减少生产中所需的定值工、量具规格，在选用时应当优先选用第一系列。

特殊用途圆锥的锥度与锥角系列见附表 6-6。它仅适用于某些特殊行业，通常指附表 6-6 中最后一栏所推荐的适用范围。在机床、工具制造中，广泛使用莫氏锥度。常用的莫氏锥度共有 7 种，从 0 号至 6 号，使用时只有相同号的莫氏内、外锥才能配合。

2. 圆锥公差的基本参数

公称圆锥是指设计给定的理想形状的圆锥。它可用以下两种形式确定：

(1) 一个公称圆锥直径(最大圆锥直径 D、最小圆锥直径 d、给定截面圆锥直径 d_x)、公称圆锥长度 L、公称圆锥角 α 或公称锥度 C。

(2) 两个公称圆锥直径和公称圆锥长度 L(见图 6 - 7)。

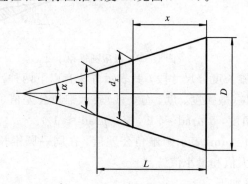

图 6 - 7　圆锥公差的基本参数

3. 圆锥公差

1) 极限圆锥

极限圆锥是指与公称圆锥共轴且圆锥角相等，直径分别为上极限尺寸和下极限尺寸的两个圆锥(D_{max}、D_{min}、d_{max}、d_{min})。在垂直圆锥轴线的任一截面上，这两个圆锥的直径差都相等(见图 6 - 8)。

2) 圆锥直径公差 T_D

圆锥直径公差是指圆锥直径的允许变动量，它适用于圆锥全长上。圆锥直径公差带是在圆锥的轴剖面内，两锥极限圆所限定的区域，见图 6 - 8。一般以最大圆锥直径为基础。

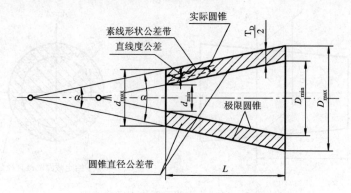

图 6 - 8　极限圆锥、圆锥直径公差带

3) 圆锥角公差 AT(AT_D、AT_α)

圆锥角公差是指圆锥角的允许变动量。圆锥角公差带是两个极限圆锥角所限定的区域，如图 6 - 9 所示。锥角公差共分 12 个公差等级，用 AT1～AT12 表示，其中 AT1 最高，AT12 最低，例如 AT6 表示 6 级圆锥角公差。各公差等级的圆锥角公差见附表 6 - 7。

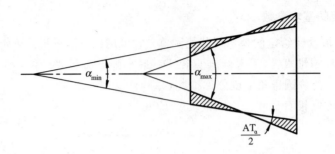

图 6 - 9　极限圆锥角

圆锥角公差值按圆锥长度分尺寸段，其表示方法有以下两种：

（1）AT_α 以角度单位（微弧度、度、分、秒）表示锥角公差值（1 μrad 等于半径为 1 m，弧长为 1 μm 所产生的角度，5 μrad $\approx$ $1''$，300 μrad $\approx$ $1'$）。

（2）AT_D 以线值单位（μm）表示圆锥角公差值。在同一圆锥长度分段内，AT_D 值有两个，分别对应于 L 的最大值和最小值。

AT_α 和 AT_D 的关系如下：

$$AT_D = AT_\alpha \times L \times 10^{-2}$$

式中：AT_D 的单位为 μm；AT_α 的单位为 μrad；L 的单位为 mm。

例如，当 $L=100$，AT_α 为 9 级时，查附表 6 - 7 得 $AT_\alpha=630$ μrad 或 $2'10''$，$AT_D=63$ μm。若 $L=80$，AT_α 仍为 9 级，则按上式计算得

$$AT_D=(630\times80\times10^{-2})\mu m=50.4\ \mu m\approx50\ \mu m$$

4）给定截面圆锥直径公差 T_{DS}

给定截面圆锥直径公差是指在垂直于圆锥轴线的给定截面内圆锥直径的允许变动量，它仅适用于该给定截面的圆锥直径。其公差带是给定的截面内两同心圆所限定的区域，如图 6 - 10 所示。

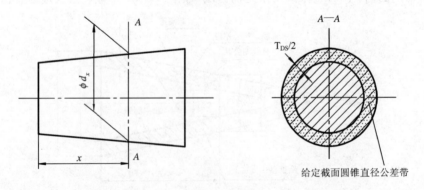

图 6 - 10　给定截面圆锥直径公差带

T_{DS} 公差带所限定的是平面区域，而 T_D 公差带所限定的是空间区域，两者是不同的。

5）圆锥形状公差 T_F

圆锥形状公差包括素线直线度公差和横截面圆度公差。圆锥形状误差一般由圆锥直径公差 T_D 控制，当圆锥的形状公差有更高的要求时，可单独给出形状公差，如图 6 - 12 和图 6 - 13 所示。

6.2.2 圆锥公差的标注

按 GB/T 15754—1995《技术制图 圆锥的尺寸和公差标注》标准中规定，若锥角和圆锥的形状公差都控制在直径公差带内，标注时应在圆锥直径的极限偏差后面加注圆圈的符号 T，如图 6-11 所示。

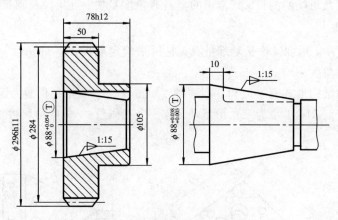

图 6-11 圆锥配合的标注示例

通常圆锥公差应按面轮廓度法标注，如图 6-12(a)和图 6-13(a)所示，它们的公差带分别如图 6-12(b)和图 6-13(b)所示。必要时还可以给出附加的形状公差要求，但只占面轮廓度公差的一部分，形状误差在面轮廓度公差带内浮动。

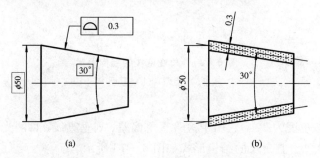

图 6-12 给定圆锥角标注示例

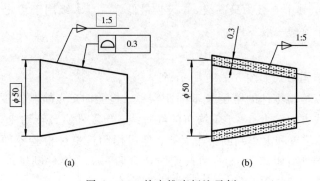

图 6-13 给定锥度标注示例

6.2.3 角度与锥度的测量

1. 相对测量法

相对测量法又称比较测量法。它是将角度量具与被测角度比较，用光隙法或涂色检验法估计被测锥度及角度的测量。其常用的量具有角度量块、直角尺及圆锥量规等。

1）角度量块

在角度测量中，角度量块是基准量具，它用来检定或校正各种角度量仪，也可以用来测量精密零件的角度。

角度量块的结构形式有Ⅰ型和Ⅱ型两种，如图 6 - 14 所示。Ⅱ型为四边形量块，有四个工作角(α、β、γ、δ)；Ⅰ型为三角形量块，有一个工作角 α。角度量块可单独使用，也可组合使用。

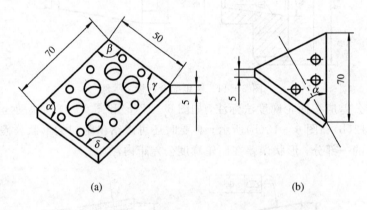

(a)　　　　　　　　　　　　(b)

图 6 - 14　角度量块的结构形式
(a) Ⅱ型；(b) Ⅰ型

2）直角尺

直角尺的公称角度为 90°，它用于检验直角偏差、划垂直线、目测光隙以及用塞尺来确定垂直度误差的大小。直角尺的结构形式如图 6 - 15 所示。

直角尺的精度按外工作角 α 和内工作角 β 在长度 H 上对 90°的垂直误差大小划分为 0、1、2、3 四个等级，其中 0 级为最高级，3 级为最低级，0、1 级用于检定精密量具或作精密测量，2、3 级用于检验一般零件。

3）圆锥量规

圆锥量规的结构形式如图 6 - 16 所示。

圆锥量规可以检验零件的锥度及基面距误差。检验时，先检验锥度，常用涂层法，在量规表面沿着素线方向涂上 3～4 条均布的红丹线，与零件研合转动 1/3～1/2 转，取出量规，根据接触面的位置和大小判断锥角误差；然后用圆锥量规检验零件的基面距误差，在量规的大端或小端处有距离为 m 的两条刻线或台阶，m 为零件圆锥的基面距公差。测量时，被测圆锥的端面只要介于两条刻线之间，即为合格。

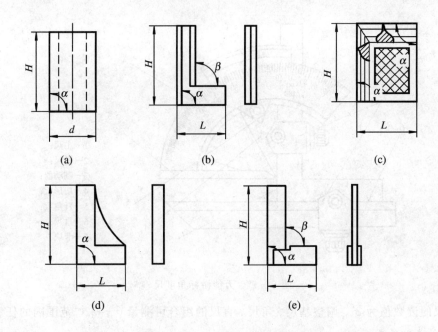

图 6 - 15 直角尺的结构形式

（a）圆柱角尺；（b）刀口角尺；（c）刀口矩形角尺；（d）铸铁角尺；（e）宽座角尺

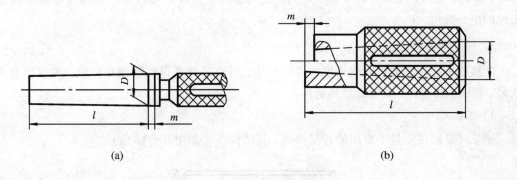

图 6 - 16 圆锥量规的结构形式

（a）圆锥塞规；（b）圆锥环规

2. 绝对测量法

绝对测量法是用测量角度的量具和量仪直接测量，被测的锥度或角度的数值可在量具和量仪上直接读出。常用量具和量仪有万能游标角度尺和光学分度头等。

1）万能游标角度尺

万能游标角度尺是机械加工中常用的度量角度的量具，它的结构如图 6 - 17 所示。

游标角度尺是根据游标读数原理制造的。读数值为 $2'$ 和 $5'$，其示值误差分别不大于 $\pm 2'$ 和 $\pm 5'$。以读数值为 $2'$ 的为例：主尺 1 朝中心方向均匀刻有 120 条刻线，每两条刻线的夹角为 $1°$，游标上，在 $29°$ 范围内朝中心方向均匀刻有 30 条刻线，则每条刻线的夹角为 $29°/30 \times 60' = 58'$。因此，尺座刻度与游标刻度的夹角之差为 $60' - 29°/30 \times 60' = 2'$，即游

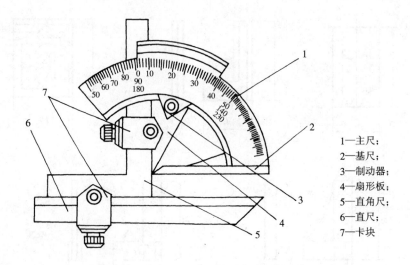

1—主尺;
2—基尺;
3—制动器;
4—扇形板;
5—直角尺;
6—直尺;
7—卡块

图 6-17 万能游标角度尺

标角度尺的读数值为 $2'$。调整基尺、角尺、直尺的组合可测量 $0°\sim320°$ 范围内的任意角度。

2）光学分度头

光学分度头用于锥度及角度的精密测量，以及工件加工时的精密分度。如测量花键、凸轮、齿轮、铣刀、拉刀等的分度中心角，在测量时以零件的旋转中心为测量基准来测量工件的中心夹角。

3. 间接测量法

间接测量法是测量与被测角度有关的尺寸，再经过计算得到被测角度值。常用的有正弦尺、圆柱、圆球、平板等工具和量具。

1）正弦尺

正弦尺是锥度测量中常用的计量器具，其结构形式如图 6-18 所示。

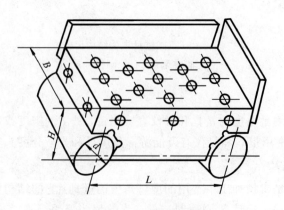

图 6-18 正弦尺的结构形式

正弦尺的工作台面分宽型和窄型两种，见表 6-5。

表 6 – 5　正弦尺的基本尺寸　　　　　　　　　　mm

形　式	L	B	H	d
宽型	100	80	40	20
	200	150	65	30
窄型	100	25	30	20
	200	40	55	30

用正弦尺测量外锥的锥度如图 6 – 19 所示。在正弦尺的一个圆柱下面垫上高度为 h 的一组量块，已知两圆柱的中心距为 L，正弦尺工作面和平板的夹角为 α，则 $h = L \sin\alpha$。用百分表测量圆锥面上相距为 l 的 a、b 两点，由 a、b 两点的读数差 n 和 a、b 两点的距离 l 之比，即可求出锥度误差 ΔC，即

$$\Delta C = \frac{n}{l}(\text{rad}) \quad 或 \quad \Delta\alpha = \arctan\frac{n}{l} \tag{6-3}$$

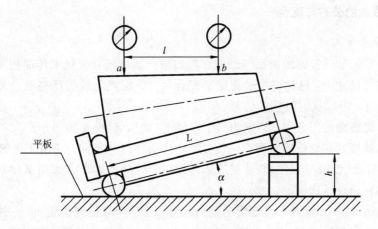

图 6 – 19　正弦尺测外锥

2）圆柱或圆球

采用精密钢球和圆柱量规测量锥角，适用于正弦尺无法测量的场合。

6.3　键与花键联结的互换性

键联结与花键联结用于轴与齿轮、链轮、皮带轮或联轴器之间，以传递扭矩，有时也用于轴上传动件的导向，如变速箱中的齿轮可以沿花键轴移动以达到变换速度的目的。

6.3.1　单键联结的互换性

单键（通常称键）分为平键、半圆键、切向键和楔键等几种，其中平键应用最为广泛。平键又可分为导向平键和普通平键，前者用于导向联结，后者用于固定联结。

平键联结是由键、轴槽和轮毂槽三部分组成的，其结合尺寸有键宽、键槽宽（轴槽宽和

轮毂槽宽)、键高、槽深和键长等参数。平键联结的几何参数如图 6 - 20 所示。其参数值见附表 6 - 8。

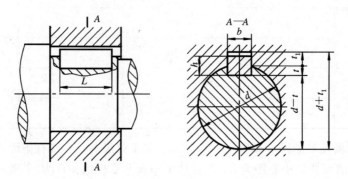

图 6 - 20 平键联结的几何参数

平键联结的剖面尺寸均已标准化，在 GB/T 1095—2003《普通平键键槽的剖面尺寸及公差》中作了规定(见附表 6 - 9)。

1. 平键联结的公差与配合

1) 尺寸公差带

由于平键联结是通过键的侧面与轴槽和轮毂槽的侧面相互接触来传递扭矩的，因此在平键联结的结合尺寸中，键和键槽的宽度是配合尺寸，应规定较为严格的公差。其余的尺寸为非配合尺寸，可以规定较松的公差。

在键宽与键槽宽的配合中，键宽相当于广义的"轴"，键槽宽相当于广义的"孔"。由于键宽同时要与轴槽宽和轮毂槽宽配合，而且配合性质往往又不同，还由于平键是由精(冷)拔钢制成的，符合《极限与配合》基轴制的选择原则，因此平键配合采用基轴制。其尺寸大小是根据轴的直径进行选取的。

GB/T 1096—2003《普通平键键槽的剖面尺寸及公差》对键宽规定 h8 一种公差带；对轴槽和轮毂键槽宽各规定 H9、N9、P9 和 D10、JS9、P9 三种公差带，构成三种不同性质的配合，以满足各种不同用途的需要。键宽、键槽宽、轮毂槽宽 b 的公差带如图 6 - 21 所示。

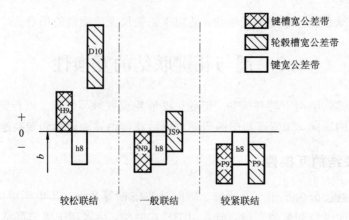

图 6 - 21 平键联结的配合形式

平键联结的三种配合及应用如表 6 - 6 所示。

表 6-6 平键联结的三种配合及应用

配合种类	尺寸 b 的公差带			应　用
	键	轴槽	轮毂槽	
较松联结		H9	D10	用于导向平键，轮毂可在轴上移动
一般联结	h8	N9	JS9	键在轴槽中和轮毂槽中均固定，用于载荷不大的场合
较紧联结		P9	P9	键在轴槽中和轮毂槽中均牢固地固定，用于载荷较大、有冲击和双向扭矩的场合

2) 键联结的几何公差

为保证键侧与键槽侧面之间有足够的接触面积，避免装配困难，应分别规定键槽对轴的轴线和轮毂键槽对孔的轴线的对称度公差，对称度公差按 GB/T 1182—2008《几何公差》规定选取，一般取 7～9 级。

当键长 L 与键宽 b 之比大于或等于 8 时，应对键宽 b 的两工作侧面在长度方向上规定平行度公差，平行度公差应按《几何公差》的规定选取。当 $b \leqslant 6$ 时，平行度公差选 7 级；当 $b \geqslant 7 \sim 36$ 时，平行度公差选 6 级；当 $b \geqslant 37$ 时，平行度公差选 5 级。

3) 键联结的表面粗糙度

轴槽和轮毂槽两侧面的粗糙度参数 Ra 值推荐为 1.6～3.2 μm，底面的粗糙度参数 Ra 值为 6.3 μm。

轴槽的剖面尺寸、几何公差及表面粗糙度在图样上的标注见图 1-3。根据 GB/T 1096—2003，查附表 6-9 得 14N9($_{-0.043}^{0}$)，16N9($_{-0.043}^{0}$)；查附表 4-4《几何公差》对称度 8 级为 0.02；轴槽两侧面的粗糙度参数 Ra 值为 3.2 μm，底面的粗糙度参数 Ra 值为 6.3 μm。

2. 单键的测量

在单件、小批量生产中，键槽宽度和深度一般用游标卡尺、千分尺等通用测量工具来测量。

在成批量生产中可用光滑极限量规来检测，如图 6-22 所示。

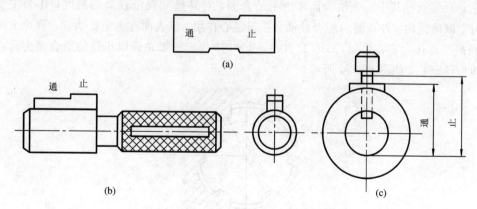

图 6-22 键槽尺寸检测的极限量规

(a) 键槽宽量规；(b) 轮毂槽深量规；(c) 轴槽深量规

6.3.2 花键联结的互换性

花键联结是由内花键(花键孔)和外花键(花键轴)两个零件组成的。与单键联结相比,其主要优点是定心和导向精度高,承载能力强,因而在机械中获得广泛应用。花键联结可用作固定联结,也可用作滑动联结。花键联结按其截面形状的不同,可分为矩形花键、渐开线花键、三角形花键等几种,其中矩形花键应用最广。

1. 矩形花键的主要参数

国家标准 GB/T 1144—2001 规定了矩形花键的基本尺寸为大径 D、小径 d、键宽(或键槽宽)B,如图 6-23 所示。

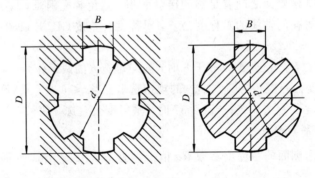

图 6-23 矩形花键的主要尺寸

为了便于加工和测量,键数规定为偶数,有 6、8、10 三种。按承载能力,矩形花键分为轻系列、中系列两个系列。中系列的键高尺寸较大,承载能力强;轻系列的键高尺寸较小,承载能力较低。矩形花键的尺寸系列见附表 6-10。

2. 矩形花键的定心方式

矩形花键联结有三个结合面,即大径结合面、小径结合面和键侧结合面。要保证三个结合面同时达到高精度的配合是很困难的,也没必要。因此,为了保证使用性质,改善加工工艺,只要选择其中一个结合面作为主结合面,对其尺寸规定较高的精度,作为主要配合尺寸,以确定内、外花键的配合性质,并起定心作用,该表面称为定心表面。理论上每个结合面都可以作为定心表面,GB/T 1144—2001 中规定矩形花键以小径的结合面为定心表面,即小径定心,如图 6-24 所示。

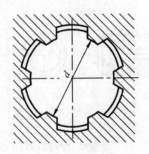

图 6-24 矩形花键的小径定心

小径定心有一系列优点，是国家标准规定矩形花键以小径结合面为定心表面的主要原因。因为采用小径定心时，热处理后的变形可用内圆磨修复内花键的小径，而且内圆磨可达到更高的尺寸精度和更高的表面粗糙度精度要求。同时，外花键的小径精度可用成形磨削保证。所以小径定心精度高，定心稳定性好，而且使用寿命长，更有利于产品质量的提高。

当选用大径定心时，内花键定心表面的精度依靠专用机床——拉床的拉刀保证，而当花键定心表面硬度要求高时，如 HRC40 以上，热处理后的变形难以用拉刀修正。当内花键定心表面的粗糙度要求较高时，如 $Ra<0.40~\mu m$，用拉削工艺很难保证达到要求。在单件小批量生产、大规格的花键中，内花键也难以使用拉削工艺(因为这种加工方法经济性不好)。

3. 矩形花键结合的公差与配合

1) 矩形花键的尺寸公差

内、外花键定心小径、非定心大径和键宽(键槽宽)的尺寸公差带分一般用和精密传动用两类。其内、外花键的尺寸公差带见表 6－7。为减少专用刀具和量具的数量(如拉刀和量规)，花键联结采用基孔制配合。

表 6－7　矩形花键的尺寸公差带 (摘自 GB/T 1144—2001)

用途	内花键				外花键			装配形式
	小径 d	大径 D	键宽 B		小径 d	大径 D	键宽 B	
			拉削后不热处理	拉削后热处理				
一般用	H7		H9	H11	f7	d10		滑动
					g7	f9		紧滑动
					h7	h10		固定
精密传动用	H5	H10	H7、H9		f5	d8	a11	滑动
					g5	f7		紧滑动
					h5	h8		固定
	H6				f6	d8		滑动
					g6	f7		紧滑动
					h6	h8		固定

注：① 精密传动用的内花键，当需要控制键侧配合间隙时，槽宽可选用 H7，一般情况可选用 H9；
　　② 当内花键公差带为 H6 和 H7 时，允许与提高一级的外花键配合。

对一般用的内花键槽宽规定了两种公差带。加工后不再热处理的，公差带为 H9；加工后再进行热处理的，其键槽宽的变形不易修正，为补偿热处理变形，公差带为 H11。对于精密传动用内花键，当联结要求键侧配合间隙较小时，槽宽公差带选用 H7，一般情况选用 H9。

定心直径 d 的公差带，在一般情况下，内、外花键取相同的公差等级。这个规定不同于普通光滑孔、轴配合，主要是考虑到花键采用小径定心会使加工难度由内花键转为外花键。但在有些情况下，内花键允许与提高一级的外花键配合。公差带为 H7 的内花键可以与公差带为 f6、g6、h6 的外花键配合；公差带为 H6 的内花键也可以与公差带为 f5、g5、 h5 的外花键配合。这主要是考虑矩形花键常用来作为齿轮的基准孔,在贯彻齿轮标准过程中,有可能出现外花键的定心直径公差等级高于内花键定心直径公差等级的情况。

2)矩形花键公差与配合的选择

花键尺寸公差带选用的一般原则是:定心精度要求高或传递扭矩大时,应选用精密传动用的尺寸公差带;反之,可选用一般用的尺寸公差带。

内、外花键的配合(装配形式)分为滑动、紧滑动和固定三种。其中,滑动联结的间隙较大;紧滑动联结的间隙次之;固定联结的间隙最小。

内、外花键在工作中只传递扭矩而无相对轴向移动时,一般选用配合间隙最小的固定联结。除传递扭矩外,内、外花键之间还要有相对轴向移动时,应选用滑动或紧滑动联结。移动频繁,移动距离长,则应选用配合间隙较大的滑动联结,以保证运动灵活及配合面间有足够的润滑油层。为保证定心精度要求,或为使工作表面载荷分布均匀及为减少反向所产生的空程和冲击,对定心精度要求高、传递的扭矩大、运转中需经常反转等的联结,则应用配合间隙较小的紧滑动联结。表 6 - 8 列出了几种配合应用情况的推荐,可供设计时参考。

表 6 - 8　矩形花键配合应用的推荐

应用	固定联结		滑动联结	
	配合	特征及应用	配合	特征及应用
精密传动用	H5/h5	紧固程度较高,可传递大扭矩	H5/g5	滑动程度较低,定心精度高,传递扭矩大
	H6/h6	传递中等扭矩	H6/f6	滑动程度中等,定心精度较高,传递中等扭矩
一般用	H7/h7	紧固程度较低,传递扭矩较小,可经常拆卸	H7/f7	移动频率高,移动长度大,定心精度要求不高

4. 矩形花键的几何公差和表面粗糙度

1)矩形花键的几何公差

内、外花键加工时,不可避免地会产生几何误差。为在花键联结中避免装配困难,并使键侧和键槽侧受力均匀,国家标准对矩形花键规定了几何公差,包括小径 d 的形状公差和花键的位置度公差等。当花键较长时,还可根据产品性能自行规定键侧对轴线的平行度公差。

(1)小径结合面遵守包容要求。小径 d 是花键联结中的定心尺寸,要保证花键的配合性能,其定心表面的形状公差和尺寸公差的关系应遵守包容要求,即当小径 d 的实际尺寸处于最大实体状态时,它必须具有理想形状。只有当小径 d 的实际尺寸偏离最大实体状态时,才允许有形状误差。

(2)花键的位置度公差遵守最大实体要求。花键的位置度公差综合控制花键各键之间的角位移、各键对轴线的对称度误差以及各键对轴线的平行度误差等。在大批量生产条件下,一般用花键综合量规检验。因此,位置度公差应遵守最大实体要求,其图样标注如图 6 - 25 所示。

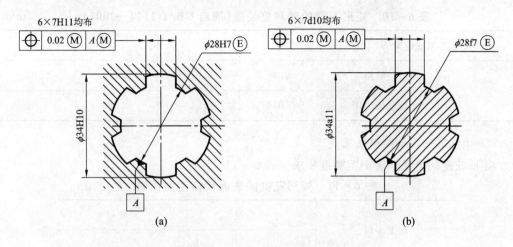

图 6-25 花键位置度公差的标注
(a) 内花键；(b) 外花键

键和键槽的位置度公差见表 6-9。

表 6-9 矩形花键位置度公差(摘自 GB/T 1144—2001) mm

键槽宽或键宽 B			3	3.5～6	7～10	12～18
t_1	键槽宽		0.010	0.015	0.020	0.025
	键 宽	滑动、固定	0.010	0.015	0.020	0.025
		紧滑动	0.006	0.010	0.013	0.016

（3）键与键槽的对称度公差遵守独立原则。为了保证内、外花键装配，并能传递扭矩或运动，一般应使用综合花键量规检验，控制其几何误差。但当在单件小批量生产条件下，或当产品试制时，没有综合量规，这时为了控制花键的几何误差，一般在图样上分别规定花键的对称度公差。其对称度公差在图样上的标注如图 6-26 所示。

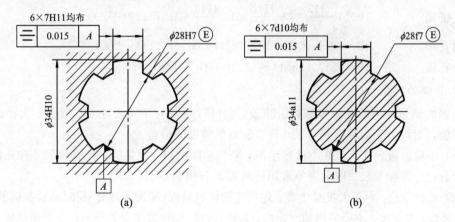

图 6-26 花键对称度公差的标注
(a) 内花键；(b) 外花键

花键的对称度公差遵守独立原则，表 6-10 为花键的对称度公差。

表 6-10　矩形花键的对称度公差(摘自 GB/T 1144—2001)　　　　mm

键槽宽或键宽 B		3	3.5～6	7～10	12～18
t_2	一般用	0.010	0.015	0.020	0.025
	精密传动用	0.010	0.015	0.020	0.025

2) 矩形花键的表面粗糙度

矩形花键结合面的表面粗糙度要求见表 6-11。

表 6-11　矩形花键的表面粗糙度推荐值　　　μm

加工表面	内花键	外花键
	$Ra\leqslant$	
小径	1.6	0.8
大径	6.3	3.2
键侧	3.2	1.6

5. 花键的标注与测量

1) 花键的标注

国家标准规定,图样上矩形花键的配合代号和尺寸公差带代号应按花键规格所规定的次序标注,依次包括键数 N、小径 d、大径 D、键宽 B 以及公称尺寸的公差带代号。

例如:矩形花键数 N 为 10,小径 d 为 72H7/f7,大径 D 为 78H10/a11,键宽 B 为 12H11/d10 的标记为

花键规格　　　　$N \times d \times D \times B$,即 $10 \times 72 \times 78 \times 12$

花键副　　　　　$10 \times 72 \dfrac{\text{H7}}{\text{f7}} \times 78 \dfrac{\text{H10}}{\text{a11}} \times 12 \dfrac{\text{H11}}{\text{d10}}$ GB/T 1144—2001

内花键　　　　　10×72H7$\times 78$H10$\times 12$H11 GB/T 1144—2001

外花键　　　　　10×72f7$\times 78$a11$\times 12$d10 GB/T 1144—2001

2) 花键的测量

花键的测量分为单项测量和综合检验,也可以说是对于定心小径、键宽、大径的三个参数检验,而每个参数都有尺寸、几何、表面粗糙度的检验。

(1) 单项测量。对于单件小批量生产,采用单项测量。测量时,花键的尺寸和几何误差使用千分尺、游标卡尺、指示表等常用计量器具分别测量。

(2) 综合检验。对于大批量生产,先用花键位置量规(塞规或环规)同时检验花键的小径、大径、键宽,以及大、小径的同轴度误差,各键(键槽)的位置度误差等。若位置量规能自由通过,则说明花键是合格的。用位置量规检验合格后,再用单项止端塞规或普通计量器具检验其小径、大径及键槽宽的实际尺寸是否超越其最小实体尺寸。矩形花键位置量规如图 6-27所示。矩形花键量规分综合通规和单项止规,其具体规定见 GB/T 1144—2001。

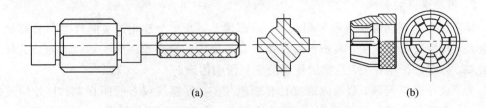

图 6 - 27 矩形花键位置量规

(a) 花键塞规；(b) 花键环规

6.4 普通螺纹结合的互换性

6.4.1 普通螺纹的几何参数对互换性的影响

1. 螺纹的种类及使用要求

螺纹联结是利用螺纹零件构成的可拆联结，在机器制造和仪器制造中应用十分广泛。常用螺纹按用途分为普通螺纹、传动螺纹和紧密螺纹。

(1) 普通螺纹：通常称为紧固螺纹，牙型为三角形，有粗牙和细牙螺纹之分，主要用于联结或紧固各种机械零件。普通螺纹类型很多，使用要求也有所不同，对于普通紧固螺纹，如用螺栓联结减速器的箱座和箱盖，主要要求具有良好的旋合性及足够的联结强度。

(2) 传动螺纹：传动螺纹有梯形、锯齿形、矩形及三角形等几种牙型，主要用于传递动力、运动或精确位移，如车床传动丝杠和螺旋千分尺上的测微螺杆。这类螺纹主要要求传递动力和运动的可靠性、准确性，螺纹牙侧接触均匀性和耐磨性等。

(3) 紧密螺纹：又称密封螺纹，主要用于水、油、气的密封，如管道联结螺纹。这类螺纹结合应具有一定的过盈，以保证具有足够的联结强度和密封性。

2. 普通螺纹的几何参数对互换性的影响

要实现普通螺纹的互换性，就必须保证具有良好的旋合性及足够的联结强度。影响螺纹互换性的几何参数有螺纹的大径、中径、小径、螺距和牙型半角。在实际加工中，通常使内螺纹的大、小径尺寸分别大于外螺纹的大、小径尺寸，螺纹的大径和小径处一般有间隙，不会影响螺纹的配合性质。因此，影响螺纹互换性的主要因素是螺距误差、牙型半角误差和中径偏差。但是，外螺纹的大径尺寸过小和内螺纹的小径尺寸过大，均会影响联结强度，因此必须规定顶径公差。

1) 普通螺纹联结的互换性要求

普通螺纹联结的互换性要求包括下述内容：

(1) 可旋入(合)性：是指不需要费很大的力就能够把内(或外)螺纹旋进外(或内)螺纹规定的旋合长度上。

(2) 联结可靠性：是指内(或外)螺纹旋入外(或内)螺纹后，在旋合长度上接触应均匀紧密，且在长期使用中有足够的结合力。

2) 螺距误差的影响

螺距误差包括局部误差和累积误差。局部误差是指单个螺距的实际尺寸与公称尺寸的代数差,与旋合长度无关。累积误差是指旋合长度内任意个螺距的实际尺寸与公称尺寸的代数差,与旋合长度有关,是螺纹使用的主要影响因素。

为了便于分析问题,假设内螺纹具有理想牙型,外螺纹仅有螺距误差,且外螺纹的螺距 $P_{外}$ 大于理想内螺纹的螺距 $P_{内}$。这种情况下,由于螺距累积误差(ΔP_{Σ})的影响,螺纹产生干涉而无法旋合,如图 6-28 所示。

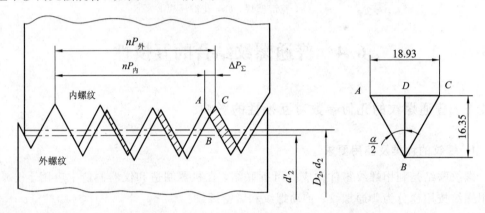

图 6-28 螺距累积误差对旋合性的影响

为了使有螺距误差的外螺纹可以旋入具有理想牙型的内螺纹,就必须将外螺纹中径减小一个数值 f_P,或者将内螺纹的中径增大一个数值 F_P,这个 $f_P(F_P)$ 称为螺距累积误差的中径当量。从图 6-28 中可以得出

$$f_P = |\Delta P_{\Sigma}| \cot \frac{\alpha}{2} \tag{6-4}$$

对于米制普通螺纹牙型半角 $\frac{\alpha}{2}=30°$,则 $f_P=1.732|\Delta P_{\Sigma}|$。

3) 牙型半角误差的影响

牙型半角误差是指牙型半角的实际值与公称值之间的差值。牙型角本身不准确或者牙型角的平分线出现倾斜都会产生牙型半角误差,对普通螺纹的互换性均有影响。

仍假设内螺纹具有理想牙型,与其相配合的外螺纹仅有牙型半角误差,当左、右牙型半角不相等时,就会在大径或小径处的牙侧产生干涉。如图 6-29 所示的阴影部分,彼此不能自由旋合。为了防止干涉,保证互换性,就必须将外螺纹中径减小一个数值 $f_{\alpha/2}$ 或将内螺纹的中径增大一个数值 $F_{\alpha/2}$。这个补偿牙型半角误差而折算到中径上的数值 $f_{\alpha/2}(F_{\alpha/2})$ 称为牙型半角误差的中径当量。

考虑到左、右牙型半角干涉区的径向干涉量不同,以及可能同时出现的各种情况,经过必要的单位换算,利用任意三角形的正弦定理,得出牙型半角误差的中径当量公式为

$$f_{\alpha/2}(F_{\alpha/2}) = 0.073P\left(K_1\left|\Delta\frac{\alpha_1}{2}\right| + K_2\left|\Delta\frac{\alpha_2}{2}\right|\right) \tag{6-5}$$

式中:$f_{\alpha/2}(F_{\alpha/2})$——牙型半角误差的中径当量,单位为 μm;

P——螺距,单位为 mm;

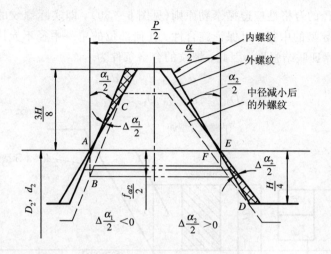

图 6 - 29　牙型半角误差对互换性的影响

$\Delta \dfrac{\alpha_1}{2}$、$\Delta \dfrac{\alpha_2}{2}$——左、右牙型半角误差，单位为$'$；

K_1、K_2——左、右牙型半角误差系数。对外螺纹，当 $\Delta \dfrac{\alpha_1}{2}$ 和 $\Delta \dfrac{\alpha_2}{2}$ 为正值时，K_1、K_2 取 2；为负值时，K_1、K_2 取 3。内螺纹取值与外螺纹相反。

4）中径偏差的影响

中径偏差是指中径的实际尺寸与其公称尺寸之间的差值。中径偏差直接影响螺纹的旋合性和联结强度。当外螺纹中径大于内螺纹中径时就会产生干涉，影响旋合性。但是如果外螺纹中径过小，内螺纹中径过大，则会削弱联结强度。因此，必须限制中径偏差。

5）作用中径及泰勒原则

实际加工螺纹时，往往同时存在螺距误差、牙型半角误差和中径偏差，这三种误差的综合结果可以用作用中径来表示。

当实际外螺纹存在螺距误差和牙型半角误差时，它就不能与相同中径的理想内螺纹旋合，而只能与一个中径较大的理想内螺纹旋合，这就相当于外螺纹的中径增大了。这个增大的假想中径叫做外螺纹的作用中径 d_{2fe}，它等于外螺纹的实际中径 d_{2a} 与螺距误差的中径当量 f_P 及牙型半角误差的中径当量 $f_{\alpha/2}$ 之和，即

$$d_{2fe} = d_{2a} + f_P + f_{\alpha/2} \qquad (6-6)$$

同理，当内螺纹存在螺距误差和牙型半角误差时，只能与一个中径较小的理想外螺纹旋合，相当于内螺纹的中径减小了。这个减小的假想中径叫做内螺纹的作用中径 D_{2fe}，它等于内螺纹的实际中径 D_{2a} 与螺距误差的中径当量 F_P 及牙型半角误差的中径当量 $F_{\alpha/2}$ 之差，即

$$D_{2fe} = D_{2a} - F_P - F_{\alpha/2} \qquad (6-7)$$

由于螺距误差和牙型半角误差对螺纹使用性能的影响都可以折算为中径当量，因此，国标中没有单独规定螺距和牙型半角公差，仅用内、外螺纹的中径公差综合控制实际中径、螺距和牙型半角三项误差，因而中径公差是衡量螺纹互换性的重要指标。

判断螺纹中径的合格性应遵循泰勒原则(见图 6 - 30),即实际螺纹的作用中径不允许超过其最大实体牙型的中径,以保证旋合性;任何部位的单一中径不允许超过其最小实体牙型的中径,以保证联结强度。因此,螺纹的合格条件为

外螺纹 $\qquad d_{2fe} \leqslant d_{2\,max}, d_{2a} \geqslant d_{2\,min}$ $\qquad$ (6 - 8)

内螺纹 $\qquad D_{2fe} \geqslant D_{2\,min}, D_{2a} \leqslant D_{2\,max}$ $\qquad$ (6 - 9)

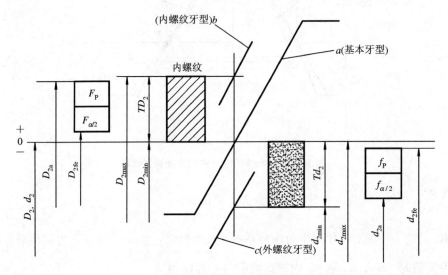

图 6 - 30　螺纹中径合格性判断示意图

6.4.2　普通螺纹的公差与配合

1. 普通螺纹的公差带

1) 螺纹公差带的位置

普通螺纹公差带是以基本牙型为零线布置的,其位置是指公差带相对于基本牙型的距离,由基本偏差来决定。国标对内螺纹的中径和小径规定了 G、H 两种公差带位置,以下偏差 EI 为基本偏差,如图 6 - 31 所示。

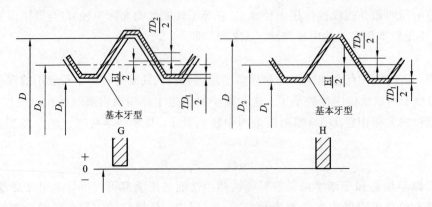

图 6 - 31　内螺纹的基本偏差

国标对外螺纹的中径和大径规定了 e、f、g、h 四种公差带位置，以上偏差 es 为基本偏差，如图 6 - 32 所示。

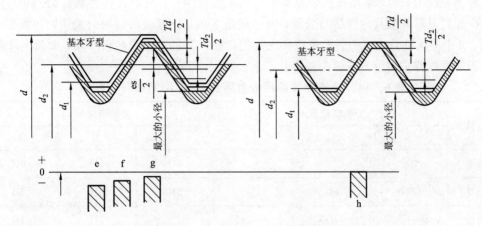

图 6 - 32　外螺纹的基本偏差

螺纹各基本偏差数值按表 6 - 12 所列公式计算，其中 H、h 基本偏差为零，G 基本偏差为正值，e、f、g 基本偏差为负值。内、外螺纹的基本偏差可查附表 6 - 12。

表 6 - 12　基本偏差计算公式（摘自 GB/T 197—2003）

内螺纹		外螺纹	
基本偏差代号	下偏差 EI/μm	基本偏差代号	上偏差 es/μm
G	+(15+11P)	e	−(50+11 P)
H	0	f	−(30+11 P)
		g	−(15+11 P)
		h	0

注：P 的单位为 mm。

2）螺纹公差带的大小

普通螺纹公差带的大小由公差值确定，公差值又取决于螺距和公差等级。GB/T 197—2003 规定的普通螺纹公差等级如表 6 - 13 所示。各公差等级中 3 级最高，9 级最低，6 级为基本级。由于内螺纹较难加工，因此同样公差等级的内螺纹中径公差比外螺纹中径公差大 32% 左右。

表 6 - 13　普通螺纹的公差等级

螺 纹 直 径	公 差 等 级
外螺纹中径 d_2	3, 4, 5, 6, 7, 8, 9
外螺纹大径 d	4, 6, 8
内螺纹中径 D_2	4, 5, 6, 7, 8
内螺纹小径 D_1	4, 5, 6, 7, 8

国标对内、外螺纹的顶径和中径规定了公差值，具体数值可查附表 6 - 13 和附表 6 - 14。

2. 螺纹公差带的选用

根据螺纹配合要求，将螺纹公差等级与基本偏差组合，可得到各种螺纹公差带。但为了减少螺纹刀具和量具的规格与数量，国标规定了内、外螺纹的选用公差带，如表 6 - 14 所示。其中黑体部分表示的公差带应优先选用，加"（）"的公差带尽量不用，大量生产的精制紧固螺纹推荐采用带方框的公差带。

表 6 - 14　普通螺纹选用公差带(摘自 GB/T 197—2003)

公差精度	公差带位置 G			公差带位置 H		
	S	N	L	S	N	L
精密	—	—	—	4H	5H	6H
中等	(5G)	**6G**	(7G)	**5H**	6H	**7H**
粗糙	—	(7G)	(8G)	—	7H	8H

公差精度	公差带位置 e			公差带位置 f			公差带位置 g			公差带位置 h		
	S	N	L	S	N	L	S	N	L	S	N	L
精密	—	—	—	—	—	—	(4g)	(5g4g)	(3h4h)	**4h**	(5h4h)	
中等	—	**6e**	(7e6e)	—	**6f**	—	(5g6g)	6g	(7g6g)	(5h6h)	6h	(7h6h)
粗糙	—	(8e)	(9e8e)	—	—	—	8g	(9g8g)	—	—	—	

1) 螺纹旋合长度和配合精度的选用

国家标准按螺纹公称直径和螺距基本尺寸，对螺纹联结规定了三组旋合长度，分别称为短旋合长度、中等旋合长度和长旋合长度，并分别用 S、N、L 表示，可从附表 6 - 15 中选取。一般情况应选用中等旋合长度，当结构和强度上有特殊要求时，可采用短旋合长度或长旋合长度。

螺纹公差带和旋合长度构成了螺纹的配合精度。GB/T 197—2003 将普通螺纹的配合精度分为精密级、中等级和粗糙级三个等级。精密级用于配合性质变动较小的精密螺纹；中等级用于一般螺纹联结；粗糙级用于精度要求不高或制造较困难的螺纹。

2) 配合的选用

螺纹配合的选用主要根据使用要求来确定。为了保证螺母、螺栓旋合后的同轴度及联结强度，一般选用最小间隙为零的 H/h 配合。为了装拆方便及改善螺纹的疲劳强度，可以选用 H/g 或 G/h 配合。对单件小批量生产的螺纹，为适应手工旋紧和装配速度不高等使用性能，可选用最小间隙为零的 H/h 配合。对需要涂镀或在高温下工作的螺纹，通常选用 H/g、H/e 等较大间隙的配合。

3. 螺纹标注

普通螺纹的标记由螺纹代号、螺纹公差带代号和旋合长度代号等组成。

标注中，左旋螺纹需在螺纹代号最后加注"—LH"，细牙螺纹需要标注出螺距。中径和顶径公差带代号两者相同时，可只标一个代号；两者代号不同时，前者为中径公差带代号，后者为顶径公差带代号。省略标注有中等旋合长度 N、右旋螺纹和粗牙螺距。

下列情况中，中等公差精度（中径和顶径相同）螺纹不标注公差带代号。

内螺纹：－5H　$D\leqslant1.4$，－6H　$D\geqslant1.6$；

外螺纹：－6h　$d\leqslant1.4$，－6g　$d\geqslant1.6$。

示例：

内螺纹 M10（省略 N、右旋螺纹、粗牙螺距、6H 中径和顶径的公差带）

外螺纹 M8（省略 N、右旋螺纹、粗牙螺距、6g 中径和顶径的公差带）

外螺纹标记示例：

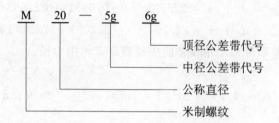

内螺纹标记示例：

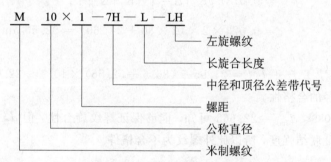

内、外螺纹装配在一起时，它们的公差带代号用斜线分开，左边为内螺纹公差带代号，右边为外螺纹公差带代号。如：

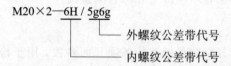

配合公差带：M10（省略粗牙螺距、6H/6g、N、右旋螺纹）。

内、外螺纹图样标注如图 6-33 和图 6-34 所示。

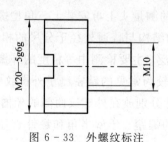

图 6-33　外螺纹标注　　　　　图 6-34　内螺纹标注

例 6 - 2 有一 M24×2 的外螺纹，测得实际中径 $d_{2a} = 21.95$ mm，螺距累积误差 $\Delta P_{\Sigma} = +50$ μm，牙型半角误差 $\Delta \frac{\alpha_1}{2} = -80'$，$\Delta \frac{\alpha_2}{2} = +60'$。试计算外螺纹的作用中径 d_{2fe}，并判断中径的合格性。

解 (1) 确定螺纹中径极限尺寸由省略标注可知公差带为 6g。

由附表 6 - 11、附表 6 - 12 和附表 6 - 14 分别查得中径 $d_2 = 22.701$ mm，基本偏差 es $= -38$ μm，中径公差 $Td_2 = 170$ μm，计算得

$$\text{ei} = \text{es} - Td_2 = -38 - 170 = -208 \ \mu\text{m}$$
$$d_{2max} = d_2 + \text{es} = 22.701 + (-0.038) = 22.663 \text{ mm}$$
$$d_{2min} = d_2 + \text{ei} = 22.701 + (-0.208) = 22.493 \text{ mm}$$

(2) 计算螺距误差和牙型半角误差的中径当量及作用中径。

由式(6 - 4)得

$$f_P = 1.732 \mid \Delta P_{\Sigma} \mid = 1.732 \times 50 = 86.6 \ \mu\text{m}$$

由式(6 - 5)得

$$f_{\alpha/2} = 0.073 P \left(K_1 \left| \Delta \frac{\alpha_1}{2} \right| + K_2 \left| \Delta \frac{\alpha_2}{2} \right| \right)$$
$$= 0.073 \times 2 \times (3 \times 80 + 2 \times 60) = 52.56 \ \mu\text{m}$$

则

$$d_{2fe} = d_{2a} + f_P + f_{\alpha/2} = 21.95 + (86.6 + 52.56) \times 10^{-3} \approx 22.089 \text{ mm}$$

(3) 判断中径的合格性。

由 $d_{2fe} = 22.089 < d_{2max} = 22.663$ 可知，能够保证螺纹旋合性，但 $d_{2a} = 21.95 < d_{2min} = 22.493$，不能保证联结强度，所以此外螺纹为不合格件。

6.4.3 普通螺纹的测量

螺纹几何参数检测方法有单项测量和综合测量两种。

1. 单项测量

螺纹的单项测量是指分别测量螺纹的各项几何参数，用于检查高精度的螺纹、螺纹刀具、螺纹量规的质量或用于螺纹工件的误差分析。

常见的单项测量方法有以下两种：

(1) 螺纹千分尺测量外螺纹中径。螺纹千分尺是生产实践中最常用的测量外螺纹中径的方法。它是在一般千分尺(详见图 3 - 1 和图 3 - 7)的测量头上再安装上三角型螺纹测头，对于不同螺距的螺纹要换上不同的测量头。由于它的结构与普通外径千分尺的相同，有着读数快捷、使用方便的特点，因此在生产车间应用广泛，主要检测中等精度的外螺纹。

(2) 三针法测量外螺纹中径。三针法测量是一种较为常见的精密测量外螺纹中径的方法，见图 6 - 35。测量时，将三根直径相同的精密量针分别放在外螺纹两侧的牙槽中，用接触仪器或外径千分尺测出针距 M 值，然后根据已知的螺距、牙型半角和量针直径 d_0 计算出被测外螺纹的中径 d_{2a}，即

$$d_{2a} = M - 2AC = M - 2(AD - CD) = M - 2AD - 2CD$$

$$AD = AB + BD = \frac{d_0}{2} + \frac{d_0}{2\sin\frac{\alpha}{2}} = \frac{d_0}{2}\left(1 + \frac{1}{\sin\frac{\alpha}{2}}\right)$$

$$CD = \frac{P}{4}\cot\frac{\alpha}{2}$$

则

$$d_{2a} = M - d_0\left(1 + \frac{1}{\sin\frac{\alpha}{2}}\right) + \frac{P}{2}\cot\frac{\alpha}{2}$$

对于牙型角 $\alpha = 60°$ 的普通螺纹，$d_{2a} = M - 3d_0 + 0.866P$。

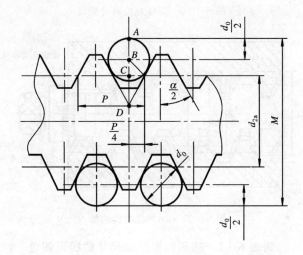

图 6-35   三针法测量中径

为了减少螺纹牙型半角误差对测量结果的影响，应选择适当直径的量针，使其与螺纹牙侧面恰好在中径线上接触，满足此条件的量针为最佳量针，即

$$d_{0最佳} = \frac{P}{2\cos\frac{\alpha}{2}}$$

2. 综合测量

综合测量是指用螺纹极限量规来检测螺纹几个参数误差的综合结果(见图 6-36 和图 6-37)。螺纹量规按泰勒原则设计，通端螺纹用来控制被测螺纹的作用中径不得超过最大实体牙型的极限尺寸(d_{2max} 或 D_{2min})以及同时控制被测螺纹底径的极限值(d_{1max} 和 D_{min})，应具有完整的牙型，且量规的长度应等于被测螺纹的旋合长度。止端螺纹用来控制被测螺纹的单一中径(实际中径)不得超过最小实体牙型的极限尺寸(d_{2min} 或 D_{2max})，止端牙型应做成截短牙型的不完整轮廓，以减小螺距误差和牙型半角误差对检测结果的影响。

综合测量时，若螺纹通规能通过或旋合被测螺纹，止规不能通过被测螺纹或不能完全旋合，这就表示被测螺纹的作用中径和单一中径合格。

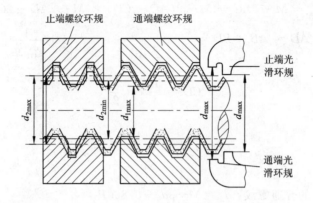

图 6 - 36 用环规检验外螺纹

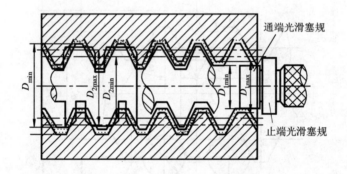

图 6 - 37 用塞规检验内螺纹

附表 6 - 1 轴承内圈外型尺寸的极限偏差

精度等级 公称尺寸 d/mm		内径/μm														宽度/μm	
		Δd_{mp}										Δd_s				ΔB_s	
		0		6		5		4		2		4		2		0,6,5,4,2	
大于	到	上偏差	下偏差	上偏差	下偏差	上偏差	下偏差	上偏差	下偏差	上偏差	下偏差	上偏差	下偏差	上偏差	下偏差	上偏差	下偏差
18	30	0	−10	0	−8	0	−6	0	−5	0	−2.5	0	−5	0	−2.5	0	−120
30	50	0	−12	0	−10	0	−8	0	−6	0	−2.5	0	−6	0	−2.5	0	−120
50	80	0	−15	0	−12	0	−9	0	−7	0	−4	0	−7	0	−4	0	−150
80	120	0	−20	0	−15	0	−10	0	−8	0	−5	0	−8	0	−5	0	−200
120	150	0	−25	0	−18	0	−13	0	−10	0	−7	0	−10	0	−7	0	−250
150	180	0	−25	0	−18	0	−13	0	−10	0	−7	0	−10	0	−7	0	−250
180	250	0	−30	0	−22	0	−15	0	−12	0	−8	0	−12	0	−8	0	−300

附表 6-2 轴承外圈外型尺寸的极限偏差

精度等级		外径/μm												宽度/μm	
		ΔD_{mp}										ΔD_s		ΔD_s,ΔC_{1s}	
公称尺寸 D/mm		0		6		5		4		2		4	2	0,6,5,4,2	
大于	到	上偏差	下偏差	上偏差	下偏差	上偏差	下偏差	上偏差	下偏差	上偏差	下偏差	上偏差 下偏差	上偏差 下偏差	上偏差	下偏差
30	50	0	−11	0	−9	0	−7	0	−6	0	−4	0 −6	0 −4		
50	80	0	−13	0	−11	0	−9	0	−7	0	−4	0 −7	0 −4		
80	120	0	−15	0	−13	0	−10	0	−8	0	−5	0 −8	0 −5	与同一	
120	150	0	−18	0	−15	0	−11	0	−9	0	−5	0 −9	0 −5	轴承内圈	
150	180	0	−25	0	−18	0	−13	0	−10	0	−7	0 −10	0 −7	的 ΔB_s 相同	
180	250	0	−30	0	−20	0	−15	0	−11	0	−8	0 −11	0 −8		
250	315	0	−35	0	−25	0	−18	0	−13	0	−8	0 −13	0 −8		

附表 6-3 轴承内圈旋转精度的允许值

精度等级		K_{ia}/μm					S_d/μm			S_{ia}/μm		
公称尺寸 d/mm		0	6	5	4	2	5	4	2	5	4	2
大于	到	max	max	max	max	max	max	max	max	max	max	max
18	30	13	8	4	3	2.5	8	4	1.5	8	4	2.5
30	50	15	10	5	4	2.5	8	4	1.5	8	4	2.5
50	80	20	10	5	4	2.5	8	5	1.5	8	5	2.5
80	120	25	13	6	5	2.5	9	5	2.5	9	5	2.5
120	150	30	18	8	6	2.5	10	6	2.5	10	7	2.5
150	180	30	18	8	6	5	10	6	4	10	7	5
180	250	40	20	10	8	5	10	7	5	13	8	5

附表 6-4 轴承外圈旋转精度的允许值

精度等级		K_{ea}/μm					S_D,S_{D1}/μm			S_{ea}/μm			S_{ea1}/μm		
公称尺寸 D/mm		0	6	5	4	2	5	4	2	5	4	2	5	4	2
大于	到	max	max	max	max	max	max	max	max	max	max	max	max	max	max
30	50	20	10	7	5	2.5	8	4	1.5	8	5	2.5	11	7	4
50	80	25	13	8	5	4	8	4	1.5	10	5	4	14	7	6
80	120	35	18	10	6	5	9	5	2.5	11	6	5	16	8	7
120	150	40	20	11	7	5	10	5	2.5	13	7	5	18	10	7
150	180	45	23	13	8	5	10	5	2.5	14	8	5	20	11	7
180	250	50	25	15	10	7	11	7	4	15	10	7	21	14	10
250	315	60	30	18	11	7	13	8	5	18	10	7	25	14	10

附表 6 − 5　一般用途圆锥的锥度与锥角系列(摘自 GB/T 157—2005)

基本值		推　算　值			应　用　举　例
系列 1	系列 2	锥角 α		锥度 C	
120°	—	—	—	1：0.288 675	节气阀、汽车、拖拉机阀门
90°	—	—	—	1：0.500 000	重型顶尖,重型中心孔,阀的阀销锥体
	75°	—	—	1：0.651 613	埋头螺钉,小于 10 的螺锥
60°	—	—	—	1：0.866 025	顶尖,中心孔,弹簧夹头,埋头钻
45°	—	—	—	1：1.207 107	埋头、半埋头铆钉
30°	—	—	—	1：1.866 025	摩擦轴节,弹簧卡头,平衡块
1：3		18°55′28.7″	18.924 644°	—	受力方向垂直于轴线、易拆开的联结
	1：4	14°15′0.1″	14.250 033°	—	受力方向垂直于轴线的联结,锥形摩擦离合器、磨床主轴
1：5		11°25′16.3″	11.421 186°	—	
	1：6	9°31′38.2″	9.527 283°	—	
	1：7	8°10′16.4″	8.171 234°	—	
	1：8	7°9′9.6″	7.152 669°	—	重型机床主轴
1：10		5°43′29.3″	5.724 810°	—	受轴向力和扭转力的联结处,主轴承受轴向力
	1：12	4°46′18.8″	4.771 888°	—	
	1：15	3°49′15.9″	3.818 305°	—	承受轴向力的机件,如机车十字头轴
1：20		2°51′51.1″	2.864 192°	—	机床主轴,刀具刀杆尾部,锥形绞刀,心轴
1：30		1°54′34.9″	1.909 683°	—	锥形绞刀,套式绞刀,扩孔钻的刀杆,主轴颈部
1：50		1°8′45.2″	1.145 877°	—	锥销,手柄端部,锥形绞刀,量具尾部
1：100		34′22.6″	0.572 953°	—	受其静变负载不拆开的联接件,如心轴等
1：200		17′11.3″	0.286 478°	—	导轨镶条,受震及冲击负载不拆开的联结件
1：500		6′52.5″	0.114 592°	—	

附表 6-6 特殊用途圆锥的锥度与锥角系列(摘自 GB/T 157—2005)

基本值	推 算 值		锥度 C	说 明
	圆锥角 α			
7 : 24	16°35′39.4″	16.594 290°	1 : 3.428 571	机床主轴,工具配合
1 : 19.002	3°0′52.4″	3.014 554°	—	莫氏锥度 No.5
1 : 19.180	2°59′11.7″	2.986 590°	—	莫氏锥度 No.6
1 : 19.212	2°58′53.8″	2.981 618°	—	莫氏锥度 No.0
1 : 19.254	2°58′30.4″	2.975 117°	—	莫氏锥度 No.4
1 : 19.922	2°52′31.5″	2.875 401°	—	莫氏锥度 No.3
1 : 20.020	2°51′40.8″	2.861 332°	—	莫氏锥度 No.2
1 : 20.047	2°51′26.9″	2.857 480°	—	莫氏锥度 No.1

附表 6-7 圆锥角公差数值(摘自 GB/T 11334—2005)

基本圆锥长度 L/mm		圆锥角公差等级								
		AT4		AT5			AT6			
		AT_α	AT_D	AT_α		AT_D	AT_α		AT_D	
大于	至	(μrad)	(″)	(μm)	(μrad)	(″)	(μm)	(μrad)	(′)(″)	(μm)
16	25	125	26	>2.0~3.2	200	41	>3.2~5.0	315	1′05″	>5.0~8.0
25	40	100	21	>2.5~4.0	160	33	>4.0~6.3	250	52″	>6.3~10.0
40	63	80	16	>3.2~5.0	125	26	>5.0~8.0	200	41″	>8.0~12.5
63	100	63	13	>4.0~6.3	100	21	>6.3~10.0	160	33″	>10.0~16.0
100	160	50	10	>5.0~8.0	80	16	>8.0~12.5	125	26″	>12.5~20.0

基本圆锥长度 L/mm		圆锥角公差等级								
		AT7		AT8			AT9			
		AT_α	AT_D	AT_α		AT_D	AT_α		AT_D	
大于	至	(μrad)	(′)(″)	(μm)	(μrad)	(′)(″)	(μm)	(μrad)	(′)(″)	(μm)
16	25	500	1′43″	>8.0~12.5	800	2′45″	>12.5~20.0	1250	4′18″	>20~32
25	40	400	1′22″	>10.0~16.0	630	2′10″	>16.0~20.5	1000	3′26″	>25~40
40	63	315	1′05″	>12.5~20.0	500	1′43″	>20.0~32.0	800	2′45″	>32~50
63	100	250	52″	>16.0~25.0	400	1′22″	>25.0~40.0	630	2′10″	>40~63
100	160	200	41″	>20.0~32.0	315	1′05″	>32.0~50.0	500	1′43″	>50~80

附表 6-8　平键的公称尺寸和槽深的尺寸及极限偏差(摘自 GB/T 1096—2003)　mm

轴颈	键	轴槽深 t			毂槽深 t_1		
公称尺寸 d	公称尺寸 $b×h$	t 公称	偏差	$d-t$	t_1 公称	偏差	$d+t_1$
≤6~8	2×2	1.2			1		
>8~10	3×3	1.8			1.4		
>10~12	4×4	2.5	>+0.10	>-0.10	1.8	>+0.10	>+0.10
>12~17	5×5	3.0			2.3		
>17~22	6×6	3.5			2.8		
>22~30	8×7	4.0			3.3		
>30~38	10×8	5.0			3.3		
>38~44	12×8	5.0	>+0.20	>-0.20	3.3	>+0.20	>+0.20
>44~50	14×9	5.5			3.8		
>50~58	16×10	6.0			4.3		

附表 6-9　平键、键和键槽的剖面尺寸及公差(摘自 GB/T 1096—2003)　mm

轴	键	键 槽									
		宽度 b					深度				半径 r
公称直径 d	公称尺寸 $b×h$	键宽 b	轴槽宽与毂槽宽的极限偏差					轴槽深 t		毂槽深 t_1	
			较松联结		一般联结		较紧联结				
			轴 H9	毂 D10	轴 N9	毂 JS9	轴和毂 P9	公称	偏差	公称	偏差	最大 最小
≤6~8	2×2	2	+0.025 0	+0.060 +0.020	-0.004 -0.029	±0.0125	-0.006 -0.031	1.2		1		
>8~10	3×3	3						1.8		1.4		
>10~12	4×4	4	+0.030 0	+0.078 +0.030	0 -0.030	±0.015	-0.012 -0.042	2.5	+0.10	1.8	+0.10	
>12~17	5×5	5						3.0		2.3		
>17~22	6×6	6						3.5		2.8		
>22~30	8×7	8	+0.036 0	+0.098 +0.040	0 -0.036	±0.018	-0.015 -0.051	4.0		3.3		0.16 0.25
>30~38	10×8	10						5.0		3.3		
>38~44	12×8	12						5.0		3.3		
>44~50	14×9	14	+0.043 0	+0.120 +0.050	0 -0.043	±0.0215	-0.018 -0.061	5.5	+0.20	3.8	+0.20	0.25 0.40
>50~58	16×10	16						6.0		4.3		
>58~65	18×11	18						7.0		4.4		
>65~75	20×12	20	+0.052 0	+0.149 +0.065	0 -0.052	±0.026	-0.022 -0.074	7.5		4.9		0.40 0.60
>75~85	22×14	22						9.0		5.4		

注：$(d-t)$ 和 $(d+t_1)$ 两组合尺寸的极限偏差按相应的 t 和 t_1 的极限偏差选取，但 $(d-t)$ 的极限偏差应取负号。

附表 6‐10　矩形花键的尺寸系列(摘自 GB/T 1144—2001)　　　　mm

d	轻 系 列				中 系 列			
	标记	N	D	B	标记	N	D	B
23	6×23×26	6	26	6	6×23×28	6	28	6
26	6×26×30	6	30	6	6×26×32	6	32	6
28	6×28×32	6	32	7	6×28×34	6	34	7
32	8×32×36	8	36	6	8×32×38	8	38	6
36	8×36×40	8	40	7	8×36×42	8	42	7
42	8×42×46	8	46	8	8×42×48	8	48	8
46	8×46×50	8	50	9	8×46×54	8	54	9
52	8×52×58	8	58	10	8×52×60	8	60	10
56	8×56×62	8	62	10	8×56×65	8	65	10
62	8×62×67	8	68	12	8×62×72	8	72	12
72	10×72×78	10	78	12	10×72×82	10	82	12

附表 6‐11　普通螺纹的直径系列(摘自 GB/T 196、197—2003)　　　　mm

公称直径(大径) D、d			螺距 P	中径 D_2,d_2	小径 D_1,d_1	公称直径(大径) D、d			螺距 P	中径 D_2,d_2	小径 D_1,d_1
第一系列	第二系列	第三系列				第一系列	第二系列	第三系列			
10			**1.5**	9.026	8.376	20			**2.5**	18.376	17.294
			1.25	9.188	8.647				2	18.701	17.835
			1	9.350	8.917				1.5	19.026	18.376
			0.75	9.513	9.188				1	19.350	18.917
			(0.5)	9.675	9.459				(0.75)	19.513	19.188
									(0.5)	19.675	19.459
12			**1.75**	10.863	10.106		24		**3**	22.051	20.752
			1.5	11.026	10.376				2	22.701	21.835
			1.25	11.188	10.647				1.5	23.026	22.376
			1	11.350	10.917				1	23.350	22.917
			(0.75)	11.513	11.188				(0.75)	23.513	23.188
			(0.5)	11.675	11.459						
16			**2**	14.701	13.835	30			**3.5**	27.727	26.211
			1.5	15.026	14.376				(3)	28.051	26.752
			1	15.350	14.917				2	28.701	27.835
			(0.75)	15.513	15.188				1.5	29.026	28.376
			(0.5)	15.675	15.459				1	29.350	28.917
									(0.75)	29.513	29.188

注:带"()"的尽量不用。

附表 6 - 12 普通螺纹的基本偏差(摘自 GB/T 197—2003)

螺纹 基本 偏差 螺距 P/mm	内螺纹 D_2, D_1		外螺纹 d, d_2			
	G	H	e	f	g	h
	EI/μm		es/μm			
0.75	+22		−56	−38	−22	
0.8	+24		−60	−38	−24	
1	+26		−60	−40	−26	
1.25	+28		−63	−42	−28	
1.5	+32	0	−67	−45	−32	0
1.75	+34		−71	−48	−34	
2	+38		−71	−52	−38	
2.5	+42		−80	−58	−42	
3	+48		−85	−63	−48	

附表 6 - 13 普通螺纹的顶径公差(摘自 GB/T 197—2003)

公差项目 公差等级 螺距 P/mm	内螺纹小径公差 TD_1/μm					外螺纹大径公差 Td/μm		
	4	5	6	7	8	4	6	8
0.75	118	150	190	236	—	90	140	—
0.8	125	160	200	250	315	95	150	236
1	150	190	236	300	375	112	180	280
1.25	170	212	265	335	425	132	212	335
1.5	190	236	300	375	475	150	236	375
1.75	212	265	335	425	530	170	265	425
2	236	300	375	475	600	180	280	450
2.5	280	355	450	560	710	212	335	530
3	315	400	500	630	800	236	375	600

附表 6 - 14 普通螺纹的中径公差(摘自 GB/T 197—2003)

公称直径 D/mm >	≤	螺距 P/mm	内螺纹中径公差 TD_2/μm 公差等级					外螺纹中径公差 Td_2/μm 公差等级						
			4	5	6	7	8	3	4	5	6	7	8	9
5.6	11.2	0.75	85	106	132	170	—	50	63	80	100	125	—	—
		1	95	118	150	190	236	56	71	95	112	140	180	224
		1.25	100	125	160	200	250	60	75	95	118	150	190	236
		1.5	112	140	180	224	280	67	85	106	132	170	212	295

公称直径 D/mm		螺距 P/mm	内螺纹中径公差 $TD_2/\mu m$					外螺纹中径公差 $Td_2/\mu m$						
			公差等级					公差等级						
>	≤		4	5	6	7	8	3	4	5	6	7	8	9
11.2	22.4	1	100	125	160	200	250	60	75	95	118	150	190	236
		1.25	112	140	180	224	280	67	85	106	132	170	212	265
		1.5	118	150	190	236	300	71	90	112	140	180	224	280
		1.75	125	160	200	250	315	75	95	118	150	190	236	300
		2	132	170	212	265	335	80	100	125	160	200	250	315
		2.5	140	180	224	280	355	85	106	132	170	212	265	335
22.4	45	1	106	132	170	212	—	63	80	100	125	160	200	250
		1.5	125	160	200	250	315	75	95	118	150	190	236	300
		2	140	180	224	280	355	85	106	132	170	212	265	335
		3	170	212	265	335	425	100	125	160	200	250	315	400
		3.5	180	224	280	355	450	106	132	170	212	265	335	425
		4	190	236	300	375	415	112	140	180	224	280	355	450
		4.5	200	250	315	400	500	118	150	190	236	300	375	475

附表 6‑15 普通螺纹的旋合长度(摘自 GB/T 197—2003)　　　mm

公称直径 D，d		螺距 P	旋合长度			
			S	N		L
>	≤		≤	>	≤	>
5.6	11.2	0.5	1.6	1.6	4.7	4.7
		0.75	2.4	2.4	7.1	7.1
		1	2	2	9	9
		1.25	4	4	12	12
		1.5	5	5	15	15
11.2	22.4	0.5	1.8	1.8	5.4	5.4
		0.75	2.7	2.7	8.1	8.1
		1	3.8	3.8	11	11
		1.25	4.5	4.5	13	13
		1.5	5.6	5.6	16	16
		1.75	6	6	18	18
		2	8	8	24	24
		2.5	10	10	30	30

思考题与习题

6-1　简答题：

(1) 滚动轴承内、外径公差带有何特点？

(2) 滚动轴承的配合选择要考虑哪些主要因素？

(3) 圆锥的直径公差与给定截面的圆锥直径公差有什么不同？

(4) 平键联结中，键与键槽宽的配合采用的是什么基准制？为什么？

(5) 矩形花键联结的主要尺寸是什么？矩形花键的键数规定为哪三种？

(6) 什么是矩形花键的定心方式？国标为什么规定只采用小径定心？

(7) 花键联结检测分为哪两种？各用于什么场合？

(8) 普通螺纹互换性的要求是什么？

(9) 影响普通螺纹互换性的主要因素有哪些？

(10) 如何判断普通螺纹中径的合格性？

6-2　计算题：

(1) 试说明标注为花键 $6 \times 23 \dfrac{H6}{g6} \times 30 \dfrac{H10}{a11} \times 6 \dfrac{H9}{f7}$ GB/T 1144—2001 的全部含义，试确定其内、外花键的极限尺寸。

(2) 查表确定 M20×2-6H/5g 6g 普通内、外螺纹的中径、大径和小径的公称尺寸、极限偏差和极限尺寸。

(3) 有一 M24×2—7H 的内螺纹，加工后实测得单一中径 $D_{2a}=22.65$，螺距累积误差 $\Delta P_{\Sigma}=+45\ \mu m$，牙型半角误差 $\Delta \dfrac{\alpha_1}{2}=-30'$，$\Delta \dfrac{\alpha_2}{2}=+40'$。试判断该零件的合格性。

第7章 圆柱齿轮传动的互换性

　　圆柱齿轮传动在工业上应用非常广泛。本章主要讲述了圆柱齿轮的最新国家标准,介绍了圆柱齿轮误差的产生与公差的控制等有关知识,重点是圆柱齿轮互换性的四个要求,与之相对应的六个必检项目的定义、符号和检测方法,其次是精度等级及其选择,圆柱齿轮互换性的要求在图样上的正确标注等。学习本章时,要求会选择各种常用测量器具检测圆柱齿轮;注意图例中圆柱齿轮的内孔与减速器输出轴的配合,并了解其实质。

7.1 概　　述

7.1.1 圆柱齿轮传动的使用要求

　　齿轮传动被广泛地应用在各种机器和仪表的传动装置中,是一种重要的传动方式。由于机器和仪表的工作性能、使用寿命与齿轮传动的质量密切相关,因此对齿轮传动提出了多项使用要求,归纳起来主要有以下 4 个方面。

1. 传递运动的准确性

　　由于齿轮副的加工误差和安装误差,使从动齿轮的实际转角偏离了理论转角,齿轮的实际传动比与理论传动比产生差异。传递运动的准确性就是要求从动齿轮在一转范围内的最大转角误差不超过规定的数值,以使齿轮在一转范围内传动比的变化尽量小,从而保证从动轮与主动轮运动协调一致,满足传递运动的准确性要求。

2. 传动的平稳性

　　为了减小齿轮传动中的冲击、振动和噪声,应使齿轮在一齿范围内瞬时传动比(瞬时转角)的变化尽量小,以保证传动平稳性要求。

3. 载荷分布的均匀性

　　齿轮传动中齿面的实际接触面积小,接触不均匀,就会使齿面载荷分布不均匀,引起应力集中,造成局部磨损,缩短齿轮的使用寿命。因此,必须保证啮合齿面沿齿宽和齿高方向的实际接触面积,以满足承载的均匀性要求。

4. 齿侧间隙

齿轮副啮合传动时，非工作齿面间应留有一定的间隙，用以储存润滑油，补偿齿轮的制造误差、安装误差以及热变形和受力变形，防止齿轮传动时出现卡死或烧伤现象。

不同工作条件和不同用途的齿轮对上述四项使用要求的侧重点会有所不同。精密机床、控制系统的分度齿轮和测量仪器的读数齿轮主要要求传递运动的准确性，以保证从动轮与主动轮运动的协调性。汽车、拖拉机和机床的变速齿轮主要要求传递运动的平稳性，以减小振动和噪声。起重机械、矿山机械等重型机械中的低速重载齿轮主要要求载荷分布的均匀性，以保证足够的承载能力。汽轮机和涡轮机中的高速重载齿轮，对运动的准确性、平稳性和承载的均匀性均有较高的要求，同时还应具有较大的间隙，以储存润滑油和补偿受力产生的变形。

7.1.2　齿轮加工误差的主要来源及其特性

产生齿轮加工误差的原因很多，其主要来源于齿轮加工系统中的机床、刀具、夹具和齿坯的加工误差及安装、调整误差。

按误差产生的方向，齿轮的加工误差可分为切向误差、径向误差和轴向误差；按误差在齿轮一转中出现的次数分为长周期误差和短周期误差。现以滚齿机滚切齿轮为例（见图7-1），分析产生齿轮加工误差的主要因素。

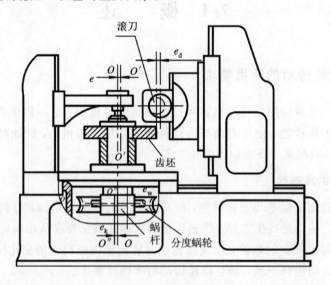

图 7-1　滚切齿轮

1. 几何偏心

滚齿加工时，由于齿坯定位孔与机床心轴之间的间隙等原因，会造成齿坯孔基准轴线与机床工作台回转轴线不重合，产生几何偏心。几何偏心使加工过程中齿轮相对于滚刀的径向距离发生变动，引起齿轮径向误差。

2. 运动偏心

滚齿加工时,若机床分度蜗轮与工作台中心线有安装偏心,就会使齿轮在加工过程中出现蜗轮蜗杆中心距周期性地变化,产生运动偏心,引起齿轮切向误差。

几何偏心和运动偏心产生的误差在齿轮一转中只出现一次,属于长周期误差,其主要影响齿轮传递运动的准确性。

3. 滚刀误差

滚刀误差包括制造误差与安装误差。

滚刀本身的齿距、齿形、基节有制造误差时,会将误差反映到被加工齿轮上,从而使齿轮基圆半径发生变化,产生基节偏差和齿形误差。

齿轮加工中,滚刀的径向跳动使得齿轮相对滚刀的径向距离发生变动,引起齿轮径向误差。滚刀的轴向窜动使得齿坯相对滚刀的转速不均匀,产生切向误差。滚刀安装误差破坏了滚刀和齿坯之间的相对运动关系,从而使被加工齿轮产生基圆误差,导致基节偏差和齿廓偏差。

由于滚刀的转速比齿坯的转速高得多,滚刀误差在齿轮一转中重复出现,因此是短周期误差,主要影响齿轮传动的平稳性和载荷分布的均匀性。

4. 机床传动链误差

当机床的分度蜗杆存在安装误差和轴向窜动时,蜗轮转速发生周期性的变化,使被加工齿轮出现齿距偏差和齿廓偏差,产生切向误差。机床分度蜗杆造成的误差在齿轮一转中重复出现,是短周期误差。

7.2　圆柱齿轮的评定指标及其测量

GB/T 10095.1—2008《圆柱齿轮　精度制　第 1 部分:轮齿同侧齿面偏差的定义和允许值》,GB/T 10095.2—2008《圆柱齿轮　精度制　第 2 部分:径向综合偏差和径向跳动的定义和允许值》,本章等同采用 ISO1328‐1:1995,IDT,分别给出了齿轮评定项目的允许值和规定了检测齿轮精度的实施规范。

7.2.1　影响传递运动准确性的误差及测量

影响传递运动准确性的误差主要是长周期误差。国标规定有以下检测项目。

1. 齿距累积总偏差 F_p 和齿距累积偏差 F_{pk}

F_p 是指齿轮同侧齿面任意圆弧段($k=1$ 至 $k=z$)内实际弧长与理论弧长的最大差值。它等于齿距累积总偏差的最大偏差$+\Delta P_{max}$与最小偏差$-\Delta P_{max}$的代数差,如图 7‐2 所示。F_{pk} 是指任意 k 个齿距间的实际弧长与理论弧长的最大差值,国标规定 k 的取值范围一般为 $2\sim\dfrac{z}{8}$,对特殊应用(高速齿轮)可取更小的 k 值。

齿距累积总偏差 F_p 在测量中是以被测齿轮的轴线为基准,沿分度圆上每齿测量一点,

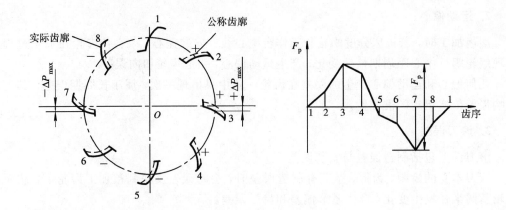

图 7 - 2　齿距累积总偏差和齿距累积偏差

所取点数有限且不连续，但因它可以反映几何偏心和运动偏心造成的综合误差，所以能较全面地评定齿轮传动的准确性。

　　齿距累积总偏差 F_p 和齿距累积偏差 F_{pk} 通常在万能测齿仪、齿距仪和光学分度头上测量，测量的方法有绝对法和相对法两种，但较为常用的是相对法。如图 7 - 3 所示，用相对法测量时，将固定量爪和活动量爪在齿高中部分度圆附近与齿面接触，以齿轮上的任意一个齿距为基准齿距，将仪器指示表上的指针调整为零，然后依次测量各轮齿对基准的相对齿距偏差，最后通过数据处理求出齿距累积总偏差 F_p 和齿距累积偏差 F_{pk}。

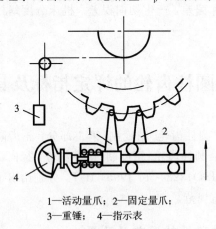

1—活动量爪；2—固定量爪；
3—重锤；　4—指示表

图 7 - 3　齿距的绝对测量法

2. 径向跳动 F_r

　　F_r 是指在齿轮一转范围内，将测头（球形、圆柱形、锥形）逐个放置在被测齿轮的齿槽内，在齿高中部双面接触，测头相对于齿轮轴线的最大和最小径向距离之差，如图 7 - 4 所示。

　　齿圈的径向跳动主要反映几何偏心引起的齿轮径向长周期误差。对齿形角 $\alpha = 20°$ 的标准齿轮和变位系数较小的齿轮，为保证测量时球形测头与齿廓在分度圆附近接触，球测头的直径可取 $d_p = 1.68m$，m 为被测齿轮的模数。

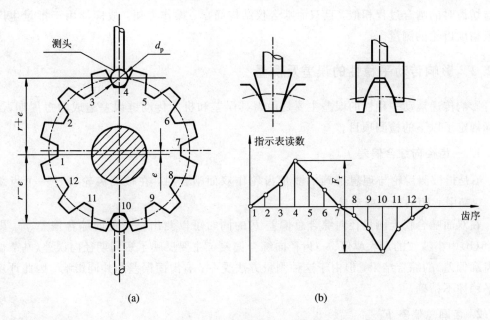

图 7 - 4　齿圈的径向跳动

(a) 球形测头测径向跳动；(b) 误差曲线

3. 径向综合总偏差 F_i''

F_i'' 是指被测齿轮与理想精确的测量齿轮双面啮合时，在被测齿轮一转范围内双啮中心距的最大变动量，如图 7 - 5(b) 所示。径向综合总偏差可用双面啮合仪来测量，其工作原理如图 7 - 5(a) 所示。测量时将被测齿轮安装在固定轴上，理想的精确齿轮安装在可左右移动的滑座轴上，借助于弹簧的弹力，使两齿轮紧密地双面啮合。当齿轮啮合传动时，由指示表读出两齿轮中心距的变动量。

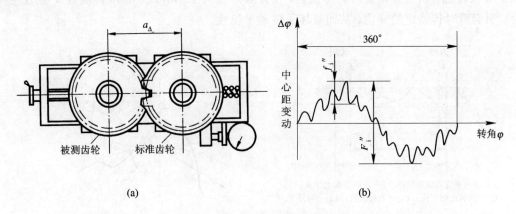

图 7 - 5　双面啮合仪测量径向综合误差

当被测齿轮存在几何偏心和基节偏差时，被测齿轮与测量齿轮双面啮合传动时的中心距就会发生变化，因此，径向综合总偏差 F_i'' 主要反映几何偏心造成的径向长周期误差和齿廓偏差、基节偏差等短周期误差。用双面啮合仪测量双啮中心距的变动量，所反映齿廓的双面误差与齿轮实际工作状态不符，不能全面地反映运动的准确性，但由于其测量过程与切齿时的啮合过程相似，且双面啮合仪结构简单、操作方便，故广泛用于批量生产中一般精度齿轮的测量。

7.2.2 影响传动平稳性的误差及测量

影响传递运动平稳性的误差主要是由刀具误差和机床传动链误差造成的短周期误差，国标规定了以下的检测项目。

1. 一齿径向综合偏差 f_i''

f_i'' 是指被测齿轮与理想精确的测量齿轮作双面啮合时，在被测齿轮转过一个齿距角内，双啮中心距的最大变动量。

在双面啮合仪上测量径向综合总偏差 F_i'' 的同时可以测出一齿径向综合偏差 f_i''，即图 7-5(b)中小波纹的最大幅值。一齿径向综合偏差 f_i'' 主要反映了短周期径向误差(基节偏差和齿廓偏差)的综合结果，但由于这种测量方法受左、右齿面误差的共同影响，因此评定传动平稳性不精确。

2. 齿廓总偏差 F_α

齿廓总偏差是指实际齿廓偏离设计齿廓的量值，其在端平面内且垂直于渐开线齿廓的方向计值。当无其他限定时，设计齿廓是指端面齿廓。在齿廓总偏差曲线中(见图 7-6)，点画线代表设计齿廓，粗实线代表实际渐开线齿廓。

F_α 是指在计值范围内，包容实际齿廓迹线的两条设计齿廓迹线间的距离，如图 7-6 所示。

齿廓总偏差主要是由刀具的齿形误差、安装误差以及机床分度链误差造成的。存在齿廓总偏差的齿轮啮合时，齿廓的接触点会偏离啮合线，如图 7-7 所示。两啮合齿应在啮合线上 a 点接触，由于齿轮有齿廓总偏差，使接触点偏离了啮合线，在啮合线外 a' 点发生啮合，引起瞬时传动比的变化，从而破坏了传动平稳性。

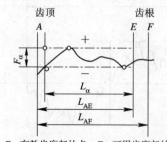

E—有效齿廓起始点；F—可用齿廓起始点；
L_α—齿廓计值范围；L_{AE}—有效长度；L_{AF}—可用长度

图 7-6 齿廓总偏差

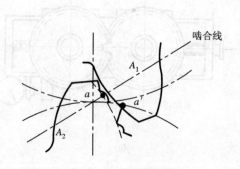

图 7-7 齿廓偏差对传动平稳性的影响

F_α 通常用万能渐开线检查仪或单圆盘渐开线检查仪进行测量。图 7-8 所示为单圆盘检查仪。将被测齿轮与直径等于被测齿轮基圆直径的基圆盘装在同一心轴上，并使基圆盘与装在滑座上的直尺相切。当滑座移动时，直尺带动基圆盘和齿轮无滑动地转动，测头与被测齿轮的相对运动轨迹是理想渐开线。如果被测齿轮齿廓没有误差，则千分尺的测头不动，即表针的读数为零。如果实际齿廓存在误差，则千分尺读数的最大差值就是齿廓总偏差值。

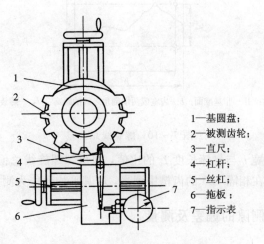

1—基圆盘；
2—被测齿轮；
3—直尺；
4—杠杆；
5—丝杠；
6—拖板；
7—指示表

图 7 - 8　单圆盘渐开线检查仪

3. 单个齿距偏差 f_{pt}

f_{pt}是指在端平面上接近齿高中部的一个与齿轮轴线同心的圆上，实际齿距与理论齿距的代数差，如图 7 - 9 所示。单个齿距偏差的测量方法与齿距总偏差的测量方法相同，只是数据处理方法有所不同。用相对法测量时，理论齿距是所有实际齿距的平均值。

机床传动链误差会造成单个齿距偏差。由齿轮基节与齿距的关系式 $P_b = P_t \cos\alpha$，经过微分得到

$$\Delta P_b = \Delta P_t \cos\alpha - P_t \cdot \Delta\alpha \sin\alpha \quad (7-1)$$

式(7-1)说明了齿距偏差与基节偏差和齿形角

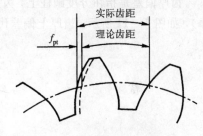

图 7 - 9　单个齿距偏差

误差有关，是基节偏差和齿廓偏差的综合反映，影响了传动的平稳性，因此必须限制单个齿距偏差。

7.2.3　影响载荷分布均匀性的误差及测量

由于齿轮的制造和安装误差，一对齿轮在啮合过程中沿齿长方向和齿高方向都不是全齿接触，实际接触线只是理论接触线的一部分，故影响了载荷分布的均匀性。国标规定用螺旋线偏差来评定载荷分布均匀性。

螺旋线总偏差 F_β 是指在端面基圆切线方向上，实际螺旋线对设计螺旋线的偏离量。在螺旋线总偏差曲线中(见图 7 - 10)，点画线代表设计螺旋线，粗实线代表实际螺旋线。

F_β 是指在计值范围内，包容实际螺旋线迹线的两条设计螺旋线迹线的距离，如图 7 - 10 所示。

F_β 可以采用展成法或坐标法在齿向检查仪、渐开线螺旋检查仪、螺旋角检查仪和三坐标测量机等仪器上测量。直齿轮螺旋线总偏差的测量较为简单，将被测齿轮以其轴线为基准安装在顶尖上，把 $d = 1.68m(m$ 为模数)的精密量棒放入齿槽中，由指示表读出量棒两端点的高

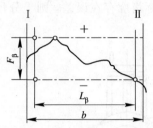

I —基准面；II —非基准面；b —齿宽或两端倒角之间的距离；L_β —螺旋线计值范围

图 7 - 10　螺旋线总公差

度差 Δh，将 Δh 乘以齿宽 b 与量棒长度 L 的比值，即得到螺旋线总偏差 $F_\beta = \Delta h \times b/L$。为避免测量误差的影响，可在相隔 180°的齿槽中测量，取其平均值作为测量结果。

7.2.4　影响齿轮副侧隙的偏差及测量

为了保证齿轮副的齿侧间隙，就必须控制轮齿的齿厚，齿轮轮齿的减薄量可由齿厚偏差和公法线长度偏差来控制。

1. 齿厚偏差

齿厚偏差是指在分度圆柱上，齿厚的实际值与公称值之差（对于斜齿轮齿厚是指法向齿厚），如图 7 - 11 所示。齿厚上偏差代号为 E_{sns}，下偏差代号为 E_{sni}。

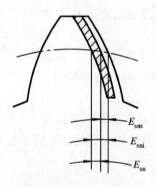

图 7 - 11　齿厚偏差

齿厚偏差可以用齿厚游标卡尺来测量，如图 7 - 12 所示。

由于分度圆柱面上的弧齿厚不便测量，因此通常都是测量分度圆弦齿厚。标准圆柱齿轮分度圆的公称弦齿厚 $\bar{s}$ 为

$$\bar{s} = mz \sin \frac{90°}{z} \tag{7 - 2}$$

分度圆公称弦齿高 $\bar{h}$ 为

$$\bar{h} = m \left[1 + \frac{z}{2} \left(1 - \cos \frac{90°}{z} \right) \right] \tag{7 - 3}$$

式中：m ——模数；

　　　z ——齿数。

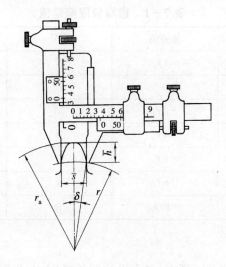

图 7 - 12　齿厚偏差的测量

齿厚测量是以齿顶圆为测量基准的，测量结果受齿顶圆加工误差的影响，因此，必须保证齿顶圆的精度，以降低测量误差。

GB 10095－88 规定了 14 种齿厚极限偏差代号（见图 7 - 13），由不同的大写字母表示，其顺序为 C、D、E、F、G、H、J、K、L、M、N、P、R、S，其偏差值依次递增。每种代号所表示的齿厚偏差值以单个齿距偏差（f_{pt}）表示，如表 7 - 1 所示。选用其中两个字母组成侧隙代号，前一个字母表示齿厚上偏差，后一个字母表示齿厚下偏差。14 种齿厚极限偏差代号可任意组合成齿厚公差带以满足不同的侧隙要求。

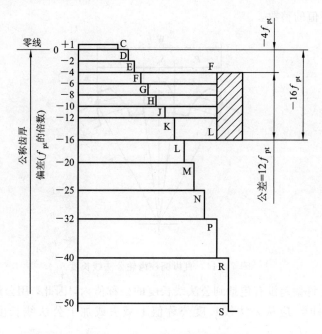

图 7 - 13　齿厚极限偏差代号

表 7 - 1　齿厚极限偏差值

代号	偏差值	代号	偏差值
C	$+1f_{pt}$	K	$-12f_{pt}$
D	0	L	$-16f_{pt}$
E	$-2f_{pt}$	M	$-20f_{pt}$
F	$-4f_{pt}$	N	$-25f_{pt}$
G	$-6f_{pt}$	P	$-32f_{pt}$
H	$-8f_{pt}$	R	$-40f_{pt}$
J	$-10f_{pt}$	S	$-50f_{pt}$

2. 公法线长度偏差

公法线长度偏差是指齿轮一圈内，实际公法线长度 W_{ka} 与公称公法线长度 W_k 之差。公法线长度上偏差代号为 E_{bns}，下偏差代号为 E_{bni}。

如图 7 - 14 所示，标准直齿圆柱齿轮的公称公法线长度 W_k 等于 $(k-1)$ 个基节和一个基圆齿厚之和，即

$$W_k = (k-1)P_b + S_b = m\cos\alpha[(k-0.5)\pi + z\,\text{inv}\alpha] \qquad (7-4)$$

式中：$\text{inv}\alpha$——渐开线函数，$\text{inv}20° = 0.014$；

k——跨齿数。

对于齿形角 $\alpha = 20°$ 的标准齿轮，$k = \dfrac{z}{9} + 0.5$；通常 k 值不为整数，计算 W_k 时，应将 k 值化整为最接近计算值的整数。

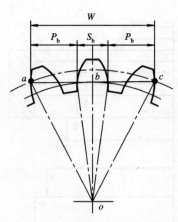

图 7 - 14　直齿圆柱齿轮公法线长度

由于侧隙的允许偏差没有包括到公法线长度的公称值内，因此，用公法线极限偏差来控制公法线长度偏差时，应从公法线长度公称值上减去或加上公法线长度的上偏差和下偏差，即

内齿轮

$$W_k - E_{bni} \leqslant W_{ka} \leqslant W_k - E_{bns} \qquad (7-5)$$

外齿轮

$$W_{\mathrm{k}} + E_{\mathrm{bni}} \leqslant W_{\mathrm{ka}} \leqslant W_{\mathrm{k}} + E_{\mathrm{bns}} \tag{7-6}$$

公法线长度偏差可以在测量公法线长度变动时同时测出，为避免机床运动偏心对评定结果的影响，公法线长度应取平均值。公法线平均长度偏差即为各公法线长度的平均值与公称值之间的差值。

公法线长度偏差测量是以加工后的齿侧为测量基准，测量结果不会受齿顶圆加工误差的影响。因此，公法线长度偏差测量比齿厚偏差测量精度高。

7.3　圆柱齿轮精度标准及其应用

7.3.1　使用范围

新标准适用于法向模数 $m_{\mathrm{n}} \geqslant 0.2 \sim 10$，分度圆直径 $d \geqslant 5 \sim 1000$ 的 F_{i}'' 和 f_{i}'' 以及法向模数 $m_{\mathrm{n}} \geqslant 0.5 \sim 70$，分度圆直径 $d \geqslant 5 \sim 10\,000$，齿宽 $b \geqslant 4 \sim 1000$ 的渐开线圆柱齿轮。基本齿廓按照 GB/T 1356—2001《渐开线圆柱齿轮基本齿廓》的规定。

7.3.2　精度等级

国标对渐开线圆柱齿轮除 F_{i}'' 和 f_{i}''（F_{i}'' 和 f_{i}'' 规定了 4～12 共 9 个精度等级）以外的评定项目规定了 0，1，2，3，…，12 共 13 个精度等级，其中 0 级精度最高，12 级精度最低。在齿轮的 13 个精度等级中，0～2 级为一般的加工工艺难以达到，是有待发展的级别；3～5 级为高精度级；6～9 级为中等精度级，使用最广；10～12 级为低精度级。

7.3.3　精度等级的选择

齿轮精度等级的选择应考虑齿轮传动的用途、使用要求、工作条件以及其他技术要求，在满足使用要求的前提下，应尽量选择较低精度的公差等级。对工作齿面和非工作齿面可规定不同的精度等级，或对于不同的偏差可规定不同的精度等级，也可仅对工作齿面规定要求相同的精度等级。一般优先选择 GB/T 10095.1—2008。精度等级的选择方法有计算法和类比法。

1. 计算法

计算法是根据整个传动链的精度要求，通过运动误差计算确定齿轮的精度等级；或者已知传动中允许的振动和噪声指标，通过动力学计算确定齿轮的精度等级；也可以根据齿轮的承载要求，通过强度和寿命计算确定齿轮的精度等级。计算法一般用于高精度齿轮精度等级的确定中。

2. 类比法

类比法是根据生产实践中总结出来的同类产品的经验资料，经过对比选择精度等级。在实际生产中，类比法较为常用。

表 7-2 列出了各类机械中齿轮精度等级的应用范围，表 7-3 列出了齿轮精度等级与圆周速度的应用范围，选用时可作参考。

表 7-2　各类机械中齿轮精度等级的应用范围

应用范围	精度等级	应用范围	精度等级
测量齿轮	2~5	重型汽车	6~9
汽轮机减速器	3~6	一般减速器	6~9
精密切削机床	3~7	拖拉机	6~9
一般切削机床	5~8	轧钢机	6~10
内燃或电气机车	6~7	起重机	7~10
航空发动机	4~8	矿用绞车	8~10
轻型汽车	5~8	农业机械	8~11

表 7-3　齿轮精度等级与圆周速度的应用范围

精度等级	应用范围	圆周速度/(m/s)	
		直齿	斜齿
4	高精度和精密分度机构的末端齿轮	>30	>50
	极高速的透平齿轮		>70
	要求极高的平稳性和无噪声的齿轮	>35	>70
	检验 7 级精度齿轮的测量齿轮		
5	高精度和精密分度机构的中间齿轮	>15~30	>30~50
	很高速的透平齿轮,高速重载,重型机械进给齿轮		>30
	要求高的平稳性和无噪声的齿轮	>20	>35
	检验 8、9 级精度齿轮的测量齿轮		
6	一般分度机构的中间齿轮,3 级和 3 级以上精度机床中的进给齿轮	>10~15	>15~30
	高速、高效率、重型机械传动中的动力齿轮		<30
	高速传动中的平稳性和无噪声齿轮	≤20	≤35
	读数机构中的精密传动齿轮		
7	4 级和 4 级以上精度机床中的进给齿轮	>6~10	>8~15
	高速与适度功率下或适度速度与大功率下的动力齿轮	<15	<25
	有一定速度的减速器齿轮,有平稳性要求的航空齿轮、船舶和轿车的齿轮	≤15	≤25
	读数机构齿轮,具有非直齿的速度齿轮		
8	一般精度的机床齿轮	<6	<8
	中等速度较平稳工作的动力齿轮,一般机器中的普通齿轮	<10	<15
	中等速度较平稳工作的汽车、拖拉机和航空齿轮	≤10	≤15
	普通印刷机中的齿轮		
9	用于不提出精度要求的工作齿轮	≤4	≤6
	没有传动要求的手动齿轮		

7.3.4 评定参数的公差值与极限偏差的确定

国标规定,各评定参数允许值是以 5 级精度规定的公式乘以级间公比计算出来的。两相邻精度等级的级间公比等于 $\sqrt{2}$,5 级精度未圆整的计算值乘以 $2^{0.5(Q-5)}$,即可得到任一精度等级的待求值,式中 Q 是待求值的精度等级数。计算时,公式中的法向模数 m_n、分度圆直径 d、齿宽 b 应取各分段界限值的几何平均值。

由有关公式计算并圆整得到的各评定参数公差或极限偏差数值见附表 7-1~附表 7-7,设计时可以根据齿轮的精度等级、模数、分度圆直径或齿宽选取。

7.3.5 齿轮副侧隙和齿厚极限偏差的确定

1. 齿轮副侧隙

齿轮副侧隙是一对齿轮装配后自然形成的。侧隙需要量值的大小与齿轮的精度、大小及工作条件有关。为了获得必要的侧隙,通常采用调节中心距或减薄齿厚的方法。设计时选取的齿轮副的最小侧隙,必须满足正常储存润滑油、补偿齿轮和箱体温升引起的变形的需要。

箱体、轴和轴承的偏斜,箱体的偏差和轴承的间隙导致的齿轮轴线的不对准和歪斜,安装误差,轴承的径向跳动,温度的影响,旋转零件的离心胀大等因素都会影响到齿轮副最小侧隙 j_{bnmin}。齿轮和箱体都为黑色金属,工作时节圆线速度小于 15 m/s,轴和轴承都采用常用的制造公差的齿轮传动,齿轮副最小侧隙可用下式计算,即

$$j_{bnmin} = \frac{2}{3}(0.06 + 0.0005a_i + 0.03m_n) \qquad (7-7)$$

式中:a_i——传动的中心距,取绝对值,单位为 mm。

2. 齿厚的极限偏差

1) 齿厚上偏差

齿厚上偏差必须保证齿轮副工作时所需的最小侧隙。当齿轮副为公称中心距且无其他误差影响时,两齿轮的齿厚偏差与最小侧隙存在如下关系:

$$j_{bnmin} = | E_{sns1} + E_{sns2} | \cos\alpha_n \qquad (7-8)$$

式中:α_n——法向齿形角。

若主动轮与从动轮取相同的齿厚上偏差,则

$$E_{sns1} = E_{sns2} = \frac{-j_{bnmin}}{2 \cos\alpha_n} \qquad (7-9)$$

2) 齿厚下偏差

齿厚下偏差可以根据齿厚上偏差和齿厚公差求得。齿厚公差的计算式为

$$T_{sn} = \sqrt{F_r^2 + b_r^2} \times 2 \tan\alpha_n \qquad (7-10)$$

式中:F_r——径向跳动公差;

b_r——切齿径向进刀公差,由表 7-4 选取。

齿厚下偏差为

$$E_{sni} = E_{sns} - T_{sn} \qquad (7-11)$$

表 7 - 4 切齿径向进刀公差 b_r

齿轮精度等级	4	5	6	7	8	9
b_r	1.26 IT7	IT8	1.26 IT8	IT9	1.26 IT9	IT10

3. 公法线长度极限偏差

在实际生产中，常用控制公法线长度极限偏差的方法来保证侧隙。公法线长度极限偏差和齿厚偏差存在如下关系：

公法线长度上偏差 $\qquad\qquad E_{bns} = E_{sns} \cos\alpha_n$ $\qquad\qquad$ (7 - 12)

公法线长度下偏差 $\qquad\qquad E_{bni} = E_{sni} \cos\alpha_n$ $\qquad\qquad$ (7 - 13)

7.3.6 检验项目的选择

GB/T 10095.1—2008 规定齿距累积总偏差 F_p、齿距累积偏差 F_{pk}、单个齿距偏差 f_{pt}、齿廓总偏差 F_α、螺旋线总偏差 F_β、齿厚偏差 E_{sn} 或公法线长度偏差 E_{bn} 是齿轮的必检项目，其余的非必检项目由采购方和供货方协商确定。

检验项目的选择主要考虑齿轮的精度等级、生产批量、尺寸规格、检验的目的以及检验的设备等因素。在选择检验项目时，建议供需双方依据齿轮的功能要求和生产批量，从以下推荐的检验组中选取一组。

(1) F_p、F_α、f_{pt}、F_β、E_{sn}（5～8级）；

(2) F_p、F_α、f_{pt}、F_β、E_{bn}（3～6级）；

(3) f_{pt}、F_r、E_{sn}（10～12级）。

7.3.7 齿坯精度

齿轮的传动质量与齿坯的精度有关。齿坯的尺寸偏差、几何误差和表面质量对齿轮的加工、检验及齿轮副的接触条件和运转状况有很大的影响。为了保证齿轮的传动质量，就必须控制齿坯精度，以使加工的轮齿精度更易保证。

1. 确定齿轮基准轴线的方法

有关齿轮轮齿精度（螺旋线总偏差、径向跳动等）的参数的数值，只有明确其特定的旋转轴线时才有意义。当测量时，齿轮围绕其旋转的轴线如有改变，则这些参数测量值也将改变。因此，在齿轮的图纸上必须把规定轮齿公差的基准轴线明确表示出来。

齿轮的基准轴线是制造者（和检测者）用来确定轮齿几何形状的轴线，是由基准面中心确定的。设计时应使基准轴线和工作轴线重合。确定齿轮基准轴线的方法有以下三种：

(1) 用两个"短的"圆柱或圆锥形基准面上设定的两个圆的圆心来确定轴线上的两个点，如图 7 - 15 所示。

(2) 用一个"长的"圆柱或圆锥形基准面来同时确定轴线的位置和方向。孔的轴线可以用与之相匹配并正确装配的工作心轴的轴线来代表，如图 7 - 16 所示。

(3) 轴线位置用一个"短的"圆柱形基准面上一个圆的圆心来确定，其方向则用垂直于此轴线的一个基准端面来确定，如图 7 - 17 所示。

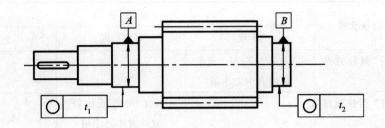

图 7 − 15　确定齿轮基准轴线的方法 1

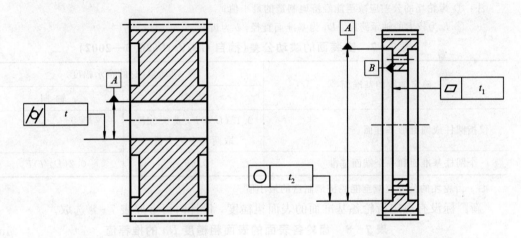

图 7 − 16　确定齿轮基准轴线的方法 2　　　图 7 − 17　确定齿轮基准轴线的方法 3

2. 齿坯公差规定

新国标没有规定齿坯的尺寸公差,设计时可参照旧国标 GB 10095—88,见表 7 − 5。

表 7 − 5　齿坯公差(摘自 GB 10095—88)

齿轮精度等级		5	6	7	8	9
孔	尺寸公差	IT5	IT6		IT7	IT8
	几何公差					
轴	尺寸公差		IT5		IT6	IT7
	几何公差					
顶圆直径公差		IT7		IT8		IT9

注:当顶圆不作为测量基准时,其尺寸公差按 IT11 给定,但不大于 $0.1m_n$。

　　齿轮的形状公差及基准面的跳动公差在国标中作了规定,可按表 7 − 6 及表 7 − 7 选取。

表 7 - 6　基准面和安装面的形状公差(摘自 GB/Z 18620.3—2002)

确定轴线的基准面	公差项目		
	圆度	圆柱度	平面度
两个"短的"圆柱或圆锥形基准面	$0.04(L/b)F_\beta$ 或 $0.1F_p$ 取两者中之小值		
一个"长的"圆柱或圆锥形基准面		$0.04(L/b)F_\beta$ 或 $0.1F_p$ 取两者中之小值	
一个"短的"圆柱面和一个端面	$0.06F_p$		$0.06(D_d/b)F_\beta$

注:① 齿轮坯的公差应减至能经济地制造的最小值;

② L 为较大的轴承跨距,D_d 为基准面直径,b 为齿宽。

表 7 - 7　安装面的跳动公差(摘自 GB/Z 18620.3—2002)

确定轴线的基准面	跳动量(总的指示幅度)	
	径 向	轴 向
仅指圆柱或圆锥形基准面	$0.15(L/b)F_\beta$ 或 $0.32F_p$ 取两者中之大值	
一个圆柱基准面和一个端面基准	$0.3F_p$	$0.2(D_d/b)F_\beta$

注:齿轮坯的公差应减至能经济地制造的最小值。

新国标没有规定齿轮各基准面的表面粗糙度,设计时可参照表 7 - 8 选取。

表 7 - 8　齿轮各表面的表面粗糙度 Ra 的推荐值　　　　μm

齿轮精度等级	5	6	7		8	9	
轮齿齿面	0.2~0.4	0.4~0.8	0.8	1.6	3.2(1.6)	3.2	6.3
齿面加工方法	磨齿	磨或珩	剃或珩	精滚精插	插或滚齿	滚齿	铣齿
齿轮基准孔	0.2~0.4	0.8	0.8~1.6			3.2	
齿轮轴基准轴颈	0.2	0.4	0.8		1.6		
齿轮基准端面	1.6~3.2	1.6~3.2	1.6~3.2			3.2	
齿轮顶圆	0.8~1.6	3.2					

齿轮表面粗糙度允许值可按 GB/Z 18620.4—2002 中的规定,见表 7 - 9。

表 7 - 9　齿轮表面粗糙度(摘自 GB/Z 18620.4—2002)　　　　μm

齿轮精度等级	Ra		Rz	
	$m_n<6$	$6 \leqslant m_n \leqslant 25$	$m_n<6$	$6 \leqslant m_n \leqslant 25$
5	(0.5)	(0.63)	3.2	(4.0)
6	0.8	(1.00)	(5.0)	6.3
7	(1.25)	1.60	(8.0)	(10)
8	(2.0)	(2.5)	12.5	(16)
9	3.2	(4.0)	(20)	25

齿轮精度等级	$Ra/\mu m$		$Rz/\mu m$	
	$m_n<6$	$6\leqslant m_n\leqslant25$	$m_n<6$	$6\leqslant m_n\leqslant25$
10	(5.0)	6.3	(32)	50
11	(10.0)	12.5	(63)	(80)
12	(20)	25	(125)	(160)

注：带"（）"的表示系列 2。

7.3.8 图样标注

国标规定，齿轮的检验项目具有相同精度等级时，只需标注精度等级和标准号。例如 8GB/T 10095.1—2008 或 8GB/T 10095.2—2008 表示检验项目精度等级同为 8 级的齿轮。

若齿轮各检验项目的精度等级不同时，则须在精度等级后面用括弧加注检验项目。例如"$6(F_\alpha、f_{pt})7(F_p、F_\beta)$ GB/T 10095.1—2008"表示齿廓总偏差 F_α 和单个齿距偏差 f_{pt} 均为 6 级精度、齿距累积总偏差 F_p 和螺旋线总偏差 F_β 均为 7 级精度的齿轮。

图 7-18 是一个装在图 1-3 所示的减速器输出轴上的齿轮工作图的标注示例。减速器输出轴 $B—B$ 剖面的 C 基准是 $\phi56r6$ 的轴线，也是渐开线齿轮 $\phi56H7$ 的轴线，同样也是齿轮毛坯加工和滚齿机加工齿廓的基准 A。两个基准面的粗糙度允许值均为 $Ra=1.6\ \mu m$，它们的配合性质属于基孔制的过盈配合，其配合标注代号为 $\phi56H7/r6$。

图 7-18 所示是检验项目选择的第一组组合，采用这种标注示例，仅供参考。

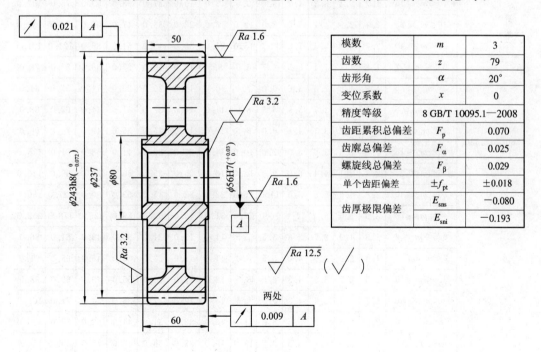

图 7-18 齿轮工作图

附表 7 - 1 单个齿距偏差士 f_{pt}（摘自 GB/T 10095.1—2008） μm

分度圆直径 d/mm	法向模数 m_n/mm	精 度 等 级												
		0	1	2	3	4	5	6	7	8	9	10	11	12
$5 \leqslant d \leqslant 20$	$0.5 \leqslant m_n \leqslant 2$	0.8	1.2	1.7	2.3	3.3	4.7	6.5	9.5	13.0	19.0	26.0	37.0	53.0
	$2 < m_n \leqslant 3.5$	0.9	1.3	1.8	2.6	3.7	5.0	7.5	10.0	15.0	21.0	29.0	41.0	59.0
$20 < d \leqslant 50$	$0.5 \leqslant m_n \leqslant 2$	0.9	1.2	1.8	2.5	3.5	5.0	7.0	10.0	14.0	20.0	28.0	40.0	56.0
	$2 < m_n \leqslant 3.5$	1.0	1.4	1.9	2.7	3.9	5.5	7.5	11.0	15.0	22.0	31.0	44.0	62.0
	$3.5 < m_n \leqslant 6$	1.1	1.5	2.1	3.0	4.3	6.0	8.5	12.0	17.0	24.0	34.0	48.0	68.0
	$6 < m_n \leqslant 10$	1.2	1.7	2.5	3.5	4.9	7.0	10.0	14.0	20.0	28.0	40.0	56.0	79.0
$50 < d \leqslant 125$	$0.5 \leqslant m_n \leqslant 2$	0.9	1.3	1.9	2.7	3.8	5.5	7.5	11.0	15.0	21.0	30.0	43.0	61.0
	$2 < m_n \leqslant 3.5$	1.0	1.5	2.1	2.9	4.1	6.0	8.5	12.0	17.0	23.0	33.0	47.0	66.0
	$3.5 < m_n \leqslant 6$	1.1	1.6	2.3	3.2	4.6	6.5	9.0	13.0	18.0	26.0	36.0	52.0	73.0
	$6 < m_n \leqslant 10$	1.3	1.8	2.6	3.7	5.0	7.5	10.0	15.0	21.0	30.0	42.0	59.0	84.0
	$10 < m_n \leqslant 16$	1.6	2.2	3.1	4.4	6.5	9.0	13.0	18.0	25.0	35.0	50.0	71.0	100.0
	$16 < m_n \leqslant 25$	2.0	2.8	3.9	5.5	8.0	11.0	16.0	22.0	31.0	44.0	63.0	89.0	125.0
$125 < d \leqslant 280$	$0.5 \leqslant m_n \leqslant 2$	1.1	1.5	2.1	3.0	4.2	6.0	8.5	12.0	17.0	24.0	34.0	48.0	67.0
	$2 < m_n \leqslant 3.5$	1.1	1.6	2.3	3.2	4.6	6.5	9.0	13.0	18.0	26.0	36.0	51.0	73.0
	$3.5 < m_n \leqslant 6$	1.2	1.8	2.5	3.5	5.0	7.0	10.0	14.0	20.0	28.0	40.0	56.0	79.0
	$6 < m_n \leqslant 10$	1.4	2.0	2.8	4.0	5.5	8.0	11.0	16.0	23.0	32.0	45.0	64.0	90.0
	$10 < m_n \leqslant 16$	1.7	2.4	3.3	4.7	6.5	9.5	13.0	19.0	27.0	38.0	53.0	75.0	107.0
	$16 < m_n \leqslant 25$	2.1	2.9	4.1	6.0	8.0	12.0	16.0	23.0	33.0	47.0	66.0	93.0	132.0
	$25 < m_n \leqslant 40$	2.7	3.8	5.5	7.5	11.0	15.0	21.0	30.0	43.0	61.0	86.0	121.0	171.0
$280 < d \leqslant 560$	$0.5 \leqslant m_n \leqslant 2$	1.2	1.7	2.4	3.3	4.7	6.5	9.5	13.0	19.0	27.0	38.0	54.0	76.0
	$2 < m_n \leqslant 3.5$	1.3	1.8	2.5	3.6	5.0	7.0	10.0	14.0	20.0	29.0	41.0	57.0	81.0
	$3.5 < m_n \leqslant 6$	1.4	1.9	2.7	3.9	5.5	8.0	11.0	16.0	22.0	31.0	44.0	62.0	88.0
	$6 < m_n \leqslant 10$	1.5	2.2	3.1	4.4	6.0	8.5	12.0	17.0	25.0	35.0	49.0	70.0	99.0
	$10 < m_n \leqslant 16$	1.8	2.5	3.6	5.0	7.0	10.0	14.0	20.0	29.0	41.0	58.0	81.0	115.0
	$16 < m_n \leqslant 25$	2.2	3.1	4.4	6.0	9.0	12.0	18.0	25.0	35.0	50.0	70.0	99.0	140.0
	$25 < m_n \leqslant 40$	2.8	4.0	5.5	8.0	11.0	16.0	22.0	32.0	45.0	63.0	90.0	127.0	180.0
	$40 < m_n \leqslant 70$	3.9	5.5	8.0	11.0	16.0	22.0	31.0	45.0	63.0	89.0	126.0	178.0	252.0
$560 < d \leqslant 1000$	$0.5 \leqslant m_n \leqslant 2$	1.3	1.9	2.7	3.8	5.5	7.5	11.0	15.0	21.0	30.0	43.0	61.0	86.0
	$2 < m_n \leqslant 3.5$	1.4	2.0	2.9	4.0	5.5	8.0	11.0	16.0	23.0	32.0	46.0	65.0	91.0
	$3.5 < m_n \leqslant 6$	1.5	2.2	3.1	4.3	6.0	8.5	12.0	17.0	24.0	35.0	49.0	69.0	98.0
	$6 < m_n \leqslant 10$	1.7	2.4	3.4	4.8	7.0	9.5	14.0	19.0	27.0	38.0	54.0	77.0	109.0
	$10 < m_n \leqslant 16$	2.0	2.8	3.9	5.5	8.0	11.0	16.0	22.0	31.0	44.0	63.0	89.0	125.0
	$16 < m_n \leqslant 25$	2.3	3.3	4.7	6.5	9.5	13.0	19.0	27.0	38.0	53.0	75.0	106.0	150.0
	$25 < m_n \leqslant 40$	3.0	4.2	6.0	8.5	12.0	17.0	24.0	34.0	47.0	67.0	95.0	134.0	190.0
	$40 < m_n \leqslant 70$	4.1	6.0	8.0	12.0	16.0	23.0	33.0	46.0	65.0	93.0	131.0	185.0	262.0

附表 7 – 2　齿距累积总偏差 F_p（摘自 GB/T 10095.1—2008）　　　　μm

分度圆直径 d/mm	法向模数 m_n/mm	精 度 等 级												
		0	1	2	3	4	5	6	7	8	9	10	11	12
5≤d≤20	0.5≤m_n≤2	2.0	2.8	4.0	5.5	8.0	11.0	16.0	23.0	32.0	45.0	64.0	90.0	127.0
	2<m_n≤3.5	2.1	2.9	4.2	6.0	8.5	12.0	17.0	23.0	33.0	47.0	66.0	94.0	133.0
20<d≤50	0.5≤m_n≤2	2.5	3.6	5.0	7.0	10.0	14.0	20.0	29.0	41.0	57.0	81.0	115.0	162.0
	2<m_n≤3.5	2.6	3.7	5.0	7.5	10.0	15.0	21.0	30.0	42.0	59.0	84.0	119.0	168.0
	3.5<m_n≤6	2.7	3.9	5.5	7.5	11.0	15.0	22.0	31.0	44.0	62.0	87.0	123.0	174.0
	6<m_n≤10	2.9	4.1	6.0	8.0	12.0	16.0	23.0	33.0	46.0	65.0	93.0	131.0	185.0
50<d≤125	0.5≤m_n≤2	3.3	4.6	6.5	9.0	13.0	18.0	26.0	37.0	52.0	74.0	104.0	147.0	208.0
	2<m_n≤3.5	3.3	4.7	6.5	9.5	13.0	19.0	27.0	38.0	53.0	76.0	107.0	151.0	214.0
	3.5<m_n≤6	3.4	4.9	7.0	9.5	14.0	19.0	28.0	39.0	55.0	78.0	110.0	156.0	220.0
	6<m_n≤10	3.6	5.0	7.0	10.0	14.0	20.0	29.0	41.0	58.0	82.0	116.0	164.0	231.0
	10<m_n≤16	3.9	5.5	7.5	11.0	15.0	22.0	31.0	44.0	62.0	88.0	124.0	175.0	248.0
	16<m_n≤25	4.3	6.0	8.5	12.0	17.0	24.0	34.0	48.0	68.0	96.0	136.0	193.0	273.0
125<d≤280	0.5≤m_n≤2	4.3	6.0	8.5	12.0	17.0	24.0	35.0	49.0	69.0	98.0	138.0	195.0	276.0
	2<m_n≤3.5	4.4	6.0	9.0	12.0	18.0	25.0	35.0	50.0	70.0	100.0	141.0	199.0	282.0
	3.5<m_n≤6	4.5	6.5	9.0	13.0	18.0	25.0	36.0	51.0	72.0	102.0	144.0	204.0	288.0
	6<m_n≤10	4.7	6.5	9.5	13.0	19.0	26.0	37.0	53.0	75.0	106.0	149.0	211.0	299.0
	10<m_n≤16	4.9	7.0	10.0	14.0	20.0	28.0	39.0	56.0	79.0	112.0	158.0	223.0	316.0
	16<m_n≤25	5.5	7.5	11.0	15.0	21.0	30.0	43.0	60.0	85.0	120.0	170.0	241.0	341.0
	25<m_n≤40	6.0	8.5	12.0	17.0	24.0	34.0	47.0	67.0	95.0	134.0	190.0	269.0	380.0
280<d≤560	0.5≤m_n≤2	5.5	8.0	11.0	16.0	23.0	32.0	46.0	64.0	91.0	129.0	182.0	257.0	364.0
	2<m_n≤3.5	6.0	8.0	12.0	16.0	23.0	33.0	46.0	65.0	92.0	131.0	185.0	261.0	370.0
	3.5<m_n≤6	6.0	8.5	12.0	17.0	24.0	33.0	47.0	66.0	94.0	133.0	188.0	266.0	376.0
	6<m_n≤10	6.0	8.5	12.0	17.0	24.0	34.0	48.0	68.0	97.0	137.0	193.0	274.0	387.0
	10<m_n≤16	6.5	9.0	13.0	18.0	25.0	36.0	50.0	71.0	101.0	143.0	202.0	285.0	404.0
	16<m_n≤25	6.5	9.5	13.0	19.0	27.0	38.0	54.0	76.0	107.0	151.0	214.0	303.0	428.0
	25<m_n≤40	7.5	10.0	15.0	21.0	29.0	41.0	58.0	83.0	117.0	165.0	234.0	331.0	468.0
	40<m_n≤70	8.5	12.0	17.0	24.0	34.0	48.0	68.0	95.0	135.0	191.0	270.0	382.0	540.0
560<d≤1000	0.5≤m_n≤2	7.5	10.0	15.0	21.0	29.0	41.0	59.0	83.0	117.0	166.0	235.0	332.0	469.0
	2<m_n≤3.5	7.5	10.0	15.0	21.0	30.0	42.0	59.0	84.0	119.0	168.0	238.0	336.0	475.0
	3.5<m_n≤6	7.5	11.0	15.0	21.0	30.0	43.0	60.0	85.0	120.0	170.0	241.0	341.0	482.0
	6<m_n≤10	7.5	11.0	15.0	22.0	31.0	44.0	62.0	87.0	123.0	174.0	246.0	348.0	492.0
	10<m_n≤16	8.0	11.0	16.0	22.0	32.0	45.0	64.0	90.0	127.0	180.0	254.0	370.0	509.0
	16<m_n≤25	8.5	12.0	17.0	24.0	33.0	47.0	67.0	94.0	133.0	189.0	267.0	378.0	534.0
	25<m_n≤40	9.0	13.0	18.0	25.0	36.0	51.0	72.0	101.0	143.0	203.0	287.0	405.0	573.0
	40<m_n≤70	10.0	14.0	20.0	29.0	40.0	57.0	81.0	114.0	161.0	228.0	323.0	457.0	646.0

附表 7 - 3　齿廓总偏差 F_α（摘自 GB/T 10095.1—2008）　　　μm

分度圆直径 d/mm	法向模数 m_n/mm	精 度 等 级												
		0	1	2	3	4	5	6	7	8	9	10	11	12
$5 \leqslant d \leqslant 20$	$0.5 \leqslant m_n \leqslant 2$	0.8	1.1	1.6	2.3	3.2	4.6	6.5	9.0	13.0	18.0	26.0	37.0	52.0
	$2 < m_n \leqslant 3.5$	1.2	1.7	2.3	3.3	4.7	6.5	9.5	13.0	19.0	26.0	37.0	53.0	75.0
$20 < d \leqslant 50$	$0.5 \leqslant m_n \leqslant 2$	0.9	1.3	1.8	2.6	3.6	5.0	7.5	10.0	15.0	21.0	29.0	41.0	58.0
	$2 < m_n \leqslant 3.5$	1.3	1.8	2.5	3.6	5.0	7.0	10.0	14.0	20.0	29.0	40.0	57.0	81.0
	$3.5 < m_n \leqslant 6$	1.6	2.2	3.1	4.4	6.0	9.0	12.0	18.0	25.0	35.0	50.0	70.0	99.0
	$6 < m_n \leqslant 10$	1.9	2.7	3.8	5.5	7.5	11.0	15.0	22.0	31.0	43.0	61.0	87.0	123.0
$50 < d \leqslant 125$	$0.5 \leqslant m_n \leqslant 2$	1.0	1.5	2.1	2.9	4.1	6.0	8.5	12.0	17.0	23.0	33.0	47.0	66.0
	$2 < m_n \leqslant 3.5$	1.4	2.0	2.8	3.9	5.5	8.0	11.0	16.0	22.0	31.0	44.0	63.0	89.0
	$3.5 < m_n \leqslant 6$	1.7	2.4	3.4	4.8	6.5	9.5	13.0	19.0	27.0	38.0	54.0	76.0	108.0
	$6 < m_n \leqslant 10$	2.0	2.9	4.1	6.0	8.0	12.0	16.0	23.0	33.0	46.0	65.0	92.0	131.0
	$10 < m_n \leqslant 16$	2.5	3.5	5.0	7.0	10.0	14.0	20.0	28.0	40.0	56.0	79.0	112.0	159.0
	$16 < m_n \leqslant 25$	3.0	4.2	6.0	8.5	12.0	17.0	24.0	34.0	48.0	68.0	96.0	136.0	192.0
$125 < d \leqslant 280$	$0.5 \leqslant m_n \leqslant 2$	1.2	1.7	2.4	3.5	4.9	7.0	10.0	14.0	20.0	28.0	39.0	55.0	78.0
	$2 < m_n \leqslant 3.5$	1.6	2.2	3.2	4.5	6.5	9.0	13.0	18.0	25.0	36.0	50.0	71.0	101.0
	$3.5 < m_n \leqslant 6$	1.9	2.6	3.7	5.5	7.5	11.0	15.0	21.0	30.0	42.0	60.0	84.0	119.0
	$6 < m_n \leqslant 10$	2.2	3.2	4.5	6.5	9.0	13.0	18.0	25.0	36.0	50.0	71.0	101.0	143.0
	$10 < m_n \leqslant 16$	2.7	3.8	5.5	7.5	11.0	15.0	21.0	30.0	43.0	60.0	85.0	121.0	171.0
	$16 < m_n \leqslant 25$	3.2	4.5	6.5	9.0	13.0	18.0	25.0	36.0	51.0	72.0	102.0	144.0	204.0
	$25 < m_n \leqslant 40$	3.8	5.5	7.5	11.0	15.0	22.0	31.0	43.0	61.0	87.0	123.0	174.0	246.0
$280 < d \leqslant 560$	$0.5 \leqslant m_n \leqslant 2$	1.5	2.1	2.9	4.1	6.0	8.5	12.0	17.0	23.0	33.0	47.0	66.0	94.0
	$2 < m_n \leqslant 3.5$	6.0	1.8	2.6	3.6	5.0	7.5	10.0	15.0	21.0	29.0	41.0	58.0	82.0
	$3.5 < m_n \leqslant 6$	2.1	3.0	4.2	6.0	8.5	12.0	17.0	24.0	34.0	48.0	67.0	95.0	135.0
	$6 < m_n \leqslant 10$	2.5	3.5	4.9	7.0	10.0	14.0	20.0	28.0	40.0	56.0	79.0	112.0	158.0
	$10 < m_n \leqslant 16$	2.9	4.1	6.0	8.0	12.0	16.0	23.0	33.0	47.0	66.0	93.0	132.0	186.0
	$16 < m_n \leqslant 25$	3.4	4.8	7.0	9.0	14.0	19.0	27.0	39.0	55.0	78.0	110.0	155.0	219.0
	$25 < m_n \leqslant 40$	4.1	6.0	8.0	12.0	16.0	23.0	33.0	46.0	65.0	92.0	131.0	185.0	261.0
	$40 < m_n \leqslant 70$	5.0	7.0	10.0	14.0	20.0	28.0	40.0	57.0	80.0	113.0	160.0	227.0	321.0
$560 < d \leqslant 1000$	$0.5 \leqslant m_n \leqslant 2$	1.8	2.5	3.5	5.0	7.0	10.0	14.0	20.0	28.0	40.0	56.0	79.0	112.0
	$2 < m_n \leqslant 3.5$	2.1	3.0	4.2	6.0	8.0	12.0	17.0	24.0	34.0	48.0	67.0	95.0	135.0
	$3.5 < m_n \leqslant 6$	2.4	3.4	4.8	7.0	9.5	14.0	19.0	27.0	38.0	54.0	77.0	109.0	154.0
	$6 < m_n \leqslant 10$	2.8	3.9	5.5	8.0	11.0	16.0	22.0	31.0	44.0	62.0	88.0	125.0	177.0
	$10 < m_n \leqslant 16$	3.2	4.5	6.5	9.0	13.0	18.0	26.0	36.0	51.0	72.0	102.0	145.0	205.0
	$16 < m_n \leqslant 25$	3.7	5.5	7.5	11.0	15.0	21.0	30.0	42.0	59.0	84.0	119.0	168.0	238.0
	$25 < m_n \leqslant 40$	4.4	6.0	8.5	12.0	17.0	25.0	35.0	49.0	70.0	99.0	140.0	198.0	280.0
	$40 < m_n \leqslant 70$	5.5	7.5	11.0	15.0	21.0	30.0	42.0	60.0	85.0	120.0	170.0	240.0	339.0

附表 7 - 4　螺旋线总偏差 F_β（摘自 GB/T 10095.1—2008）　　μm

分度圆直径 d/mm	齿宽 b/mm	精 度 等 级												
		0	1	2	3	4	5	6	7	8	9	10	11	12
5≤d≤20	4≤b≤10	1.1	1.5	2.2	3.1	4.3	6.0	8.5	12.0	17.0	24.0	35.0	49.0	69.0
	10<b≤20	1.2	1.7	2.4	3.4	4.9	7.0	9.5	14.0	19.0	28.0	39.0	55.0	78.0
	20<b≤40	1.4	2.0	2.8	3.9	5.5	8.0	11.0	16.0	22.0	31.0	45.0	63.0	89.0
	40<b≤80	1.6	2.3	3.3	4.6	6.5	9.5	13.0	19.0	26.0	37.0	52.0	74.0	105.0
20<d≤50	4≤b≤10	1.1	1.6	2.2	3.2	4.5	6.5	9.0	13.0	18.0	25.0	36.0	51.0	72.0
	10<b≤20	1.3	1.8	2.5	3.6	5.0	7.0	10.0	14.0	20.0	29.0	40.0	57.0	81.0
	20<b≤40	1.4	2.0	2.9	4.1	5.5	8.0	11.0	16.0	23.0	32.0	46.0	65.0	92.0
	40<b≤80	1.7	2.4	3.4	4.8	6.5	9.5	13.0	19.0	27.0	38.0	54.0	76.0	107.0
	80<b≤160	2.0	2.9	4.1	5.5	8.0	11.0	16.0	23.0	32.0	46.0	65.0	92.0	130.0
50<d≤125	4≤b≤10	1.2	1.7	2.4	3.3	4.7	6.5	9.5	13.0	19.0	27.0	38.0	53.0	76.0
	10<b≤20	1.3	1.9	2.6	3.7	5.5	7.5	11.0	15.0	21.0	30.0	42.0	60.0	84.0
	20<b≤40	1.5	2.1	30	4.2	6.0	8.5	12.0	17.0	24.0	34.0	48.0	68.0	95.0
	40<b≤80	1.7	2.5	3.5	4.9	7.0	10.0	14.0	20.0	28.0	39.0	56.0	79.0	111.0
	80<b≤160	2.1	2.9	4.2	6.0	8.5	12.0	17.0	24.0	33.0	47.0	67.0	94.0	133.0
	160<b≤250	2.5	3.5	4.9	7.0	10.0	14.0	20.0	28.0	40.0	56.0	79.0	112.0	158.0
	250<b≤400	2.9	4.1	6.0	8.0	12.0	16.0	23.0	33.0	46.0	65.0	92.0	130.	184.0
125<d≤280	4≤b≤10	1.3	1.8	2.5	3.6	5.0	7.0	10.0	14.0	20.0	29.0	40.0	57.0	81.0
	10<b≤20	1.4	2.0	2.8	4.0	5.5	8.0	11.0	16.0	22.0	32.0	45.0	63.0	90.0
	20<b≤40	1.6	2.2	3.2	4.5	6.5	9.0	13.0	18.0	25.0	36.0	50.0	71.0	101.0
	40<b≤80	1.8	2.6	3.6	5.0	7.5	10.0	15.0	21.0	29.0	41.0	58.0	82.0	117.0
	80<b≤160	2.2	3.1	4.3	6.0	8.5	12.0	17.0	25.0	35.0	49.0	69.0	98.0	139.0
	160<b≤250	2.6	3.6	5.0	7.0	10.0	14.0	20.0	29.0	41.0	58.0	82.0	116.0	164.0
	250<b≤400	3.0	4.2	6.0	8.5	12.0	17.0	24.0	34.0	47.0	67.0	95.0	134.0	190.0
	400<b≤650	3.5	4.9	7.0	10.0	14.0	20.0	28.0	40.0	56.0	79.0	112.0	158.0	224.0
280<d≤560	10<b≤20	1.5	2.1	3.0	4.3	6.0	8.5	12.0	17.0	24.0	34.0	48.0	68.0	97.0
	20<b≤40	1.7	2.4	3.4	4.8	6.5	9.5	13.0	19.0	27.0	38.0	54.0	76.0	108.0
	40<b≤80	1.9	2.7	3.9	5.5	7.5	11.0	15.0	22.0	31.0	44.0	62.0	87.0	124.0
	80<b≤160	2.3	3.2	4.6	6.5	9.0	13.0	18.0	26.0	36.0	52.0	73.0	103.0	146.0
	160<b≤250	2.7	3.8	5.5	7.5	11.0	15.0	21.0	30.0	43.0	60.0	85.0	121.0	171.0
	250<b≤400	3.1	4.3	6.0	8.5	12.0	17.0	25.0	35.0	49.0	70.0	98.0	139.0	197.0
	400<b≤650	3.6	5.0	7.0	10.0	14.0	20.0	29.0	41.0	58.0	82.0	115.0	163.0	231.0
	650<b≤1000	4.3	6.0	8.5	12.0	17.0	24.0	34.0	48.0	68.0	96.0	136.0	193.0	272.0
560<d≤1000	10<b≤20	1.6	2.3	3.3	4.7	6.5	9.5	13.0	19.0	26.0	37.0	53.0	74.0	105.0
	20<b≤40	1.8	2.6	3.6	5.0	7.5	10.0	15.0	21.0	29.0	41.0	58.0	82.0	116.0
	40<b≤80	2.1	2.9	4.1	6.0	8.5	12.0	17.0	23.0	33.0	47.0	66.0	93.0	132.0
	80<b≤160	2.4	3.4	4.8	7.0	9.5	14.0	19.0	27.0	39.0	55.0	77.0	109.0	154.0
	160<b≤250	2.8	4.0	5.5	8.0	11.0	16.0	22.0	32.0	45.0	63.0	90.0	127.0	179.0
	250<b≤400	3.2	4.5	6.5	9.0	13.0	18.0	26.0	36.0	51.0	73.0	103.0	145.0	205.0
	400<b≤650	3.7	5.5	7.5	11.0	15.0	21.0	30.0	42.0	60.0	85.0	120.0	169.0	239.0
	650<b≤1000	4.4	6.0	9.0	12.0	18.0	25.0	35.0	50.0	70.0	99.0	140.0	199.0	281.0

附表 7 - 5　径向综合总偏差 F_i''（摘自 GB/T 10095.2—2008）　　μm

分度圆直径 d/mm	法向模数 m_n/mm	精 度 等 级								
		4	5	6	7	8	9	10	11	12
5≤d≤20	0.2≤m_n≤0.5	7.5	11	15	21	30	42	60	85	120
	0.5<m_n≤0.8	8.0	12	16	23	33	46	66	93	131
	0.8<m_n≤1.0	9.0	12	18	25	35	50	70	100	141
	1.0<m_n≤1.5	10	14	19	27	38	54	76	108	153
	1.5<m_n≤2.5	11	16	22	32	45	63	89	126	179
	2.5<m_n≤4.0	14	20	28	39	56	79	112	158	223
20<d≤50	0.2≤m_n≤0.5	9.0	13	19	26	37	52	74	105	148
	0.5<m_n≤0.8	10	14	20	28	40	56	80	113	160
	0.8<m_n≤1.0	11	15	21	30	42	60	85	120	169
	1.0<m_n≤1.5	11	16	23	32	45	64	91	128	181
	1.5<m_n≤2.5	13	18	26	37	52	73	103	146	207
	2.5<m_n≤4.0	16	22	31	44	63	89	126	178	251
	4.0<m_n≤6.0	20	28	39	56	79	111	157	222	314
	6.0<m_n≤10	26	37	52	74	104	147	209	295	417
50<d≤125	0.2≤m_n≤0.5	12	16	23	33	46	66	93	131	185
	0.5<m_n≤0.8	12	17	25	35	49	70	98	139	197
	0.8<m_n≤1.0	13	18	26	36	52	73	103	146	206
	1.0<m_n≤1.5	14	19	27	39	55	77	109	154	218
	1.5<m_n≤2.5	15	22	31	43	61	86	122	173	244
	2.5<m_n≤4.0	18	25	36	51	72	102	144	204	288
	4.0<m_n≤6.0	22	31	44	62	88	124	176	248	351
	6.0<m_n≤10	28	40	57	80	114	161	227	321	454
125<d≤280	0.2≤m_n≤0.5	15	21	30	42	60	85	120	170	240
	0.5<m_n≤0.8	16	22	31	44	63	89	126	178	252
	0.8<m_n≤1.0	16	23	33	46	65	92	131	185	261
	1.0<m_n≤1.5	17	24	34	48	68	97	137	193	273
	1.5<m_n≤2.5	19	26	37	53	75	106	149	211	299
	2.5<m_n≤4.0	21	30	43	61	86	121	172	243	343
	4.0<m_n≤6.0	25	36	51	72	102	144	203	287	406
	6.0<m_n≤10	32	45	64	90	127	180	255	360	509
280<d≤560	0.2≤m_n≤0.5	19	28	39	55	78	110	156	220	311
	0.5<m_n≤0.8	20	29	40	57	81	114	161	228	323
	0.8<m_n≤1.0	21	29	42	59	83	117	166	235	332
	1.0<m_n≤1.5	22	30	43	61	86	122	172	243	344
	1.5<m_n≤2.5	23	33	46	65	92	131	185	262	370
	2.5<m_n≤4.0	26	37	52	73	104	146	207	293	414
	4.0<m_n≤6.0	30	42	60	84	119	169	239	337	477
	6.0<m_n≤10	36	51	73	103	145	205	290	410	580
560<d≤1000	0.2≤m_n≤0.5	25	35	50	70	99	140	198	280	396
	0.5<m_n≤0.8	25	36	51	72	102	144	204	288	408
	0.8<m_n≤1.0	26	37	52	74	104	148	209	295	417
	1.0<m_n≤1.5	27	38	54	76	107	152	215	304	429
	1.5<m_n≤2.5	28	40	57	80	114	161	228	322	455
	2.5<m_n≤4.0	31	44	62	88	125	177	250	353	499
	4.0<m_n≤6.0	35	50	70	99	141	199	281	298	562
	6.0<m_n≤10	42	59	83	118	166	235	333	471	665

附表 7－6　一齿径向综合偏差 f_i''（摘自 GB/T 10095.2—2008）　　　μm

分度圆直径 d/mm	法向模数 m_n/mm	精 度 等 级								
		4	5	6	7	8	9	10	11	12
5≤d≤20	0.2≤m_n≤0.5	1.0	2.0	2.5	3.5	5.0	7.0	10	14	20
	0.5<m_n≤0.8	2.0	2.5	4.0	5.5	7.5	11	15	22	31
	0.8<m_n≤1.0	2.5	3.5	5.0	7.0	10	14	20	28	39
	1.0<m_n≤1.5	3.0	4.5	6.5	9.0	13	18	25	36	50
	1.5<m_n≤2.5	4.5	6.5	9.5	13	19	26	37	53	74
	2.5<m_n≤4.0	7.0	10	14	20	29	41	58	82	115
20<d≤50	0.2≤m_n≤0.5	1.5	2.0	2.5	3.5	5.0	7.0	10	14	20
	0.5<m_n≤0.8	2.0	2.5	4.0	5.5	7.5	11	15	22	31
	0.8<m_n≤1.0	2.5	3.5	5.0	7.0	10	14	20	28	40
	1.0<m_n≤1.5	3.0	4.5	6.5	9.0	13	18	25	36	51
	1.5<m_n≤2.5	4.5	6.5	9.5	13	19	26	37	53	75
	2.5<m_n≤4.0	7.0	10	14	20	29	41	58	82	116
	4.0<m_n≤6.0	11	15	22	31	43	61	87	123	174
	6.0<m_n≤10	17	24	34	48	67	95	135	190	269
50<d≤125	0.2≤m_n≤0.5	1.5	2.0	2.5	3.5	5.0	7.5	10	15	21
	0.5<m_n≤0.8	2.0	3.0	4.0	5.5	8.0	11	16	22	31
	0.8<m_n≤1.0	2.5	3.5	5.0	7.0	10	14	20	28	40
	1.0<m_n≤1.5	3.0	4.5	6.5	9.0	13	18	26	36	51
	1.5<m_n≤2.5	4.5	6.5	9.5	13	19	26	37	53	75
	2.5<m_n≤4.0	7.0	10	14	20	29	41	58	82	116
	4.0<m_n≤6.0	11	15	22	31	44	62	87	123	174
	6.0<m_n≤10	17	24	34	48	67	95	135	191	269
125<d≤280	0.2≤m_n≤0.5	1.5	2.0	2.5	3.5	5.5	7.5	11	15	21
	0.5<m_n≤0.8	2.0	3.0	4.0	5.5	8.0	11	16	22	32
	0.8<m_n≤1.0	2.5	3.5	5.0	7.0	10	14	20	29	41
	1.0<m_n≤1.5	3.0	4.5	6.5	9.0	13	18	26	36	52
	1.5<m_n≤2.5	4.5	6.5	9.5	13	19	27	38	53	75
	2.5<m_n≤4.0	7.5	10	15	21	29	41	58	82	116
	4.0<m_n≤6.0	11	15	22	31	44	62	87	124	175
	6.0<m_n≤10	17	24	34	48	67	95	135	191	270
280<d≤560	0.2≤m_n≤0.5	1.5	2.0	2.5	4.0	5.5	7.5	11	15	22
	0.5<m_n≤0.8	2.0	3.0	4.0	5.5	8.0	11	16	23	32
	0.8<m_n≤1.0	2.5	3.5	5.0	7.5	10	15	21	29	41
	1.0<m_n≤1.5	3.5	4.5	6.5	9.0	13	18	26	37	52
	1.5<m_n≤2.5	5.0	6.5	9.5	13	19	27	38	54	76
	2.5<m_n≤4.0	7.5	10	15	21	29	41	59	83	117
	4.0<m_n≤6.0	11	15	22	31	44	62	88	124	175
	6.0<m_n≤10	17	24	34	48	68	96	135	191	271
560<d≤1000	0.2≤m_n≤0.5	1.5	2.0	3.0	4.0	5.5	8.0	11	16	23
	0.5<m_n≤0.8	2.0	3.0	4.0	6.0	8.5	12	17	24	33
	0.8<m_n≤1.0	2.5	3.5	5.5	7.5	11	15	21	30	42
	1.0<m_n≤1.5	3.5	4.5	6.5	9.5	13	19	27	38	53
	1.5<m_n≤2.5	5.0	7.0	9.5	14	19	27	38	54	77
	2.5<m_n≤4.0	7.5	10	15	21	30	42	59	83	118
	4.0<m_n≤6.0	11	16	22	31	44	62	88	125	176
	6.0<m_n≤10	17	24	34	48	68	96	136	192	272

附表 7 - 7 径向跳动公差 F_r (摘自 GB/T 10095.2—2008) μm

分度圆直径 d/mm	法向模数 m_n/mm	精度等级												
		0	1	2	3	4	5	6	7	8	9	10	11	12
$5 \leqslant d \leqslant 20$	$0.5 \leqslant m_n \leqslant 2.0$	1.5	2.5	3.0	4.5	6.5	9.0	13	18	25	36	51	72	102
	$2.0 < m_n \leqslant 3.5$	1.5	2.5	3.5	4.5	6.5	9.5	13	19	27	38	53	75	106
$20 < d \leqslant 50$	$0.5 \leqslant m_n \leqslant 2.0$	2.0	3.0	4.0	5.5	8.0	11	16	23	32	46	65	92	130
	$2.0 < m_n \leqslant 3.5$	2.0	3.0	4.0	6.0	8.5	12	17	24	34	47	67	95	134
	$3.5 < m_n \leqslant 6.0$	2.0	3.0	4.5	6.0	8.5	12	17	25	35	49	70	99	139
	$6.0 < m_n \leqslant 10$	2.5	3.5	4.5	6.5	9.5	13	19	26	37	52	74	105	148
$50 < d \leqslant 125$	$0.5 \leqslant m_n \leqslant 2.0$	2.5	3.5	5.0	7.5	10	15	21	29	42	59	83	118	167
	$2.0 < m_n \leqslant 3.5$	2.5	4.0	5.5	7.5	11	15	21	30	43	61	86	121	171
	$3.5 < m_n \leqslant 6.0$	3.0	4.0	5.5	8.0	11	16	22	31	44	62	88	125	176
	$6.0 < m_n \leqslant 10$	3.0	4.0	6.0	8.0	12	16	23	33	46	65	92	131	185
	$10 < m_n \leqslant 16$	3.0	4.5	6.0	9.0	12	18	25	35	50	70	99	140	198
	$16 < m_n \leqslant 25$	3.5	5.0	7.0	9.5	14	19	27	39	55	77	109	154	218
$125 < d \leqslant 280$	$0.5 \leqslant m_n \leqslant 2.0$	3.5	5.0	7.0	10	14	20	28	39	55	78	110	156	221
	$2.0 < m_n \leqslant 3.5$	3.5	5.0	7.0	10	14	20	28	40	56	80	113	159	225
	$3.5 < m_n \leqslant 6.0$	3.5	5.0	7.0	10	14	20	29	41	58	82	115	163	231
	$6.0 < m_n \leqslant 10$	3.5	5.5	7.5	11	15	21	30	42	60	85	120	169	239
	$10 < m_n \leqslant 16$	4.0	5.5	8.0	11	16	22	32	45	63	89	126	179	252
	$16 < m_n \leqslant 25$	4.5	6.0	8.5	12	17	24	34	48	68	96	136	193	272
	$25 < m_n \leqslant 40$	4.5	6.5	9.5	13	19	27	36	54	76	107	152	215	304
$280 < d \leqslant 560$	$0.5 \leqslant m_n \leqslant 2.0$	4.5	6.5	9.0	13	18	26	36	51	73	103	146	206	291
	$2.0 < m_n \leqslant 3.5$	4.5	6.5	9.0	13	18	26	37	52	74	105	148	209	296
	$3.5 < m_n \leqslant 6.0$	4.5	6.5	9.5	13	19	27	38	53	75	106	150	213	301
	$6.0 < m_n \leqslant 10$	5.0	7.0	9.5	14	19	27	39	55	77	109	155	219	310
	$10 < m_n \leqslant 16$	5.0	7.0	10	14	20	29	40	57	81	114	161	228	323
	$16 < m_n \leqslant 25$	5.5	7.5	11	15	21	30	43	61	86	121	171	242	343
	$25 < m_n \leqslant 40$	6.0	8.5	12	17	23	33	47	66	94	132	187	265	374
	$40 < m_n \leqslant 70$	7.0	9.5	14	19	27	38	54	76	108	153	216	306	432
$560 < d \leqslant 1000$	$0.5 \leqslant m_n \leqslant 2.0$	6.0	8.5	12	17	23	33	47	66	94	133	188	266	376
	$2.0 < m_n \leqslant 3.5$	6.0	8.5	12	17	24	34	48	67	95	134	190	269	380
	$3.5 < m_n \leqslant 6.0$	6.0	8.5	12	17	24	34	48	68	96	136	193	272	385
	$6.0 < m_n \leqslant 10$	6.0	8.5	12	17	25	35	49	70	98	139	197	279	394
	$10 < m_n \leqslant 16$	6.5	9.0	13	18	25	36	51	72	102	144	204	288	407
	$16 < m_n \leqslant 25$	6.5	9.5	13	19	27	38	53	76	107	151	214	302	427
	$25 < m_n \leqslant 40$	7.0	10	14	20	29	41	57	81	115	162	229	324	459
	$40 < m_n \leqslant 70$	8.0	11	16	23	32	46	65	91	129	183	258	365	517

思考题与习题

7-1 简答题:

(1) 齿轮传动的使用要求有哪些?

(2) 齿轮的加工误差主要分为几类?

(3) 评定齿轮传递运动准确性的指标有什么? 哪些是必检项目?

(4) 评定齿轮传动平稳性的指标有什么? 哪些是必检项目?

(5) 齿轮副侧隙的评定指标有几个? 哪一个检测精度更高?

7-2 计算题:

(1) 有一 7 级精度的渐开线直齿圆柱齿轮,模数 $m=2$,齿数 $z=60$,齿形角 $\alpha=20°$。现测得 $F_p=43~\mu m$,$F_r=45~\mu m$,问该齿轮的两项评定指标是否满足设计要求?

(2) 已知渐开线直齿圆柱齿轮副,模数 $m=4$,齿形角 $\alpha=20°$,齿数 $z_1=20$,$z_2=80$,内孔 $d_1=25$,$d_2=50$,图样标注为 6GB/T 10095.1—2008 和 6GB/T 10095.2—2008。

① 计算两齿轮 f_{pt}、F_p、F_α、F_β 的允许值;

② 确定两齿轮内孔和齿顶圆的尺寸公差、齿顶圆的径向跳动公差以及基准端面的轴向跳动公差。

第 8 章　典型零件的公差与测量

╭───────────────╮
│ **本章重点提示** │
╰───────────────╯

　　本章主要介绍的是产品几何技术规范(GPS)在实际生产图纸上的应用。学习本章时，应重点掌握两个典型零件各自的特点，即轴类零件的径向几何精度高于轴向的几何精度以及箱体类工件孔本身和孔间的几何精度高于其他表面的几何精度；注意两个零件的各个几何要素在图纸上标注的合理性；应用产品几何技术规范(GPS)来判断各个几何要素的合格性；注意区别较高精度的要求和未注公差几何量的要求；参考通用测量器具在实践中的应用、各种尺寸的合格范围以及包容要求的应用与测量，选择量具时还要特别注意产品批量的大小等。

8.1　典　型　零　件

　　在一般机械零件的加工过程中，首先要求操作者读懂图，完全理解设计者在零件图纸上所表达的意义。对于本课程来说，就是搞清楚所有几何量的互换性要求(即各个部位上的极限与配合、几何公差、表面粗糙度以及其他公差的合格条件)；其次，是选择合适的测量器具，最经济地将这些几何量进行检验，进而判断几何量是否合格，以期达到学习本课程的最终目的。

　　学习的目的在于应用，而应用一定是对于国家标准的深入理解。例如，一个零件的合格与否，是加工者对零件图上所有几何量的国标规定的正确理解，以研究每一个尺寸的合格条件、基础国家标准在工件上的应用场合、结合件的标准在零件图上的局部应用等。在生产一线，轴类零件、箱体类零件的应用最为广泛，以下举例进行阐述。

8.2　减速器输出轴

　　图 1-3 中所示的减速器输出轴为典型的轴类工件。

1. 在公差要求方面

　　减速器输出轴的产品几何技术规范(GPS)(尺寸公差、几何公差、表面粗糙度公差)都有要求，还存在普通平键公差的要求。既有注出公差的国家标准(尺寸公差、几何公差)，又有未注公差的国家标准(尺寸公差、几何公差)。在几何公差中有独立原则，还有包容要

— 224 —

求;在几何公差的基准中有单一基准,还有公共(组合)基准等。

2. 在技术测量方面

根据各个几何要素公差值大小的不同和测量的经济性,可以采用相对测量,还可以采用绝对测量。有的尺寸使用卡尺测量合理,还有的尺寸使用千分尺测量更加合理。可以采用通用量具测量,还可以采用专用量具测量。有的表面必须使用样板法测量,还有的要素必须使用量块与百分表结合才能进行测量等。

8.2.1 减速器输出轴的互换性要求

1. 极限与配合方面的要求

1) 轴向尺寸

(1) 255 实际尺寸的合格范围:254.5~255.5(未注公差按中等级 m)。

(2) 60 实际尺寸的合格范围:59.7~60.3(未注公差按中等级 m)。

(3) 36 实际尺寸的合格范围:35.7~36.3(未注公差按中等级 m)。

(4) 57 实际尺寸的合格范围:56.7~57.3(未注公差按中等级 m)。

(5) 12 实际尺寸的合格范围:11.8~12.2(未注公差按中等级 m)。

(6) 21 实际尺寸的合格范围:20.8~21.2(未注公差按中等级 m)。

2) 径向尺寸

(1) ϕ45m6 实际尺寸的合格范围:45.009~45.025(还必须遵守包容要求)。

(2) ϕ52 实际尺寸的合格范围:51.7~52.3(未注公差按中等级 m)。

(3) ϕ55j6 实际尺寸的合格范围:54.993~55.012(还必须遵守包容要求)。

(4) ϕ56r6 实际尺寸的合格范围:56.041~56.060(还必须遵守包容要求)。

(5) ϕ62 实际尺寸的合格范围:61.7~62.3(未注公差按中等级 m)。

3) A—A 剖面尺寸

(1) 39.5 实际尺寸的合格范围:39.3~39.5。

(2) 14N9 实际尺寸的合格范围:13.957~14。

4) B—B 剖面尺寸

(1) 50 实际尺寸的合格范围:49.8~50。

(2) 16 实际尺寸的合格范围:15.957~16。

5) 倒角尺寸

2×45°实际尺寸的合格范围:1.9~2.1(未注公差按中等级 m)。

2. 几何公差方面的要求

1) 直径方面

(1) 2—ϕ55j6 表面对 A—B(公共轴线基准)的径向圆跳动公差为 0.025,同时还必须满足圆柱度误差不大于 0.005。

(2) ϕ56r6 表面对 A—B(公共轴线基准)的径向圆跳动公差为 0.025。

(3) ϕ62 的两端面对 A—B(公共轴线基准)的轴向圆跳动误差不大于 0.015。

2）剖视方面

（1）A—A 中 14N9 的键槽中心平面对 ϕ45m6 的轴线 D 的对称度误差不大于 0.02。

（2）B—B 中 16N9 的键槽中心平面对 ϕ56r6 的轴线 C 的对称度公差为 0.02。

（3）其他表面的几何公差按未注几何公差的中等级 K 进行控制。

3. 表面粗糙度方面的要求

1）主视图方面

（1）ϕ45m6、ϕ56r6 两个圆柱面 Ra 的公差为 0.0016。

（2）2—ϕ55j6 表面 Ra 的误差不大于 0.0008。

（3）ϕ62 的两端面 Ra 的公差为 0.0032。

2）剖视图方面

A—A 中 14N9 的键槽和 B—B 中 16N9 的键槽的两个键槽侧面 Ra 的公差为 0.0032。其他表面和键槽底面 Ra 的误差不大于 0.0063。

8.2.2 减速器输出轴的检测

1. 长度误差的测量

1）用游标卡尺可以测量的尺寸

（1）255（测量范围为 0～300 的游标卡尺）。

（2）60、36、57、12、21、ϕ52、ϕ62、39.5、50（常用的游标卡尺）。

2）用外径千分尺可以测量的尺寸

（1）ϕ45m6（测量范围为 25～50 的外径千分尺）。

（2）ϕ56r6、2—ϕ55j6（测量范围为 50～75 的外径千分尺）。

3）用专用量具可以测量的尺寸

用矩形塞规的通规和止规可控制 12N9、16N9 的尺寸误差。

2. 几何误差的测量

1）用百分表（千分表）可以测量的表面

（1）两个 V 形铁同时架起 A、B 基准，用百分表控制 2—ϕ55j6、ϕ56r6 表面的径向圆跳动。

（2）用千分表控制圆柱度的误差。

（3）两个 V 形铁同时架起 A、B 基准，用百分表控制 ϕ62 两端面的轴向圆跳动。

2）借助于量块测量对称度误差

（1）A—A 剖视：V 形铁架起 D 基准，选择合适的量块塞进 12N9 的键槽，然后用百分表对量块进行上、下两个表面的测量（将零件在水平方向 0°检测一次，旋转 180°再检测一次）。

（2）B—B 剖视：V 形铁架起 C 基准，选择合适的量块塞进 16N9 的键槽，然后用百分表对量块进行上、下两个表面的测量（将零件在水平方向 0°检测一次，旋转 180°再检测一次）。

3）包容要求的控制

（1）ϕ45m6：该要素遵守 MMC(45.025)，当实际要素处处为 45.009(LMS)时，ϕ45m6

的轴线直线度公差为 0.016；当实际要素处处为 45.025(MMS)时，ϕ45m6 的轴线直线度公差为 0；采用光滑极限量规来控制(通规为环规，止规为卡规)。

（2）2—ϕ55j6：该要素遵守 MMC(55.012)，当实际要素处处为 54.993(LMS)时，ϕ55j6 的轴线直线度公差为 0.019；当实际要素处处为 55.012(MMS)时，ϕ55j6 的轴线直线度公差为 0；采用光滑极限量规来控制(通规为环规，止规为卡规)。

（3）ϕ56r6：该要素遵守 MMC(56.060)，当实际要素处处为 56.041(LMS)时，ϕ56r6 的轴线直线度公差为 0.019；当实际要素处处为 56.060(MMS)时，ϕ56r6 的轴线直线度公差为 0；采用光滑极限量规来控制(通规为环规，止规为卡规)。

3. 表面粗糙度的检测

（1）2—ϕ55j6 的表面可以用光学仪器检测，也可以用表面粗糙度样板(要注意加工方法相同，如外圆磨的加工要与外圆磨的样板进行比较)进行对照检验。

（2）ϕ45m6、ϕ56r6 一般用表面粗糙度样板(同样要注意加工方法相同，如车外圆的加工要与车外圆的样板进行比较)进行对照检验。

（3）14N9、16N9 的两个侧面在生产一线通常也用表面粗糙度样板(要注意加工方法相同，如铣键槽的加工要与铣平面的样板进行比较)进行对照检验。

（4）其他表面在实践中多用经验法(样板法)来检测。

8.3　减速器箱体

图 8-1 中减速器箱体为典型的箱体类工件。

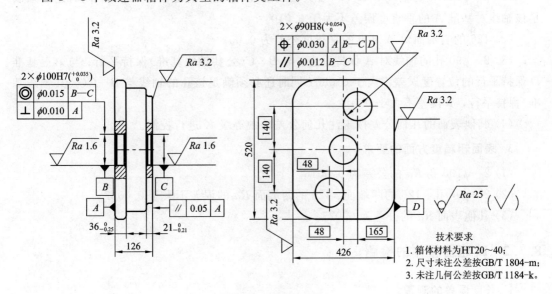

图 8-1　减速器箱体

1. 在公差要求方面

减速器箱体的产品几何技术规范(GPS)(尺寸公差、几何公差、表面粗糙度公差)都有要求。既有注出公差的国家标准(尺寸公差、几何公差)，又有未注公差的国家标准(尺寸公差、几何公差)。有注出尺寸公差,又有理论正确尺寸。在几何公差的基准中,有单一基准、公共(组合)基准,还有三基面体系等。

2. 在技术测量方面

根据各个几何要素公差值大小的不同和测量的经济性,可以采用相对测量,还可以采用绝对测量。有的尺寸使用卡尺测量合理,还有的尺寸使用内径百分表测量更加合理。多数尺寸可以采用通用量具测量,有的尺寸必须采用专用量具(如同轴度规、位置度规)测量。

8.3.1 减速器箱体的互换性要求

1. 极限与配合方面的要求

(1) 126 实际尺寸的合格范围:125.5～126.5(未注公差按中等级 m)。

(2) 520 实际尺寸的合格范围:519.2～520.8(未注公差按中等级 m)。

(3) 426 实际尺寸的合格范围:425.2～426.8(未注公差按中等级 m)。

(4) 36 实际尺寸的合格范围:35.75～36.00。

(5) 21 实际尺寸的合格范围:20.79～21.00。

(6) 2—ϕ100 实际尺寸的合格范围:100.00～100.035。

(7) 2—ϕ90 实际尺寸的合格范围:90.00～90.054。

(8) 2—48、2—140、165 的理论正确尺寸由综合位置度规控制。

2. 几何公差方面的要求

(1) 2—ϕ100 孔的轴线对 B—C(公共轴线基准)同轴度的公差为 0.015;同时还必须满足该轴线对基准 A 的垂直度误差不大于 0.010。

(2) 126 的右端面对 A 基准的平行度公差为 0.05。

(3) 2—ϕ90 孔的轴线对 A 保持垂直;与 B—C(公共轴线基准)保持平行;与第三基准 D 保持平行的位置度误差不大于 0.030;同时还必须满足该孔的轴线与 B—C(公共轴线基准)保持平行,其误差不大于 0.012。

(4) 其他表面的几何公差按未注几何公差的中等级 K 进行控制。

3. 表面粗糙度方面的要求

(1) 2—ϕ100 孔 Ra 的公差为 0.0016。

(2) 2—ϕ90 孔、126 的两端面、426 的两端面 Ra 的误差不大于 0.0032。

(3) 其他表面 Ra 的公差为 0.025。

8.3.2 减速器箱体的检测

1. 长度误差的测量

1) 用游标卡尺可以测量的尺寸

(1) 21、36、126(常用的游标卡尺)。

(2) 426(测量范围为 0～500 的游标卡尺)。

(3) 520(测量范围为 0～700 的游标卡尺)

2）用内径百分表可以测量的尺寸（小批量）

（1）2—ϕ100（测量范围为 50～100 的内径百分表）。

（2）2—ϕ90（测量范围为 50～100 的内径百分表）。

3）用专用量具可以测量的尺寸（大批量）

（1）用光滑极限量规塞规的通规和止规也可控制 2—ϕ100、2—ϕ90 的尺寸误差。

（2）用综合位置度规可以控制 2—48、2—140、165 的理论正确尺寸。

2. 几何误差的测量

1）用百分表测量平行度误差

将箱体的 126 左端面放在测量平台上，用百分表测量右端面，使其平行度误差不大于 0.05。

2）用专用量具测量几何误差

（1）用综合同轴度规同时测量同轴度误差（不大于 0.015）和垂直度误差（0.010）。

（2）用综合位置度规同时测量位置度误差（不大于 0.030）和平行度误差（0.012）。

3. 表面粗糙度的检测

（1）2—ϕ100 孔的表面可以用光学仪器检测，也可以用表面粗糙度样板进行对照检验。

（2）2—ϕ90、126 的两个端面、426 的两个端面一般用表面粗糙度样板进行对照检验。

（3）其他表面在实践中多用经验法（样板法）来检测。

思考题与习题

8-1　产品几何技术规范（GPS）有几个？

8-2　为什么产品几何技术规范（GPS）在实践中应用得最为广泛？

8-3　ϕ45m6 为什么既可以用外径千分尺测量，又可以用光滑极限量规来控制？

8-4　2×45°的倒角尺寸怎样测量？

8-5　理论正确尺寸怎样测量？为什么？

8-6　如何用几何公差的综合量规检测工件？

8-7　实践中为什么多用样板法来检测表面粗糙度？

附录一 考试题 A 及其参考答案

考 试 题 A

一、判断题（每题 1 分，共 15 分）

1. 完全互换性生产必须将零件的各个要素加工成完全一致。　　　　　（　）
2. 某孔的尺寸加工到公称尺寸，则该孔必然是合格的。　　　　　　　（　）
3. 孔、轴的配合公差值越大，则配合程度越松。　　　　　　　　　　（　）
4. 尺寸链中选择最不重要的尺寸作为封闭环。　　　　　　　　　　　（　）
5. 游标卡尺应用时，可以用作深孔的最终测量。　　　　　　　　　　（　）
6. 光滑极限量规在生产实践中总是成对使用的。　　　　　　　　　　（　）
7. 最小条件在理论上是评定形状误差的准则。　　　　　　　　　　　（　）
8. 包容要求就是尺寸公差控制几何公差。　　　　　　　　　　　　　（　）
9. 圆度公差可以控制零件的中心要素。　　　　　　　　　　　　　　（　）
10. 表面粗糙度是控制工件表面质量的唯一标准。　　　　　　　　　　（　）
11. 单键联结的互换性仅有一种配合形式。　　　　　　　　　　　　　（　）
12. 花键结合的配合制度通常采用基孔制。　　　　　　　　　　　　　（　）
13. 普通螺纹的中径公差是一个综合性的公差。　　　　　　　　　　　（　）
14. 百分表齿轮对于平稳性精度要求较高。　　　　　　　　　　　　　（　）
15. 通过对齿轮公差 F_β 的测量，能充分评定齿轮的全面质量。　　　　（　）

二、单项选择题（每题 1 分，共 15 分）

1. _____ 最大实体尺寸用于控制其体外作用尺寸。
   A. 孔、轴的　　　　　B. 孔的　　　　　C. 轴的
2. 光滑极限量规的测量在生产实践中一般用于_____。
   A. 单件生产　　　　　B. 小批量生产　　　　　C. 大批量生产
3. 直线度公差可以限制_____的形状误差。
   A. 曲面　　　　　B. 母线　　　　　C. 曲线
4. 极限与配合中配合种类的选择一般采用_____。
   A. 计算法　　　　　B. 类比法　　　　　C. 经验法
5. 测量孔的通用量具是_____。
   A. 量块　　　　　B. 内径百分表　　　　　C. 千分尺
6. 从加工过程看，零件尺寸的"终止尺寸"是_____。
   A. 上极限尺寸　　　　　B. 最大实体尺寸　　　　　C. 最小实体尺寸
7. 几何公差中方向公差包含有_____。
   A. 直线度　　　　　B. 平行度　　　　　C. 位置度

8. 幅度参数是依照_____来测定工件表面粗糙度的。
   A. 波距　　　　　　B. 波高　　　　　C. 波度
9. 跳动公差是以_____来定义的几何公差项目。
   A. 轴线　　　　　　B. 圆柱　　　　　C. 测量
10. 光滑极限量规是为测量工件的尺寸、几何公差间的关系而采用_____的量具。
   A. 独立原则　　　　B. 相关要求　　　C. 包容要求
11. 国家标准规定，平键联结互换性的配合制度采用的是_____。
   A. 基孔制　　　　　B. 基轴制　　　　C. 混合制
12. 对封闭环有直接影响的是_____。
   A. 所有增环　　　　B. 所有减环　　　C. 全部组成环
13. _____可以限制形状误差，还可以控制方向误差。
   A. 形状公差带　　　B. 方向公差带　　C. 位置公差带
14. 普通螺纹公差标注中，_____可以省略标注。
   A. 公称直径　　　　B. 细牙螺距　　　C. 粗牙螺距
15. 圆柱齿轮传动中，齿侧间隙的合理性用_____来控制。
   A. 齿厚偏差　　　　B. 径向跳动　　　C. 单个齿距偏差

三、双项选择题（每题 2 分，共 10 分）

1. 产品几何技术规范(GPS)的国家标准是_____。
   A. 极限与配合　　　B. 单键公差　　　C. 几何公差
   D. 螺纹公差　　　　E. 齿轮公差　　　F. 花键公差
2. 极限尺寸判断原则可以控制_____。
   A. MMS　　　　　　B. LMS　　　　　C. 上极限尺寸
   D. 作用尺寸　　　　E. 局部实际尺寸　F. 下极限尺寸
3. 径向圆跳动的误差能综合反映_____误差。
   A. 圆度　　　　　　B. 圆柱度　　　　C. 平行度
   D. 平面度　　　　　E. 直线度　　　　F. 同轴度
4. 圆柱直齿齿轮齿侧间隙的合理性主要考虑_____因素。
   A. 精度等级　　　　B. 弹性变形　　　C. 径向误差
   D. 齿轮润滑　　　　E. 接触斑点　　　F. 齿圈径向跳动
5. 能测量光滑圆柱工件轴的测量器具是_____。
   A. 千分尺　　　　　B. 百分表　　　　C. 塞规
   D. 内径百分表　　　E. 卡规　　　　　F. 量块

四、填空题（每空 1 分，共 15 分）

1. 产品几何技术规范(GPS)的国家标准通常分为_____、_____、_____。
2. 尺寸公差带分为_____、_____，其公差等级有_____级。
3. 基轴制的基准轴_____偏差为基本偏差，其数值为_____，它的下偏差的绝对值就是该轴的_____。
4. 尺寸公差带 H6、H7 的_____相同，_____不同。

5. 普通螺纹的泰勒原则控制螺纹的_____中径和_____中径。

6. 单键采用_____制，其公差带为_____。

五、简答题（共 15 分）

1. 判断基准制和配合性质：（3 分）

(1) $\phi50\ S7/h6$；(2) $\phi80\ H8/f7$。

2. 名词解释：（8 分）

(1) 最小条件；(2) 完全互换性。

3. 标注解释：（4 分）

(1) $M20\times2-6H/5g6g-LH$；

(2) 8 GB/T 10095.1—2008。

六、连线题（每题 2 分，共 10 分）

1. 直线度　　　轴槽　　　　一小圆柱体(有基准)

2. 平面度　　　台阶轴　　　两个对称平行平面(有基准)

3. 垂直度　　　平台　　　　两平行直线

4. 同轴度　　　方体工件　　两平行平面

5. 对称度　　　圆轴　　　　两平行平面(有基准)

七、综合题（如图 1-3 所示的减速器输出轴，回答下列各题，每空 1 分，第 6 题 4 分，共 20 分）

1. $\phi55j6$ 采用_____制的_____配合，其公差带相对于零线_____，若实际尺寸加工到 $\phi55$，该尺寸是_____的。

2. $\phi56r6$ 的圆跳动能反映_____、_____误差，该表面遵守_____要求，遵守_____尺寸，该尺寸为_____，当实际尺寸为 56.030 时，轴线的直线度公差是_____。

3. $\phi45m6$ 的基本偏差是_____，其值为_____。

4. $\phi62$ 表面的极限与配合公差等级为_____，其表面粗糙度为_____。

5. $B-B$ 视图的 50 用_____测量，$\phi56r6$ 用_____测量。

6. 解释几何公差框格：

(1) $\phi62$ 的端面；(2) $A-A$ 的视图。

考试题 A 的参考答案

一、判断题（每题 1 分，共 15 分）

1. N　　2. N　　3. N　　4. Y　　5. N　　6. Y　　7. Y　　8. Y

9. N　　10. Y　　11. N　　12. Y　　13. Y　　14. N　　15. Y

二、单项选择题（每题 1 分，共 15 分）

1. A　　2. C　　3. B　　4. B　　5. B　　6. C　　7. B　　8. B

9. C　　10. C　　11. B　　12. C　　13. B　　14. C　　15. A

三、双项选择题(每题 2 分,共 10 分)

1. A C   2. D E   3. A F   4. B D   5. A E

四、填空题(每空 1 分,共 15 分)

1. 极限与配合   表面粗糙度   几何公差
2. 标准公差   基本偏差   20
3. 上   零   公差等级
4. 基本偏差   公差等级
5. 实际   作用
6. 基轴   h8

五、简答题(共 15 分)

1. (1) 基轴制的过盈配合;(2) 基孔制的间隙配合。
2. (1) 被测实际要素对其理想要素的最大变动量最小;

(2) 同一规格的工件不需要选择、修配,就能装入所需的部位,并且能满足其使用要求。

3. (1) 内、外螺纹的装配关系:公制、细牙螺距 2、左旋,大径 20,内螺纹的中径、小径公差等级都为 6H,外螺纹的中径公差等级为 5g、大径公差等级为 6g,旋合长度为中等长度;

(2) 准确性 8 级(F_p)、平稳性 8 级(F_α、f_{pt})、均匀性 8 级(F_β),2008 年颁布的国家推荐标准 10095.1 号。

六、连线题(每题 2 分,共 10 分)

1. 1—5—3   2. 2—3—4   3. 3—4—5   4. 4—2—1   5. 5—1—5

七、综合题(共 20 分)

1. 基孔   过渡   近似对称配置   合格
2. 圆度   同轴度   包容   最大实体   56.060 0.030
3. 下偏差   0.009
4. 未注尺寸公差 m 级   6.3 μm
5. 卡尺   千分尺
6. (1) $\phi62$ 的两个端面的圆跳动相对于公共基准轴线 $A-B$ 不大于 0.015;

(2) 14 的键槽相对于基准轴线 D 的对称度不得大于 0.02。

附录二 考试题 B 及其参考答案

考 试 题 B

一、判断题（每题 1 分，共 10 分）

1. 内径百分表只能测量工件的高度尺寸。 （ ）
2. 孔、轴的配合公差越大，配合精度越高。 （ ）
3. 位置度公差可以控制理论正确尺寸。 （ ）
4. 极限与配合的基准制选择原则是优选基轴制。 （ ）
5. 通用量具比专用量具应用范围广泛。 （ ）
6. 几何公差的国家标准是强制性的标准。 （ ）
7. 尺寸公差等级越高，机械加工就越容易。 （ ）
8. 普通螺纹的中径公差是综合性的公差。 （ ）
9. 齿轮的齿距累积总偏差不是必检指标。 （ ）
10. 单键联结的基准制通常采用基孔制。 （ ）

二、单项选择题（每题 1 分，共 10 分）

1. 百分表在实践中一般用于_____测量。
   A. 相对 　　　　　B. 综合 　　　　　C. 绝对
2. 零件的最大实体尺寸是_____。
   A. D_{max} 　　　　B. d_{min} 　　　　C. D_{min}
3. 极限尺寸判断原则又称为_____。
   A. 公差原则 　　　B. 泰勒原则 　　　C. 包容要求
4. 形状误差的检测准则是_____。
   A. 最小条件 　　　B. 基准原则 　　　C. 检测原则
5. 极限与配合中优先配合一般遵循的原则是_____。
   A. 工艺等价 　　　B. 混合制配合 　　C. 基轴制配合
6. 配合公差越小，配合的精度也就_____。
   A. 越低 　　　　　B. 一般 　　　　　C. 越高
7. 包容要求遵守的尺寸是_____。
   A. MMS 　　　　　B. MMVS 　　　　C. LMS
8. 跳动公差是以_____来定义的几何公差项目。
   A. 轴线 　　　　　B. 圆柱 　　　　　C. 测量
9. 表面粗糙度最理想的幅度参数是_____。
   A. Rz 　　　　　B. Ry 　　　　　C. Ra
10. 齿轮公差中控制载荷分布均匀性的必检指标是_____。

A. F_p B. F_α C. F_β

三、双项选择题(每题 2 分,共 10 分)

1. 产品几何技术规范(GPS)控制工件误差的标准有_____。
    A. 表面粗糙度   B. 螺纹公差   C. 齿轮公差
    D. 轴承公差   E. 几何公差   F. 圆锥公差

2. _____与_____的综合是最大实体实效尺寸。
    A. 最大实体尺寸   B. 实际尺寸   C. 几何公差
    D. 最小实体尺寸   E. 作用尺寸   F. 几何误差

3. 能测量光滑圆柱工件孔的测量器具是_____。
    A. 千分尺   B. 百分表   C. 塞规
    D. 内径百分表   E. 卡规   F. 量块

4. 位置公差带可以控制位置误差,还可以限制_____。
    A. 尺寸误差   B. 几何误差   C. 测量误差
    D. 方向误差   E. 形状误差   F. 跳动误差

5. 螺纹的中径公差除了控制中径误差外,还可以限制_____。
    A. 大径误差   B. 小径误差   C. 螺距误差
    D. 顶径误差   E. 牙形半角误差   F. 底径误差

四、填空题(每空 1 分,共 15 分)

1. 零件加工的初始尺寸是_____、终止尺寸是_____。

2. 基孔制的基准孔_____偏差为基本偏差,其数值为_____。

3. 体外作用尺寸是_____与_____的综合。

4. 表面粗糙度分为_____参数和_____参数。

5. 尺寸链增环、减环的区分方法分为_____、_____。

6. 尺寸公差带的两要素是_____、_____。

7. _____、_____、_____为圆跳动公差的三个细分项目。

五、简答题(共 15 分)

1. 判断基准制和配合性质:(3 分)
(1) ϕ50 H7/h6;(2) ϕ100 K8/h7。

2. 名词解释:(8 分)
(1) 公差等级的选择原则;(2) 公差原则。

3. 标注解释:(4 分)
(1) M30—7H—S;
(2) 8×26 H7/g7×32H10/a11×6 H11/f7 GB/T 1144 — 2001。

六、连线题(每题 2 分,共 10 分)

1. 直线度   台阶轴   理论正确尺寸(有基准)
2. 平面度   齿轮箱体   测量平面内两同心圆(有基准)
3. 平行度   平台   两平行直线

4. 位置度　　　　方体工件　　　两平行平面

5. 径向圆跳动　　　圆轴　　　　两平行平面(有基准)

七、计算题（10分）

某基轴制配合，孔的下偏差为 $-11\ \mu m$，轴公差为 $16\ \mu m$，最大间隙为 $30\ \mu m$，试确定其配合公差。

八、综合题（如图 8－1 所示的减速器箱体，回答下列各题，每空 1 分，第 7 题 6 分，共 20 分）

1. 该图可以控制的加工误差有_____、_____、_____。

2. 理论正确尺寸 165 最大可以加工到_____，最小可以加工到_____。

3. 426 遵循_____原则，其尺寸公差由_____来控制。

4. 520 表面的尺寸可以用_____尺来测量，其表面粗糙度为_____。

5. 如果 $2 \times \phi 90$ 遵循包容要求，其边界尺寸是_____，若实际尺寸为 90.020，则该孔轴线直线度的公差为_____，

6. 如果 $2 \times \phi 100$ 的同轴度遵循最大实体要求，其边界尺寸是_____，若实际尺寸为 100.010，则该孔的同轴度公差为_____，此时测量的同轴度误差为 0.024，该孔的同轴度是否合格？答案是_____。

7. 解释几何公差框格：

(1) $2 \times \phi 100$；(2) 126 的右端面。

考试题 B 的参考答案

一、判断题(每题 1 分，共 10 分)

1. N　　2. N　　3. Y　　4. N　　5. Y　　6. N　　7. N　　8. Y

9. N　　10. N

二、单项选择题(每题 1 分，共 10 分)

1. A　　2. C　　3. B　　4. A　　5. A　　6. C　　7. A　　8. C

9. C　　10. C

三、双项选择题(每题 2 分，共 10 分)

1. A E　　2. A C　　3. C D　　4. D E　　5. C E

四、填空题(每空 1 分，共 15 分)

1. 最大实体尺寸　　最小实体尺寸

2. 下　　零

3. 局部实际尺寸　　几何误差

4. 幅度　　间距

5. 定义法　　箭头法

6. 标准公差　　基本偏差

7. 径向圆跳动　　轴向圆跳动　　斜向圆跳动

五、简答题(共 15 分)

1. (1)基孔(轴)制的间隙配合；(2)基轴制的过渡配合。

2. (1) 在满足使用要求的情况下，尽可能地选择较低的公差等级；

(2) 是处理尺寸公差和几何公差关系的一种公差原则。

3. (1) 公制、粗牙螺距、右旋，大径 30，螺纹的中径、小径的公差等级都为 7H，旋合长度为短的长度。

(2) 8 个键，小径为 26(花键孔的公差带 H7、花键轴的公差带 g7)，大径为 32(花键孔的公差带 H10、花键轴的公差带 a11)，键宽为 6(花键孔的公差带 H11、花键轴的公差带 f7)，2001 年颁布的国家推荐标准 1144 号。

六、连线题(每题 2 分，共 10 分)

1. 1—5—3　　2. 2—3—4　　3. 3—4—5　　4. 4—2—1　　5. 5—1—2

七、计算题 (10 分)

解：因为是基轴制，所以轴的上偏差为零($es = 0$)。

因为轴公差为 0.016，所以轴的下偏差为 −0.016。

又因为 EI= −0.011，所以

$$Y_{max} = EI - es = -0.011 - 0 = -0.011$$

因为最大间隙为 0.030，最大过盈为 −0.011，所以

$$配合公差 = X_{max} - Y_{max} = +0.03 - (-0.011) = 0.041$$

或

$$X_{max} = ES - ei, ES = X_{max} + ei = +0.030 - 0.016 = +0.014$$
$$T_h = ES - EI = 0.014 - (-0.011) = 0.025$$
$$T_f = T_h + T_s = 0.025 + 0.016 = 0.041$$

八、综合题(共 20 分)

1. 尺寸误差　　几何误差　　表面粗糙度误差

2. 165.015　　164.985

3. 独立　　未注尺寸公差 m 级

4. 0~1000 的卡　　25 μm

5. ϕ90　　0.02

6. ϕ99.985　　0.025　　合格

7. (1) 2×ϕ100 两个孔的同轴度误差相对于 $B-C$ 公共基准轴线不得大于 0.015，同时垂直度误差相对于 A 基准不得大于 0.010；

(2) 126 的右端面相对于左端面基准 A 的平行度误差不得大于 0.05。

参 考 文 献

[1] 杨好学. 互换性与技术测量. 2 版. 西安：西安电子科技大学出版社，2010.

[2] 杨好学，蔡霞. 公差与技术测量. 北京：国防工业出版社，2009.

[3] 国家标准化委员会. GB/T 1800.1—2009　产品几何技术规范（GPS）　极限与配合. 北京：中国标准出版社，2009.

[4] 国家标准化委员会. GB/T 1800.2—2009　产品几何技术规范（GPS）　极限与配合. 北京：中国标准出版社，2009.

[5] 国家标准化委员会. GB/T 1182—2008　产品几何技术规范（GPS）　几何公差. 北京：中国标准出版社，2008.

[6] 国家标准化委员会. GB/T 4249—2009　产品几何技术规范（GPS）　公差原则. 北京：中国标准出版社，2008.

[7] 国家标准化委员会. GB/T 16671—2009　产品几何技术规范（GPS）　几何公差. 北京：中国标准出版社，2009.

[8] 国家标准化委员会. GB/T 1031—2009　产品几何技术规范（GPS）　表面粗糙度. 北京：中国标准出版社，2009.

[9] 国家标准化委员会. GB/T 3505—2009　产品几何技术规范（GPS）　表面粗糙度. 北京：中国标准出版社，2009.

[10] 国家标准化委员会. GB/T 10095.1—2008　圆柱齿轮. 北京：中国标准出版社，2008.

[11] 国家标准化委员会. GB/T 10095.2—2008　圆柱齿轮. 北京：中国标准出版社，2008.

[12] 国家标准化委员会. GB/T 1957—2006　光滑极限量规. 北京：中国标准出版社，2006.

[13] 国家标准化委员会. GB/T 197—2003　普通螺纹. 北京：中国标准出版社，2003.

[14] 陈于萍，周兆元. 互换性与测量技术基础. 北京：机械工业出版社，2007.

[15] 李柱. 公差配合与技术测量. 北京：高等教育出版社，2004.

[16] 李晓沛，等. 简明公差应用手册. 上海：科学技术出版社，2005.

[17] 王伯平. 互换性与测量技术基础. 北京：机械工业出版社，2009.